생각이 터지는 수학 교과서

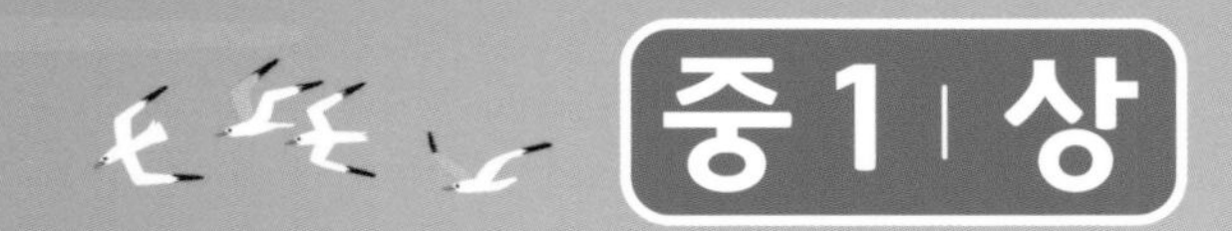

강원도교육청 창비교육

ChangbiEdu

수학 학습원리

이 책에서 여러분은 수학적 사고로 넘을 수 있는 다양한 과제를 만납니다. 새로운 과제를 만나면 이미 알고 있는 수학 지식과 수학적 사고력을 적절히 동원하여 그 해결 방법을 찾습니다. 모둠 친구들과 더불어 각각의 과제를 탐구해 가는 과정에서 개념의 연결고리를 발견할 것입니다. 이때 다섯 가지 '수학 학습원리'를 기억해 두면 도움이 됩니다.

수학 학습원리

끈기 있는 태도와 자신감 기르기	• 과제에 포함된 주어진 자료, 사실, 조건에 대해 주의를 기울인다. • 문제를 적극적으로 해결했던 경험을 떠올리며, 또 다른 효율적인 방법이 없는지 계속 궁리한다. • 스스로 과제를 해결해 가는 과정에서 자신감을 기른다.
관찰하는 습관을 통해 규칙성 찾아 표현하기	• 과제에 포함된 몇 가지 사실을 조사하여 규칙을 발견한다. • 규칙을 발견한 뒤 이를 이용하여 결과를 예측해 본다. • 비슷한 문제 상황에 적용할 수 있는지 판단해 보고 일반적인 규칙으로 표현한다.
수학적 추론을 통해 자신의 생각 설명하기	• 자신이 추론한 여러 가지 가설과 사례가 왜 맞는지 설명해 본다. • 새로 탐구한 결과가 이미 알려진 사실에 어떻게 연결되는지 논리적으로 설명한다. • 다른 사람의 주장이 맞는지 판단해 보고 만약 맞지 않는다면 하나 이상의 반례를 찾는다.
수학적 의사소통 능력 기르기	• 표, 수식, 그림, 그래프 등을 이용하여 주어진 조건을 분석하고 설명한다. • 다른 사람에게 자신의 생각을 수학적 언어로 명확하게 설명한다. • 다른 사람의 수학적 사고를 분석하고 평가해 본다.
여러 가지 수학 개념 연결하기	• 수학적 아이디어 혹은 개념 사이의 연결성을 인식하고 활용한다. • 이미 알고 있는 개념에 새로운 개념을 연결하여 개념의 일관성을 키운다. • 일상생활이나 다른 교과의 사례에서 수학을 인식하고 활용해 본다.

탐구 과제에 따라 어떤 학습원리를 적용하는 게 나은지 명백할 때도 있지만 그렇지 않은 경우도 있습니다. 각각의 과제를 해결한 뒤 다음과 같이 되돌아봅시다.

- 이 과제를 해결하면서 무엇을 배웠나요?
- 이 과제를 학습하는 데 유용한 수학 학습원리는 무엇인가요?

중1 상

차 례

수학의 발견 중1 상

STAGE 7
세상을 확대해 보자

STAGE 8
쌍둥이 삼각형을 찾아보자

STAGE 9
그림 속에서 약속을 찾아보자

STAGE 10
튀어나온 물체를 찾아보자

STAGE 11
세상을 한눈에 알아보자

"이런 수학, 처음이야!"

2017년, 실험학교에서 수업 시간에 《수학의 발견》 실험본으로 공부한 중학교 1학년 학생들과 학부모, 교사들의 실제 소감입니다.

"제가 수학 수업의 주인공이 되었어요!"

변선민 학생(경기 소명중학교)

《수학의 발견》을 보고 깜짝 놀란 것이 있어요. 공식을 암기하고 문제를 푸는 것에 익숙했는데, 이 책은 수학 공식을 저희가 직접 찾아가도록 하는 것이었어요. 이전에는 그런 과정을 겪은 적이 없었거든요. 그런데 이 책을 통해 우리만의 답을 찾을 수도 있고, 혹은 우리 학교만 알고 있는 그런 공식도 만들어 낼 수도 있을 것 같았어요. 문득 "아, 내가 수학 수업의 주인공이 될 수 있구나!" 하는 생각이 들어 수업에 더욱 흥미가 생겼어요.

"수학이 뻔하지 않아서 좋았어요."

안준선 학생(강원 북원여자중학교)

초등학생 때부터 수학이 너무 싫었어요. 그런데 《수학의 발견》으로 수업하면서 수업이 재미있어지더라고요. 이 책은 뻔하지 않아서 좋았어요. 옛날에는 어려운 문제가 나오면 그냥 안 풀고 포기했거든요. 그런데 지금은 어려운 문제가 나와도 풀고 싶은 마음이 생기고 친구들이랑 공유하면서 푸니까 더 좋아요. 다른 교과서나 문제집은 풀이를 알려 주면서 "너희는 이거 꼭 외워!"라는 식이었거든요. 그러다 보니 기계처럼 푸는 느낌이었어요. 흥미도 안 생기고. 그런데 이 책은 생각할 수 있는 시간을 주니까 기억에 남고 재미있게 풀 수 있었어요.

"이렇게 공부하면 어려운 문제를 더 잘 풀겠더라고요!"

원예연 학생(강원 북원여자중학교)

누가 그러더라고요. "이렇게 하면 입시에 나오는 어려운 문제를 풀 수 있겠냐?"라고 말이죠. 저는 풀 수 있겠다는 생각이 들었어요. 공식을 외워서 문제에 대입해 푸는 것보다는 나을 것 같고, 우리는 이런 공식이 어떻게 나왔는지 아니깐 어려운 문제가 나와도 더 좋은 답을 얻어 낼 수 있을 것 같았어요. 그리고 또 이해를 했으니깐 문제가 어렵다고 포기하지도 않을 거고요. 《수학의 발견》으로 수업할 때 개념과 개념이 서로 연결되어 있음을 발견할 수 있었던 게 도움이 되는 것 같아요.

"같은 수학인데 아이 모습이 뭔가 달랐어요."

이진욱 학생 어머니(서울 대방중학교)

제 아이는 평소에 모르는 문제가 나오면 한두 번 고민하다 그냥 넘어갔어요. 시험 직전에서야 답이랑 풀이 과정을 눈으로 훑어보며 암기하기 바빴죠. 그런데 《수학의 발견》으로 공부할 때는 문제를 대하는 태도가 평소와 다르다는 걸 느꼈어요. 처음에는 문제를 한참 바라보고만 있어서 엄마 입장에선 딴생각을 하는 걸까, 몰라서 그러는 걸까 물어보고 싶었지만 꾹 참고 그냥 지켜 보았어요. 조금 있으니 자기 생각을 적기도 하고 고개도 갸우뚱거리면서 스스로 푸는 과정을 고민하는 모습이 너무 예쁘더라고요. 같은 수학인데 뭔가 다르다고 하는 우리 아들이 참 기특해 보였어요.

"다시는 강의식 수업으로 돌아갈 수 없겠어요."

정혜영 교사(서울 한울중학교)

저는 강의식 수업을 굉장히 좋아했어요. 아이들도 콤팩트한 수업을 잘 이해하는 줄 알았지요. 나중에 알고 보니 아이들이 이해하지 못한 채 집중하는 척했던 것이더라고요. 《수학의 발견》으로 수업한 뒤 달라졌어요. 말로만 듣던 학생 참여 중심 수업과 딱 맞아떨어졌죠. 모둠 토론에 익숙해지니 지금은 제가 설명해 주고 넘어가면 아이들이 싫어해요. 자기들이 공부할 수 있는 시간을 달라는 거죠. 자기들끼리 이야기하고 생각해서 문제를 해결하는 것을 아이들이 얼마나 소중하게 생각하고 좋아하는지 알게 되었어요. 지금 저는 "아, 이제 그 맛을 알았으니 돌아갈 수 없는 강을 건넜구나!" 그런 심정입니다. 다시는 강의식 수업으로 돌아갈 수 없겠어요.

"어차피 만들어야 할 수학 활동지가 여기 다 있네요!"

김은주 교사(강원 북원여자중학교)

1년 전 《수학의 발견》 샘플 단원을 처음 만났습니다. 기존 교과서에서는 볼 수 없는 문제들, 아이들이 "어, 이거 뭐지?" 그렇게 궁금해할 형태의 문제였습니다. 저는 평소에도 그런 문제를 가지고 수업을 해 보고 싶었지만 혼자 하는 데는 한계가 많았습니다. 그래서 샘플 자료를 보면서 "와~ 이것 너무 좋다. 빨리 나왔으면 좋겠다."라고 생각했고, 실험학교 참여 제안이 와서 기쁜 마음으로 응했습니다. 어차피 수업 활동지 자료를 애써 만들어야 하는데 이미 다 있으니 얼마나 좋았던지. 일 년 동안 정말 많이 배웠습니다.

《수학의 발견》, "이렇게 사용하세요!" 

책의 구성

《수학의 발견》에 있는 문제는 대부분 똑같은 정답이 아니라 나만의 답을 써야 합니다. 나만의 답을 쓰는 과정에서 수학의 개념과 원리를 발견하고 연결하는 방법을 알아 갈 것입니다. 이 책으로 공부할 때는 끈기를 가지고, 관찰하고, 추론하고, 분석해 보세요. 내가 찾은 개념과 원리를 서로 연결하고 그 속에서 수학을 발견하는 기쁨을 맛볼 수 있을 것입니다.

STEP 1 개념과 원리 탐구하기

개념과 원리 탐구하기는 문제를 탐구하면서 수학적 원리를 발견하고 터득하는 과정입니다. 처음에는 어려울 수 있지만 나의 생각을 끄집어내고 발전시키는 것부터 연습하세요. 내가 알고 있는 것, 내가 알아낸 것이 부족해 보여도 탐구하기 문제에 대한 나의 생각을 쓰고 친구들과 토론하는 과정에서 다듬어질 것입니다.

탐구하기 1

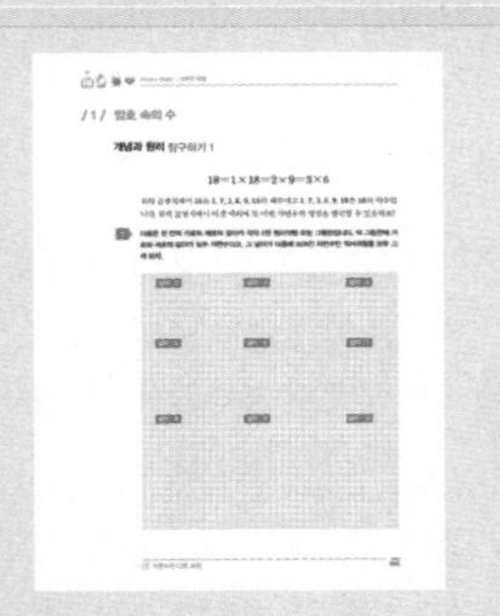

직사각형의 넓이가 소수인 경우는 한 가지 모양으로만 그려지기 때문에 소수의 정의와 연결시킬 수 있는 질문입니다.

탐구하기 2

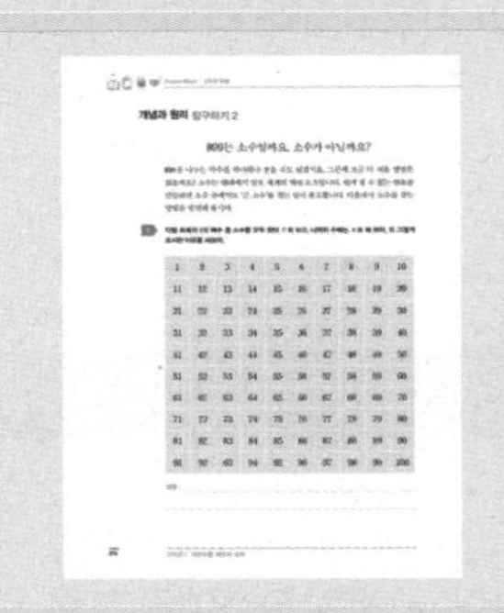

2를 제외한 2의 배수는 소수가 아니라는 것을 알고, 이들을 지워 나가는 과정에서 남는 것들이 소수임을 이해할 수 있습니다.

탐구하기 3

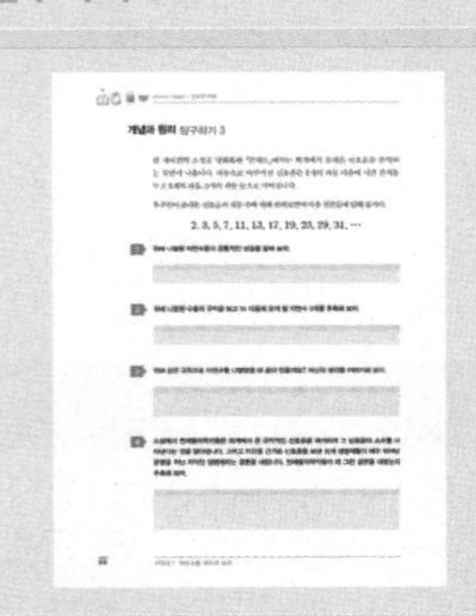

탐구하기 1에서 익힌 소수의 뜻을 이해한 뒤, 소수에 대한 관심을 확장할 수 있는 활동입니다.

+ 탐구 되돌아보기

'개념과 원리 탐구하기'에서 알게 된 내용을 한 번 더 확실하게 다지는 부분입니다. 친구들과 토론한 이야기, 선생님에게 들은 이야기를 내가 얼마만큼 소화했는지 혼자 정리해 볼 수 있습니다.

STEP 2 개념과 원리 연결하기

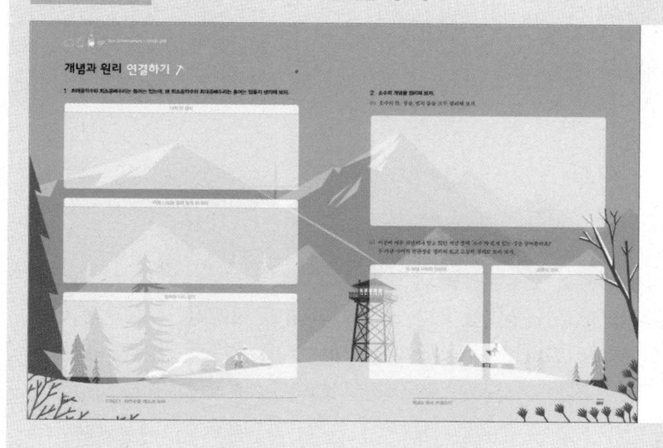
개념과 원리 연결하기

새로 배운 주요 개념을 정리하는 과정에서 내 머릿속의 수학 개념을 종합하고 확장해 가는 코너입니다. 이 과정에서는 새로 배운 개념과 예전에 배웠던 개념 중 관련 있는 것을 서로 연결하는 것이 중요합니다. 수학 개념은 신기하게도 서로 연결할 수 있답니다. 그 연결고리를 찾는 순간 배움의 짜릿함을 느낄 수 있고, 그 느낌은 다른 수학 개념이 알고 싶어지는 동기가 됩니다.

STEP 3 수학 학습원리 완성하기

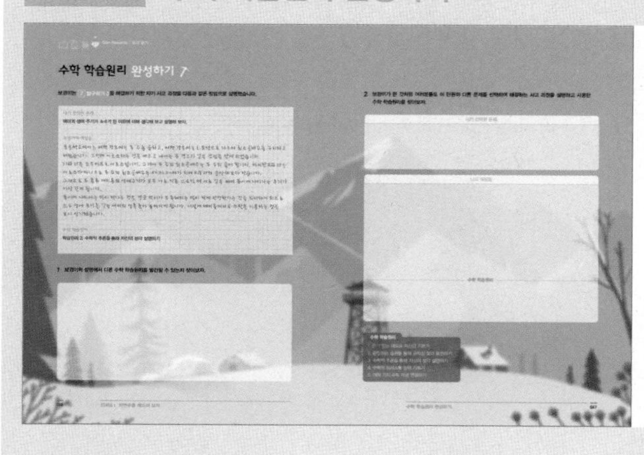
수학 학습원리 완성하기

수학 학습원리 완성하기에서는 '개념과 원리 탐구하기'와 '개념과 원리 연결하기'를 공부하면서 내가 어떤 수학 학습원리를 사용했는지 돌아봅니다. 수학을 잘하기 위해서는 많은 문제를 풀어야 할 것 같지만 그 속에 사용된 원리만 파악하면 모든 문제를 쉽게 해결할 수 있습니다. 내가 어떻게 문제를 해결했는지 돌아보고 다른 친구는 어떻게 해결했는지 비교하는 과정에서 학습원리를 내 것으로 만들어 보세요.

이 책을 사용하는 학생에게

1

기존 교과서로 학습하기 전에 《수학의 발견》 먼저!

《수학의 발견》으로 수학 개념을 먼저 탐구합니다. 그런 후 기존 교과서를 참고하세요. 《수학의 발견》은 공식, 풀이 방법, 답을 바로 알려 주지 않고 생각하고 탐구할 시간을 줍니다. 그 시간을 가져야 여러분들이 '생각하는 방법'을 배울 수 있습니다.

2

함께 토론할 수 있는 친구들이 있을 때

맞았는지 틀렸는지를 떠나서 내 생각을 찾고 표현하는 것이 중요합니다. 문제를 읽고 일단 짧게라도 나만의 생각이나 주장을 만들어 보세요. 그리고 왜 그렇게 생각했는지를 친구들과 토론하며 답을 완성하고, 수학 개념을 찾아갑니다. 혼자는 어렵지만 토론하면서 찾아갈 수 있습니다.

3

혼자 《수학의 발견》으로 공부할 때

혼자 공부할 때도 먼저 내 생각을 쓴 뒤에 《수학의 발견 해설서》에 있는 〈예상 답안〉을 확인해 보세요. 《수학의 발견》에 있는 탐구 활동은 대부분 답이 하나가 아니라 여러 가지일 수 있습니다. 그래서 가능한 많은 친구들의 답을 실었습니다. 여러분이 찾은 답과 일치할 수도 있고 약간 다를 수도 있습니다. 달라도 틀렸다고 생각하지 말고, 다른 답과 비교하며 수정 · 보완해 보세요.

▶ 이 책의 문제와 관련된 질문은 네이버에 있는 **《수학의 발견》** 카페 게시판에 올려 주세요.

이 책을 사용하는 선생님에게

1

2015 개정 교육과정에 맞춘 《수학의 발견》

《수학의 발견》은 2015 개정 교육과정이 요구하는 수학 교과 지식 체계 편성에 맞추어 구성하였습니다. 따라서 이 책으로만 수업해도 전혀 문제가 안 됩니다. 물론 학교에서 쓰는 수학 교과서와 함께 쓸 수도 있습니다. 선생님의 재량을 펼칠 수 있을 때는 이 책을 주로 활용하면서 기존 교과서를 보조 자료로 쓰고, 그렇지 않다면 꼭 필요한 부분만 뽑아 대안 교재로 활용할 수도 있습니다.

2

학생 참여 중심 수업을 위한 워크북과 꽉 찬 해설서

일반적인 교과서나 문제집을 생각하면 《수학의 발견》은 불편한 구조입니다. 학생 스스로 개념과 원리, 문제를 푸는 길을 발견하고 찾아내도록 유도하는 워크북 형태로 구성했기 때문입니다. 따라서 《수학의 발견》은 모둠별 수업 등 학생 참여 중심 수업을 적극적으로 도입해야 그 효과가 커집니다. 보다 상세한 설명이 필요하다면 해설서를 활용하면 됩니다.

3

우열을 가리지 않아도 되는 모둠 토론

모둠을 구성할 때, 수학 성적에 따라 학생들을 수준별로 편성하지 않고 뒤섞는 것이 좋습니다. 《수학의 발견》으로 수업할 경우, 수학 지식이 부족한 학생들도 자기 생각을 표현하고 창의적인 아이디어를 내며 얼마든지 모둠에 기여할 수 있습니다.

▶ 이 책으로 수업을 하는 선생님을 위해 네이버에 **《수학의 발견》** 카페를 준비했습니다.

STAGE 1

자연수를 깨뜨려 보자

1 자연수의 다른 표현

/1/ 암호 속의 수

/2/ 수의 다양한 표현

2 생활 속에서 쓰는 수

/1/ 나눔 속의 수

/2/ 함께 만나는 수

item
inventory
Natural Number Breaker
무기
양손용
직업 전용
'대지 분쇄자'의 전승지인 노스본에 철광 산업이 부흥할 당시 광부길드를 대표했던 상징적인 곡괭이다. 모든 형질의 원소격인 '자연수'를 깰 수 있는 유일한 도구이며 지금까지 알려진 자연수의 성질을 밝히는데 혁혁한 공을 세웠다. 노스본 광부길드 사람들은 이 곡괭이를 이용하여 '소수'를 추출하고 유통하여 큰 부를 축적하였다.

1 자연수의 다른 표현

이 세상에 수를 깨뜨릴 수 있는 곡괭이가 있다면 여러분은 어떤 수를 깨뜨려 보고 싶나요? 만약 곡괭이를 사용했을 때 깨지지 않는 수가 있다면 그 수는 어떤 특징을 가진 수일까요?
큰 수를 작은 수로 분해해 보면 그 수의 새로운 특징을 알 수 있게 됩니다. 더 작은 두 자연수의 곱으로 쪼개기 어려운 매우 큰 자연수를 이용하면 풀기 어려운 암호 체계를 만들수 있습니다.
이 단원을 통해 자연수의 비밀을 하나 둘씩 발견하는 즐거움을 경험해 보세요.

/1/ 암호 속의 수

개념과 원리 탐구하기 1

$$18=1\times 18=2\times 9=3\times 6$$

위의 곱셈식에서 18은 1, 2, 3, 6, 9, 18의 배수이고 1, 2, 3, 6, 9, 18은 18의 약수입니다. 위의 곱셈식에서 이것 이외에 또 어떤 자연수의 성질을 발견할 수 있을까요?

1 **다음은 한 칸의 가로와 세로의 길이가 각각 1인 정사각형 모눈 그림판입니다. 이 그림판에 가로와 세로의 길이가 모두 자연수이고, 그 넓이가 다음에 쓰여진 자연수인 직사각형을 모두 그려 보자.**

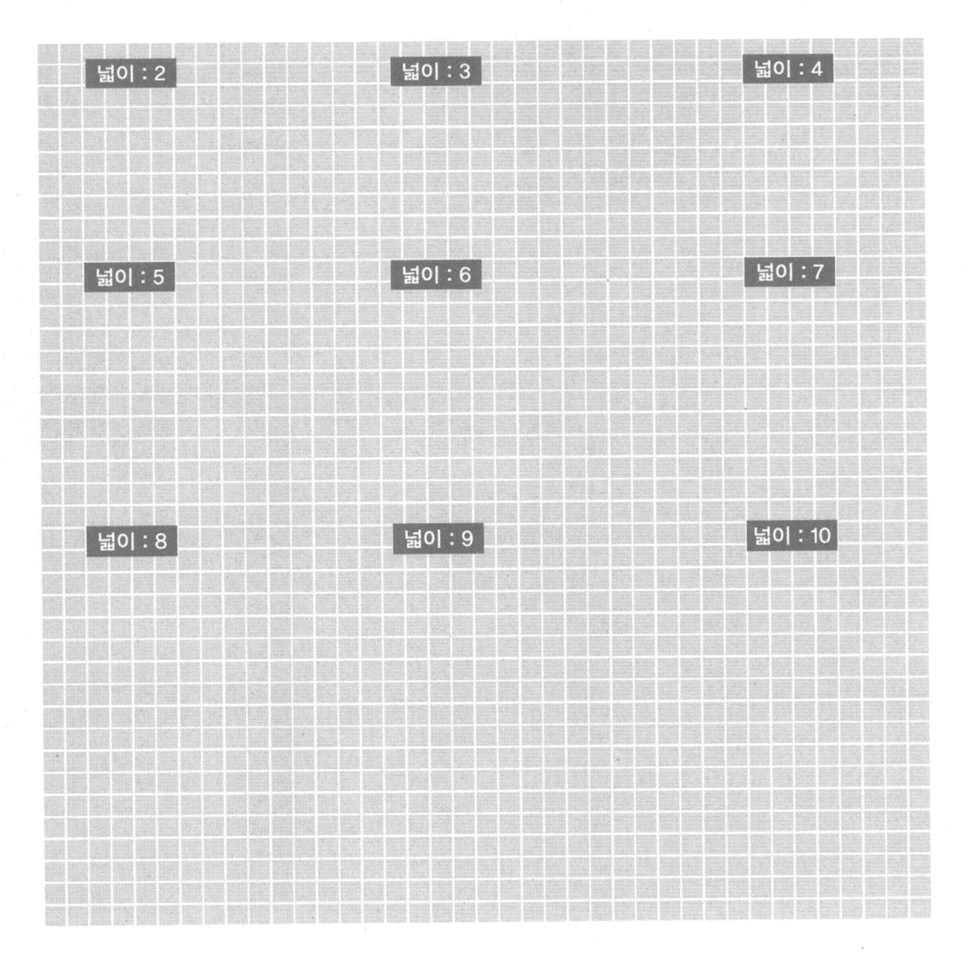

2 1의 모눈 그림판에 자신이 그린 직사각형을 보고 다음을 함께 탐구해 보자.

(1) 다음 표에 직사각형의 가로와 세로의 길이가 될 수 있는 자연수를 모두 써보자.

직사각형의 넓이	가능한 가로의 길이와 세로의 길이
2	
3	
4	
5	
6	
7	
8	
9	
10	

(2) 위에서 발견한 성질을 쓰고, 모둠에서 토론한 성질을 정리해 보자.

1보다 큰 자연수 중 1과 자기 자신만을 약수로 갖는 수를 **소수**라 하고, 1과 자기 자신 이외의 약수를 갖는 자연수를 **합성수**라고 합니다.

3 **다음을 함께 탐구해 보자.**

(1) 2 (1)의 직사각형의 넓이를 나타내는 자연수를 소수와 합성수로 분류해 보자.

소수	합성수

(2) 20 이하의 자연수를 소수와 합성수로 분류해 보자.

소수	합성수

개념과 원리 탐구하기 2

899는 소수일까요, 소수가 아닐까요?

899를 나누는 약수를 하나하나 찾을 수도 있겠지요. 그런데 조금 더 쉬운 방법은 없을까요? 소수는 현대에서 암호 체계의 핵심 요소입니다. 쉽게 풀 수 없는 암호를 만들려면 소수 중에서도 '큰 소수'를 찾는 일이 중요합니다. 다음에서 소수를 찾는 방법을 발견해 봅시다.

1 **다음 표에서 2의 배수 중 소수를 모두 찾아 ○표 하고, 나머지 수에는 ×표 해 보자. 또 그렇게 표시한 이유를 써보자.**

1	2	3	4	5	6	7	8	9	10
11	12	13	14	15	16	17	18	19	20
21	22	23	24	25	26	27	28	29	30
31	32	33	34	35	36	37	38	39	40
41	42	43	44	45	46	47	48	49	50
51	52	53	54	55	56	57	58	59	60
61	62	63	64	65	66	67	68	69	70
71	72	73	74	75	76	77	78	79	80
81	82	83	84	85	86	87	88	89	90
91	92	93	94	95	96	97	98	99	100

이유 : ______________________________

____

2 다음을 함께 탐구해 보자.

(1) 1 과 같은 아이디어를 이용하여 앞의 표에서 소수를 모두 찾아 표시하고, 찾은 소수를 써보자.

(2) 위에서 소수를 찾은 나의 방법을 쓰고, 가장 좋은 방법이 무엇일지 모둠에서 토론한 방법을 정리해 보자.

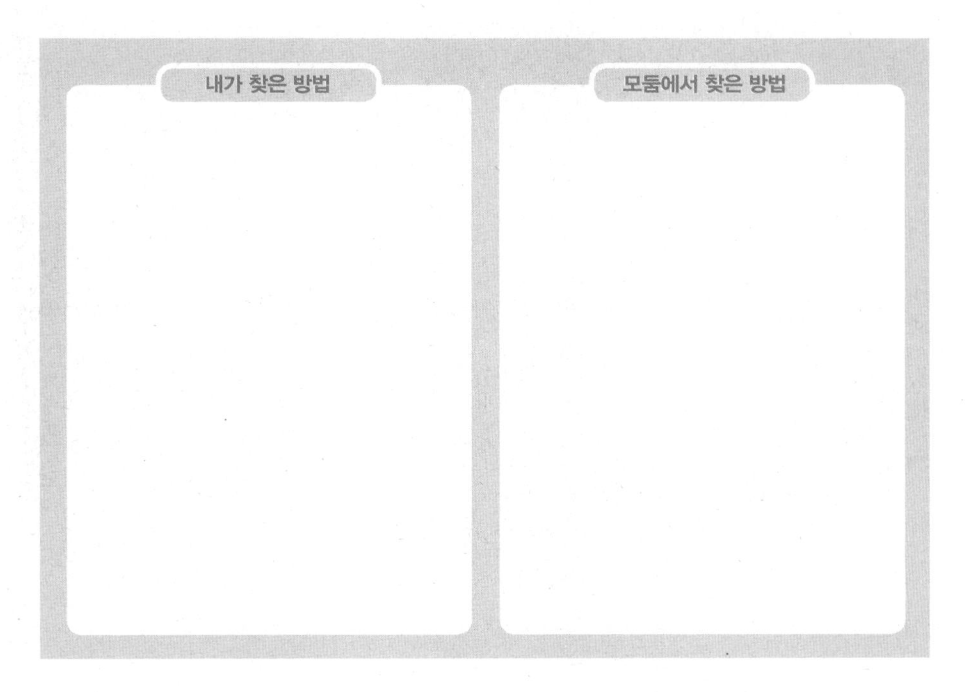

개념과 원리 탐구하기 3

▮ 준비물 : 계산기

고대 그리스 이후로 현재까지 많은 수학자들이 소수를 찾는 일반적인 방법을 위해 노력했지만 아무도 성공하지 못했습니다. 전자 프런티어 재단(EFF)에서는 최초로 천만 자리 이상의 소수를 발견한 경우 10만 달러의 상금을 걸었습니다. 2008년 미국 캘리포니아 대학교 로스앤젤레스(UCLA) 수학과에서 천만 자리가 넘는 소수를 발견했고, 이 재단은 이제 1억 자리와 같이 더 큰 소수를 찾는 일에 엄청난 상금을 걸었습니다. 2016년까지 알려진 가장 큰 소수는 2233만 8618자리입니다. 사람들이 암호를 만들기 위해서 이렇게 큰 소수를 찾는 이유는 무엇일까요?

1 **73과 97은 모두 소수입니다. 이 두 수의 곱을 구해 보자.**

2 **899는 두 소수의 곱으로 나타낼 수 있는 합성수입니다. 두 소수를 찾아보자.**

3 [1]과 [2]의 활동 중 어느 것이 더 쉬운지 생각해 보고 그렇게 생각한 이유를 써보자.

4 2, 3, 5, 7, 11, 13, 17, 19, 23, 29, 31⋯ 과 같이 자연수를 나열했을 때 끝이 있을까요? 자신의 생각을 이야기해 보자.

/ 2 / 수의 다양한 표현

개념과 원리 탐구하기 4

자연수를 연결하여 곱셈기차를 만들어 봅시다. 360의 곱셈기차는 곱해서 360이 되는 자연수들을 연결한 것입니다. 다음 표에 주어진 [규칙]대로 360의 곱셈기차를 모두 표시해 봅시다.

[규칙]

❶ 대각선이나 바로 이웃한 칸에 있는 수끼리만 연결할 수 있습니다.
❷ 하나의 곱셈기차에서 한 칸은 한 번만 지나갈 수 있습니다.
❸ 하나의 곱셈기차에 이미 연결된 수를 다른 곱셈기차에서 사용할 수 있습니다.

1 **360의 곱셈기차를 다음 표에 표시하고, 각 곱셈기차를 곱셈식으로 표현해 보자.**

120	3	180	3	5	4
3	40	2	5	72	3
15	2	10	3	60	2
4	45	3	5	18	12
90	5	8	15	2	6
10	60	3	24	4	10
36	2	30	3	5	9

2 **두 수의 곱으로 된 곱셈기차에서 세 수의 곱으로 된 곱셈기차를 만드는 방법을 설명해 보자.**

3 **다음을 함께 탐구해 보자.**

(1) 360의 가장 긴 곱셈기차를 찾아봅시다. 찾았다면 이 곱셈기차가 가장 길다고 확신할 수 있을까요? 확신할 수 있는지 없는지에 따라서 그렇게 생각한 이유를 설명해 보자.

판단	이유
있다.	
없다.	

어떤 자연수의 약수 중 소수인 것을 **소인수**라 하고, 그 자연수를 소인수만의 곱으로 나타내는 것을 **소인수분해**한다고 합니다.

(2) 소인수분해와 곱셈기차는 무슨 관계가 있을지 설명해 보자.

개념과 원리 탐구하기 5

모든 자연수는 약수의 곱으로 쪼개어 나타낼 수 있습니다. 그런데 자연수를 가장 긴 곱으로 나타내려면 소수들만의 곱으로 표현하면 됩니다. 자연수를 소수들의 곱으로 쪼개어 나타내어 보면 같은 소수를 여러 번 곱하는 경우가 생기고, 어떤 큰 수들은 쪼개고 쪼개었을 때 소수의 곱의 길이가 꽤 길어질 수도 있습니다.
이런 경우 간단하게 나타내는 방법을 찾아볼까요?

1 **다음 자연수를 소인수분해해 보자.**

(1) 4

(2) 23

(3) 47

(4) 72

2×2, $2\times2\times2$, $2\times2\times2\times2$, … 와 같이 같은 수를 여러 번 곱한 결과를 간단하게 나타낸 것을 **거듭제곱**이라 하고 각각 2^2, 2^3, 2^4, … 으로 표현합니다.
2^2, 2^3, 2^4, … 은 각각 2의 제곱, 2의 세제곱, 2의 네제곱, … 이라 읽고, 이를 통틀어 2의 거듭제곱이라고 합니다. 이때 2를 거듭제곱의 **밑**, 2의 오른쪽 위에 작게 쓴 2, 3, 4, …를 거듭제곱의 **지수**라고 합니다.

2^3
지수
밑

2 **다음을 함께 탐구해 보자.**

(1) 다음 두 수를 여러 가지 방법으로 소인수분해하고, 거듭제곱으로 나타내어 보자.

① 1000 ② 924

(2) (1)에서 어떤 방법으로 소인수분해했는지 모둠 친구들과 의견을 나누어 보자.

3 **다음을 함께 탐구해 보자.**

(1) 세영이는 42의 소인수분해는 $2\times3\times7$이라 말하고, 도훈이는 $1\times2\times1\times3\times1\times7$이라고 말합니다. 누구의 말이 옳은지 판단해 보고 그렇게 판단한 이유를 써보자.

판단	그렇게 생각한 이유
옳은 주장 (세영, 도훈)	

(2) 자연수 1은 자기 자신 이외의 약수를 갖지 않기 때문에 소수라고 할 수 있지만, 수학자들은 1은 소수도 합성수도 아니라고 정했습니다. 수학자들이 1을 소수에서 제외시킨 이유를 추측해 보고 모둠에서 생각을 모아 보자.

개념과 원리 탐구하기 6

1보다 큰 자연수를 그 수의 소인수들만의 곱으로 나타내는 것을 소인수분해라고 합니다. 그렇다면 소인수분해에서 어떤 정보를 얻을 수 있을까요? 약수와 배수를 구할 때 소인수분해를 이용할 수 있을까요?
소인수분해와 약수와 배수 사이의 관계를 알아봅시다.

1 **504를 소인수분해하면 $504=2^3\times3^2\times7$입니다. 다음 수들이 504의 약수이면 ○표, 약수가 아니면 ×표 하고, 그렇게 생각한 이유를 설명해 보자.**

	자연수	판단	이유
(1)	2×3	(○, ×)	
(2)	$2^2\times3^2\times7$	(○, ×)	
(3)	$2\times3\times5\times7$	(○, ×)	

2 **다음 수들이 $2^2\times3\times5^2\times7$의 배수이면 ○표, 배수가 아니면 ×표 하고, 그렇게 생각한 이유를 설명해 보자.**

	자연수	판단	이유
(1)	$2^2\times3\times5^2\times7^2$	(○, ×)	
(2)	$2^4\times5^3\times7^2$	(○, ×)	
(3)	$2^2\times3^2\times5^2$	(○, ×)	

게임하며 탐구하기 7

1 다음 [규칙]에 따라 약수 찾기 빙고 게임을 해 보자.

[규칙]

❶ 칠판에서 선생님이 정해준 자연수를 확인합니다.
❷ 일정 시간 동안 모둠이 힘을 합쳐 정해준 자연수의 약수를 빙고판에서 모두 찾아내어 답의 칸을 색칠합니다.
❸ 가로, 세로, 대각선을 포함하여 1줄을 연결한 모둠은 '빙고!'를 외칩니다.
❹ 가장 먼저 빙고를 외친 모둠이 승리!

모둠 빙고판

$2^2\times3^2$	$2\times5\times7$	2×7	7×11	$2\times3^2\times7$	3×7	$2^2\times7$	$2^3\times5$
$2^2\times3\times11$	77	5×7^2	2×54	108	2×5	$2^2\times3\times7$	105
$2^2\times7^2$	63	2×55	3×7^2	32	33×7	72	6×3
18	5×11	27	231	7	$2\times3\times5^2$	$3^2\times5$	$2^2\times5\times7$
$2\times3^2\times7$	2×35	$2^2\times3$	2	126	10×7	4	2×9
$4^2\times3$	14	$2\times3\times11$	198	120	$2\times5\times11$	$2^3\times5^2$	$3^2\times5\times7$
$2^2\times3\times5^2$	$2^2\times5\times7$	24×3	3×11	$2^2\times4$	$3\times5\times7$	50	2×3
24	$2^2\times11$	2×3^2	$2^2\times35$	8×9	2×6	$2^2\times11$	180

2 제한된 시간 안에 약수를 많이 찾으려면 어떤 전략이 필요한지 모둠에서 이야기해 보자.

탐구 되돌아보기

1 곱셈식 $24 \times 3 = 72$ 에 대하여 다음 세 용어를 한 가지 이상 사용하여 문장으로 써보자.

약수, 배수, 소수

2 다음을 함께 탐구해 보자.

(1) 다음은 소수를 구하는 방법에 대한 **탐구하기 2** 2 (2)에서 한 친구가 만들어낸 주장입니다. 이 주장에 대한 나의 의견을 쓰고 설명해 보자.

우선 짝수가 있는 줄은 2를 제외하고
모두 지운다.
이런 방법으로 3,4,5,···
자연수를 n으로 나눈 수 중에서 n을 제외한
수를 다 지우면 지워지지 않고 남는
것이 소수이다.(1은 따로 제외)

(2) 에라토스테네스는 다음과 같은 방법으로 소수를 찾았습니다. '❷ 소수 2를 남기고 2의 배수를 모두 지운다.'에서 2만 남기고 2의 배수를 모두 지운 이유를 설명해 보자.

❶ 1은 소수가 아니므로 지운다.
❷ 소수 2를 남기고 2의 배수를 모두 지운다.
❸ 소수 3을 남기고 3의 배수를 모두 지운다.
❹ 소수 5를 남기고 5의 배수를 모두 지운다.
❺ 이와 같은 방법으로 남은 수 중 처음 수는 남기고 그 수의 배수를 모두 지운다.

~~1~~ ② ③ ~~4~~ ⑤ ~~6~~ 7 ~~8~~ ~~9~~ ~~10~~
11 ~~12~~ 13 ~~14~~ ~~15~~ ~~16~~ 17 ~~18~~ 19 ~~20~~
…

(3) 위 방법의 ❺에서 '남은 수 중 처음 수는 남기고 ….'라고 한 이유를 설명해 보자.

3 다음을 함께 탐구해 보자.

(1) **탐구하기 2**에서 배운 방법으로 다음 자연수 표에 써있는 101부터 200까지의 자연수 중 소수는 ○표, 합성수는 ×표 해 보자.

101	102	103	104	105	106	107	108	109	110
111	112	113	114	115	116	117	118	119	120
121	122	123	124	125	126	127	128	129	130
131	132	133	134	135	136	137	138	139	140
141	142	143	144	145	146	147	148	149	150
151	152	153	154	155	156	157	158	159	160
161	162	163	164	165	166	167	168	169	170
171	172	173	174	175	176	177	178	179	180
181	182	183	184	185	186	187	188	189	190
191	192	193	194	195	196	197	198	199	200

(2) 위의 자연수 표에서 마지막에 ×표 한 수를 구해 보자. 또한 그 수가 마지막에 ×표가 된 이유를 쓰고, 모둠에서 쓴 이유도 모아 보자.

마지막에 ×표 한 수	나의 의견	모둠의 의견

4 소수이면서 동시에 어떤 자연수의 제곱이 되는 수가 있을까요? 있다고 생각한다면 그러한 수의 예를 들어 보고, 없다고 생각한다면 그 이유를 써보자.

5 민정이는 23×29와 같이 두 소수의 곱은 소수라고 생각하고 있습니다. 이 생각이 옳다고 생각한다면 그러한 수의 예를 더 들고, 옳지 않다고 생각한다면 그 이유를 써보자.

6 다음 자연수들을 소인수분해하고 이 수들을 소인수분해한 결과의 공통점을 설명해 보자.

	자연수	소인수분해	공통점
(1)	10		
(2)	100		
(3)	1000		
(4)	350000		

7 소인수분해를 한 결과 다음과 같이 표현한 친구가 있습니다. 이 친구가 소인수와 소인수분해를 더 잘 이해할 수 있도록 도움을 주는 설명을 써보자.

1. 다음 자연수의 소인수를 구하고 소인수분해 해 보자.

(1) 4 = 1, 2, 4
$2\times2=2^2$
1, 4

(2) 23
1, 23
1×23

(3) 47
1, 47

(4) 72
1, 72, 9, 8, 2, 36, 18, 4

8 다음 문제에 대한 친구의 설명입니다. 친구의 글을 보다 정확한 용어로 다시 써보자.

다음 수들이 $2^2\times3\times5^2\times7$의 배수인지 판단하고 그 이유를 설명하시오.

(1) $2^2\times3\times5^2\times7^2$ (2) $2^4\times5^8\times7^2$ (3) $2^2\times3^2\times5^2$

배수는 그 수의 곱이므로, 제곱숫자가 작아지지만 않으면 된다.

9 **자연수의 약수를 '하나도 빠뜨리지 않고', '효율적'으로 나열할 수 있는 방법을 발견해 보자.**

(1) 432의 약수를 모두 구해 보고, 이를 '하나도 빠뜨리지 않고', '효율적'인 방법으로 나열해 보자.

(2) 360의 약수를 하나도 빠뜨리지 않고 효율적으로 나열할 수 있는 방법은 무엇일지 설명해 보자.

내가 만드는 수학 이야기

10 **다음 용어 중 몇 개를 포함하여 64에 대한 이야기를 만들어 보자. 예를 들어 64의 약수나 배수 또는 다른 수와의 관계를 이야기할 수 있습니다.**

용어

약수, 배수, 소수, 소인수, 소인수분해, 거듭제곱, 밑, 지수

제 목

2 생활 속에서 쓰는 수

모두에게 똑같이 무언가를 나누어 주는 상황을 경험한 적이 있나요? 같은 반 친구들과 여러 종류의 간식을 나누어 먹는다거나 봉사활동으로 쌀이나 연탄을 각 가정에 나누어 주거나 하는 상황에서 우리는 효율적이고 공평한 방법이 무엇인지 고민을 하게 됩니다. 그 고민 속에서 수학적 사고를 하게 되고 그 방법을 찾아가는 과정에서 수학의 개념과 원리를 발견하게 됩니다. 또 각기 다른 매미의 생애 주기 안에도 신비로운 수학적 이유가 담겨 있다고 합니다.

이 단원에서는 생활과 자연 속에서 쓰이는 수를 공부하면서 수학이 우리 생활과 따로 떨어져 있는 것이 아니라 우리 주변에서 쉽게 발견할 수 있다는 사실을 알아가길 기대합니다.

/1/ 나눔 속의 수

개념과 원리 탐구하기 1

규리네 반 친구들은 연말에 혼자 사는 노인들을 위해서 쌀과 연탄을 지원하는 프로젝트를 진행하려고 합니다. 안내장을 만들고 좋은 뜻을 담아서 부모님과 주변 사람들에게 홍보도 하고, SNS를 통해서 더 많은 사람들에게 참여해 달라고 부탁했습니다. 그 결과 많은 분들의 후원을 받아 그 후원금으로 쌀과 연탄을 구매하였습니다.

1 **규리네 반 친구들은 연탄 1600장과 쌀 24포대를 몇 가정에 얼마만큼 나누어 주는 것이 좋을지 논의하고 있습니다. 연탄과 쌀은 각 가정에 똑같이 나누어 주고 남기지 않아야 합니다.**

(1) 각 가정에 연탄과 쌀을 똑같이 나누어 주는 방법을 여러 가지로 구해 보고, 구한 방법을 설명해 보자. (예 한 가정마다 연탄 □장, 쌀 □포대씩 나누면 총 □가정에 배달할 수 있습니다.)

(2) 부모님들이 김치 120포기를 담가 주셔서 김치도 같이 나누려고 합니다. 김치도 각 가정에 똑같이 나누어 주고 남기지 않아야 합니다. 각 가정에 연탄과 쌀과 김치를 똑같이 나누어 주는 방법을 여러 가지로 구해 보고, 구한 방법을 설명해 보자.
(예 한 가정마다 연탄 □장, 쌀 □포대, 김치 □포기씩 나누면 총 □가정에 배달할 수 있습니다.)

개념과 원리 탐구하기 2

1 **다음 자연수가 36과 60의 공약수인 것에 ○표, 공약수가 아닌 것에 ×표를 써넣고, 공약수인 이유와 공약수가 아닌 이유를 써보자.**

	자연수	공약수 (○, ×)	이유
(1)	$2^2\times5$		
(2)	2×3^2		
(3)	$2^2\times3$		

2 **다음을 함께 탐구해 보자.**

(1) 어떤 수와 60의 최대공약수는 12입니다. 어떤 수가 될 수 있는 두 자리 자연수를 모두 구해 보자.

(2) (1)을 참고하여 다음 문장이 옳은지 옳지 않은지 판단해 보자. 그리고 그렇게 생각한 이유를 말하고 모둠에서 생각을 모아 보자.

두 수의 공약수는 두 수의 최대공약수의 약수이다.

주장	그렇게 생각한 나의 이유	그렇게 생각한 모둠의 이유

최대공약수가 1인 두 자연수를 **서로소**라고 합니다.

3 **다음 중 두 자연수가 서로소인 것에 ○표, 서로소가 아닌 것에 ×표를 써넣고, 그렇게 생각한 이유를 써보자.**

	두 자연수	서로소 (○, ×)	이유
(1)	$11, 14$		
(2)	$2^4, 3^2$		
(3)	$22\times3\times52$, $2\times32\times5$		
(4)	$2^4\times3^3$, $2^2\times3^2\times5$		

/ 2 / 함께 만나는 수

개념과 원리 탐구하기 3

1 **다음을 함께 탐구해 보자.**

(1) 어느 지역 신문에서 생애 주기가 13년, 17년인 매미는 221년마다 동시에 나타난다고 말했습니다. 이 기사를 본 준희는 생애 주기가 다른 두 종류의 매미가 동시에 나타나는 데 걸리는 기간은 두 종류의 생애 주기를 곱한 것과 같다고 주장하였습니다.
준희의 주장이 옳은지, 옳지 않은지를 판단하고, 그렇게 생각한 이유를 써보자.

(2) 생애 주기가 다음과 같은 두 종류의 매미는 몇 년마다 동시에 나타날지 구해 보자.

① 5년, 7년	② 8년, 12년	③ 11년, 22년

2 **매미는 식물의 조직 속에 알을 낳는데, 우리나라에서 잘 알려진 유지매미와 참매미는 산란한 해부터 7년째에 성충이 됩니다. 또 늦털매미는 5년째에 성충이 된다고 알려져 있습니다. 매미탑이라고 불리는 북아메리카에 사는 매미는 산란에서부터 성충이 되기까지 13년이 걸리는 종과 17년이 걸리는 종으로 나뉘고, 그 형태나 울음소리에도 차이가 있다고 합니다. 이와 같이 여러 종류의 매미가 산란에서 성충이 되기까지 걸리는 시간은 보통 5년, 7년, 13년, 17년입니다. 이와 같은 매미의 생애 주기에서 발견될 수 있는 공통점은 그것들이 모두 소수라는 점입니다. 왜 하필 이 매미들은 소수를 주기로 생애를 살까요? 생애 주기가 소수인 매미들의 장점을 상상하며 써보자.**

개념과 원리 탐구하기 4

1 다음 두 자연수의 최소공배수를 구하고 그 방법을 설명해 보자.

(1) $2^2\times3^2\times5,\ 2^3\times3^2\times5\times7$ (2) $180,\ 2520$

2 **1**을 참고하여 다음 문장이 옳은지, 옳지 않은지를 판단하고, 그렇게 생각한 이유를 써보자. 그리고 모둠에서 생각을 모아 보자.

두 수의 공배수는 두 수의 최소공배수의 배수이다.

주장	
그렇게 생각한 나의 이유	
모둠에서 생각한 이유	

3 세 수 2×3^2, $3^2\times5$, $2^2\times7$의 최소공배수를 구하고 그 방법을 설명해 보자.

게임하며 탐구하기 5

1 다음 문제의 답에 해당하는 자연수를 퍼즐판에서 찾아 답이 적힌 칸에 색칠하여 보자. 그리고 퀴즈를 맞혀 보자.

Q : 나는 누구일까요?

문제	답
1 22와 4의 최소공배수?	
2 10보다 작은 소수?	
3 11과 7의 최소공배수?	
4 2×3^2과 $2^2\times3$의 최대공약수?	
5 20 이하의 자연수 중 6과 서로소인 수?	
6 72와 36의 최대공약수?	
7 $2^2\times3$과 $2\times3\times5^2$의 최소공배수?	
8 $3^2\times5\times7$과 $2^2\times3^3\times5$의 최대공약수?	
9 $2^4\times3$과 $2^3\times3^2$의 공약수?	
10 15, 30, 60의 최대공약수?	
11 12, 20, 30의 최소공배수?	
12 $5\times5\times5\times5\times5\times5\times5\times5\times5$를 거듭제곱으로 나타내었을 때의 지수?	

퍼즐판

500	58	34	14	23	100	28	200	20	22
1	6	90	55	45	50	500	36	18	32
45	300	26	9	2	24	300	5	17	100
70	15	66	300	19	6	3	77	36	1
80	2	17	4	12	36	77	60	45	12
75	37	18	5	300	60	44	13	8	4
100	55	16	44	55	7	15	11	5	16
21	35	500	3	10	61	200	25	19	20
66	29	11	60	170	14	29	1	2	38
29	31	30	100	26	100	600	18	27	33

A : 나는 ________________ 입니다.

탐구 되돌아보기

1 탐구하기 1 **1** 에서 각 가정에 나누어 주는 경우를 모두 다 구했다고 주장할 수 있는 이유를 설명해 보자.

2 다음은 과자 24개와 사탕 30개를 몇 개의 간식 주머니로 나누어 포장하는 방법에 대한 한 친구의 풀이입니다. 과자와 사탕을 각각의 주머니에 똑같이 나누고 남기지 않아야 합니다. 친구의 풀이에 대한 나의 의견을 제시해 보자.

1 ② ③ 4 ⑥ 8 12 24

1 ② ③ 5 ⑥ 10 15 30

2) 24
2) 12
2) 6
3 → $2^3 \times 3$

2) 30
3) 15
5 = $2 \times 3 \times 5$

6개의 간식 주머니

사탕 5개 과자 4개

3 다음 문제에 대한 친구의 설명에 대하여 나의 의견을 제시해 보자.

최대공약수를 구하는 방법을 설명해 보자. 그리고 최대공약수와 공약수 사이에는 어떤 관계가 있는지 찾아보자.

소인수분해했을때 두 수가 공통적으로 가진 최대의 수가 두 수의 최대공배수인데 최대공배수가 가진 소인수들은 이미 두 수가 공통적으로 가진 수이므로 두수 사이의 최대공배수의 약수는 두 수의 공배수이다.

4 다음은 최소공배수를 구하는 문제 (1)에 대한 어떤 한 친구의 풀이입니다. 이 풀이에 대한 나의 의견을 제시해 보자.

다음 두 수의 최소공배수를 구하고 구한 방법을 설명해 보자.

(1) $2^2\times3^2\times5$, $2^3\times3^2\times5\times7$ (2) 180, 2520

$= 4\times9\times5$ $= 8\times9\times5\times7$

$= 36\times5 = 180$ $= 72\times35 = 2520$

```
10)180  2520
 2) 18   252
 9)  9   126
     1    14
```

$10\times2\times9\times14$

$= 2520$ ⇒ 최소공배수

5 은서, 철수 그리고 준희가 두 수의 최소공배수를 찾는 공식을 다음과 같이 만들어냈습니다.

은서의 방법
3과 5의 최소공배수는 15
4와 7의 최소공배수는 28
6과 11의 최소공배수는 66
공식 : 두 수를 곱한다.

철수의 방법
2와 8의 최소공배수는 8
4와 12의 최소공배수는 12
5와 25의 최소공배수는 25
공식 : 둘 중 큰 수를 택한다.

(1) 세 친구의 방법 중 누구의 주장이 옳다고 생각하는지 쓰고, 그 이유를 설명해 보자.

(2) 틀린 친구에게는 그 주장이 옳지 않음을 예를 들어서 설명해 보자.

6 어떤 수를 소인수분해하였더니 $2^2 \times 3^3 \times 5$입니다. 이 수를 최소공배수로 가지는 두 자연수를 두 쌍 이상 찾고 그 방법을 설명해 보자.

내가 만드는 수학 이야기

7 다음 용어 중 몇 개를 포함하여 $2^2 \times 3^2 \times 7 \times 11$, $2 \times 3^4 \times 5^2$의 관계에 대한 이야기를 만들어 보자.

|용어|

약수, 배수, 공배수, 최대공약수, 최소공배수, 서로소

제 목

개념과 원리 연결하기

1 최대공약수와 최소공배수라는 용어는 있는데, 왜 최소공약수와 최대공배수라는 용어는 없을지 생각해 보자.

2 소수의 개념을 정리해 보자.

(1) 이 단원에서 알게 된 소수의 뜻, 성질, 법칙 등을 모두 정리해 보자.

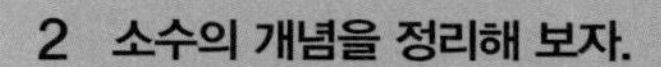

(2) 소수와 연결된 개념을 복습해 보자. 그리고 제시된 개념과 소수 사이의 연결성을 찾아 모둠에서 함께 정리해 보자.

소수와 연결된 개념	각 개념의 뜻과 소수의 연결성
• 약수 • 나누어떨어진다 • 곱셈	

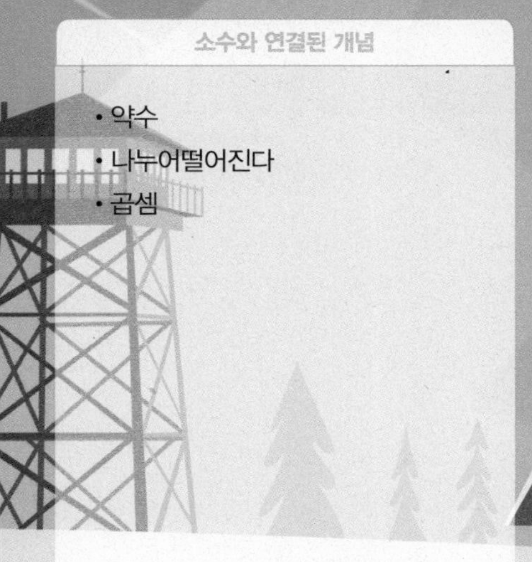

수학 학습원리 완성하기

보경이는 36쪽 2 탐구하기 3 2 를 해결하기 위한 자기 사고 과정을 다음과 같은 방법으로 설명했습니다.

내가 선택한 문제

매미의 생애 주기가 소수가 된 이유에 대해 생각해 보고 설명해 보자.

보경이의 깨달음

초등학교에서는 어떤 경우에는 두 수를 곱하고, 어떤 경우에는 L 모양으로 나누어 최소공배수를 구하라고 배웠습니다. 그런데 서로소라는 것을 배우고 나서는 두 경우가 같은 것임을 알게 되었습니다.
13과 17은 소수이므로 서로소입니다. 그래서 두 수의 최소공배수는 두 수의 곱이 됩니다. 하지만 8과 12는 서로소가 아니므로 두 수의 최소공배수는 $4\times2\times3=24$가 되어 8과 12의 곱인 96보다 작습니다.
그러므로 두 종류 매미들의 생애주기가 모두 서로 다른 소수일 때 서로 같은 해에 동시에 나타나는 주기가 가장 길게 됩니다.
동시에 나타나는 일이 적다는 것은 결국 먹이가 부족해지는 일이 적게 발생한다는 것을 의미하게 되므로 소수 생애 주기를 갖는 매미의 생존율이 높아지게 됩니다. 이렇게 매미들마저도 수학을 사용하는 것을 보니 신기했습니다.

수학 학습원리

학습원리 3. 수학적 추론을 통해 자신의 생각 설명하기

1 보경이의 설명에서 다른 수학 학습원리를 발견할 수 있는지 찾아보자.

2 **보경이가 한 것처럼 이 단원의 다른 탐구 과제를 선택하여 해결하는 사고 과정을 설명하고 사용한 수학 학습원리를 찾아보자.**

내가 선택한 탐구 과제

나의 깨달음

수학 학습원리

수학 학습원리

1. 끈기 있는 태도와 자신감 기르기
2. 관찰하는 습관을 통해 규칙성 찾아 표현하기
3. 수학적 추론을 통해 자신의 생각 설명하기
4. 수학적 의사소통 능력 기르기
5. 여러 가지 수학 개념 연결하기

STAGE 2

새로운 수의 세계로 빠져 보자

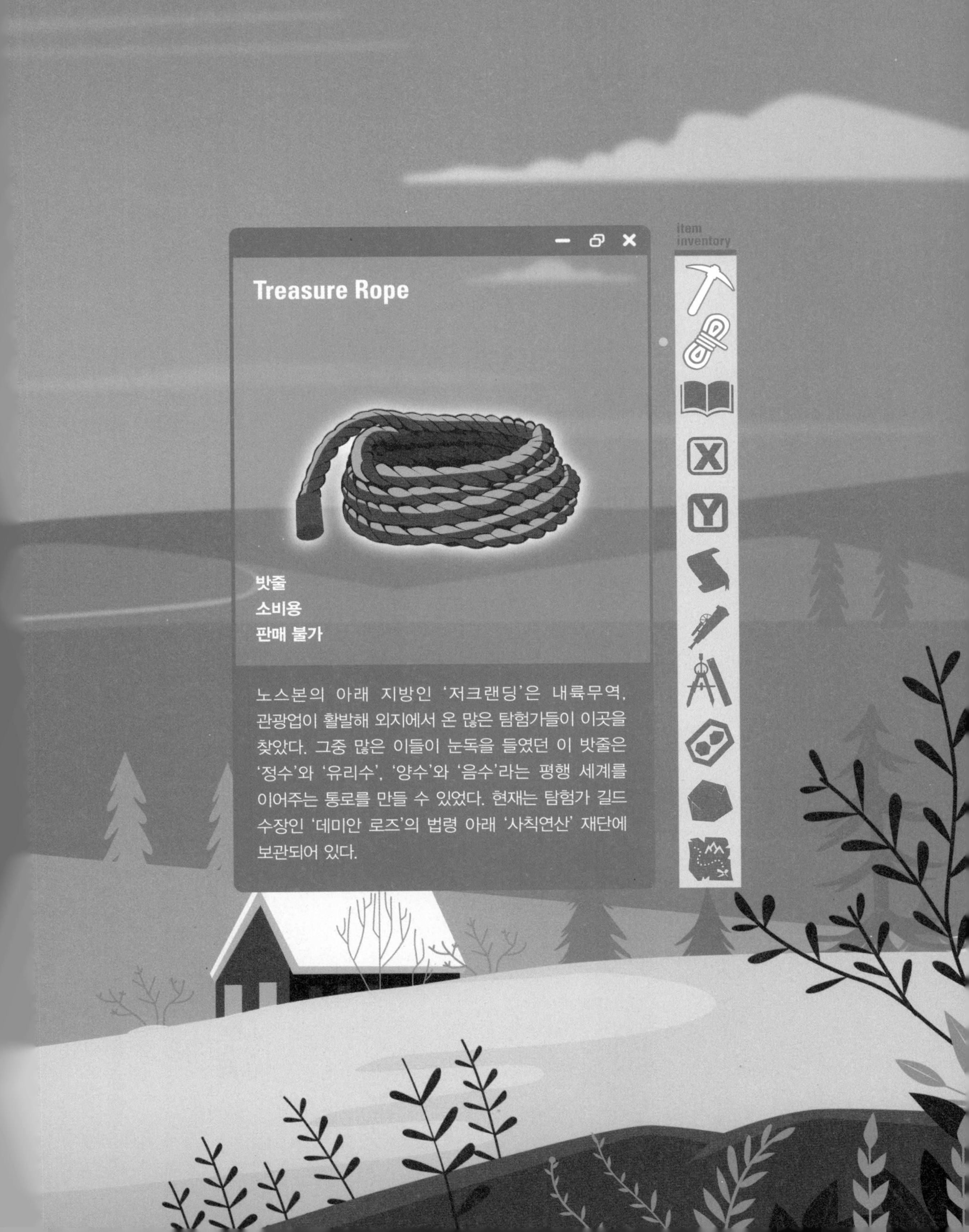
Treasure Rope
밧줄
소비용
판매 불가
노스본의 아래 지방인 '저크랜딩'은 내륙무역, 관광업이 활발해 외지에서 온 많은 탐험가들이 이곳을 찾았다. 그중 많은 이들이 눈독을 들였던 이 밧줄은 '정수'와 '유리수', '양수'와 '음수'라는 평행 세계를 이어주는 통로를 만들 수 있었다. 현재는 탐험가 길드 수장인 '데미안 로즈'의 법령 아래 '사칙연산' 재단에 보관되어 있다.
item
inventory

1 더 넓어진 수의 세상

자연수만으로 이 세상의 모든 현상들을 표현할 수 있나요?
너무나 쉽게 이 질문에 대한 답이 '아니오'라는 것을 알 수 있습니다.
그래서 자연수보다 더 넓은 수의 세상이 필요합니다. 주변의 현상들을 관찰하다 보면 서로 반대되는 상황이나 어떤 기준점을 중심으로 증가하거나 감소하는 상황을 만나게 됩니다. 외국을 여행하다 보면 나라마다 시간이 다릅니다. 물질의 종류에 따라 끓는점의 온도가 다릅니다. 금융 시장에서는 환율이 오르기도 하고 내리기도 합니다.
우리는 이런 다양한 상황들을 쉽고 편리하게 표현하는 방법을 이 단원을 통해 공부하게 됩니다.
수학으로 세상을 표현하는 방법을 알아볼까요?

/ 1 / 짝꿍이 되는 수

개념과 원리 탐구하기 1

선아는 사회 시간에 영국 그리니치 천문대를 지나는 경도 0°의 본초자오선과 날짜 변경선 등에 대해서 배웠습니다. 본초자오선을 기준으로 동쪽으로 경도 15° 이동할 때마다 1시간씩 빨라집니다. 반대로 서쪽으로 경도 15° 이동할 때마다 1시간씩 늦어집니다. 세계 여러 도시의 시차를 보고 물음에 답해 봅시다.

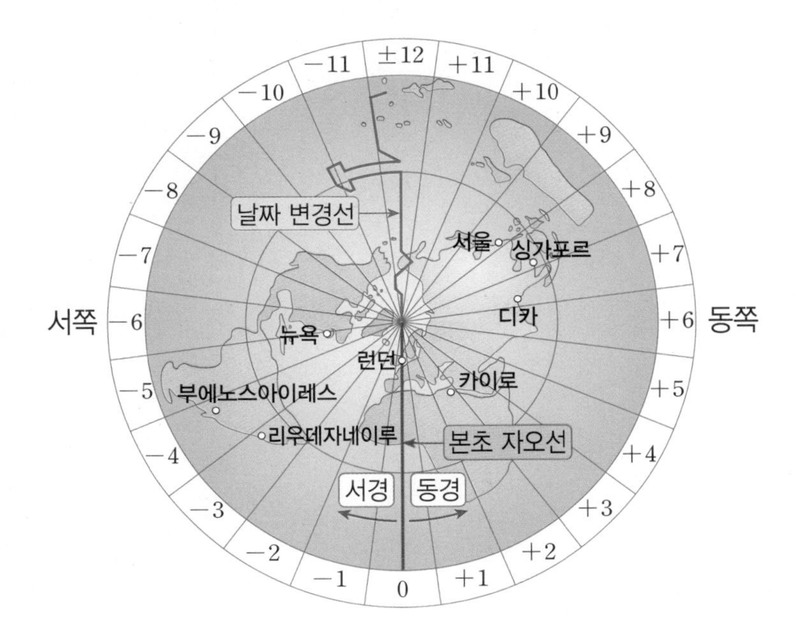

1 런던의 시각이 낮 12시일 때, 위의 지도에 나와 있는 다음 도시들의 시각을 구해 보자.

카이로	싱가포르	서울	리우데자네이루

2 세계 여러 도시의 시차를 나타낸 그림에서 +, − 부호가 어떻게 사용되었는지 설명해 보자.

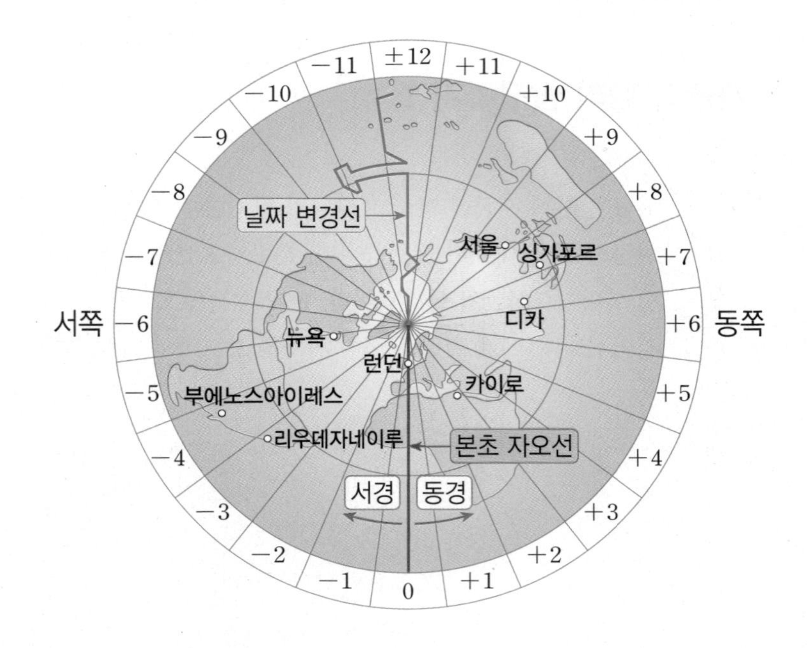

개념과 원리 탐구하기 2

다음은 두 종류의 일기예보에서 전주 지역의 기온을 나타낸 표입니다. 표를 보고 물음에 답해 봅시다. 단, 〈표1〉의 5는 '+5'에서 +부호를 생략하여 나타낸 것입니다. 마찬가지로 〈표2〉의 '+4.9'는 +부호를 생략하여 4.9로 나타낼 수도 있습니다.

〈표 1〉 A 방송사 뉴스 일기 예보

날짜	최저 기온	최고 기온
21 (화)	−7	+5
22 (수)	0	4
23 (목)	−2	4
24 (금)	−6	2
25 (토)	−4	5

〈표 2〉 기상청의 일기 예보

날짜	21일 화요일	22일 수요일	23일 목요일	24일 금요일	25일 토요일
최저 기온	−7.2℃	−0.2℃	−2.2℃	−5.8℃	−3.8℃
최고 기온	+4.9℃	3.9℃	4.1℃	2.4℃	5.4℃

1 〈표 1〉과 〈표 2〉에서 +부호와 −부호가 나타내는 의미를 써보자.

2 〈표 1〉과 〈표 2〉에서 전주 지역의 23일 목요일의 최저 기온과 최고 기온을 분수를 사용하여 각각 나타내 보자.

〈표 1〉	〈표 2〉

개념과 원리 탐구하기 3

서로 반대되는 성질을 가지는 수량을 어떤 기준을 중심으로 한 쪽은 기호 '+', 다른 쪽은 기호 '−'를 사용하여 나타낼 수 있습니다. 여기서 사용한 기호 '+'를 **양의 부호**, '−'를 **음의 부호**라고 합니다. 이때 양의 부호 +를 붙인 수를 **양수**라 하고, 음의 부호 −를 붙인 수를 **음수**라고 하며, 양수는 양의 부호 +를 생략하기도 합니다. 그리고 +3은 '양의 3', −2는 '음의 2'라고 읽습니다.

1 **실제 생활에서 양수와 음수가 사용되는 예를 찾아서 표현해 보자. 그리고 양수와 음수에서 양의 부호와 음의 부호의 뜻을 설명하고, 부호가 바뀌는 기준을 토론해 보자.**

예	+ 부호의 뜻	− 부호의 뜻	부호가 바뀌는 기준

자연수에 양의 부호 $+$를 붙인 수 $+1$, $+2$, $+3$, …을 **양의 정수**, 음의 부호 $-$를 붙인 수 -1, -2, -3, …을 **음의 정수**라고 합니다. 또, 양의 정수, 0, 음의 정수를 통틀어 **정수**라고 합니다. 양의 정수 $+1$, $+2$, $+3$, …은 양의 부호 $+$를 생략하여 자연수 1, 2, 3, …과 같이 나타내기도 합니다. 즉, 양의 정수는 자연수와 같고 0은 양의 정수도 음의 정수도 아닙니다.

$+\frac{3}{5}$, $+\frac{8}{7}$, $+\frac{27}{10}$ 등과 같이 분자와 분모가 자연수인 분수에 양의 부호 $+$를 붙인 수를 **양의 유리수** 또는 양수라 하고, 음의 부호 $-$를 붙인 수 $-\frac{1}{10}$, $-\frac{1}{2}$, $-\frac{2}{3}$ 등과 같은 수를 **음의 유리수** 또는 음수라고 합니다.

그리고 양의 유리수, 0, 음의 유리수를 통틀어 **유리수**라고 합니다.

2 다음을 함께 탐구해 보자.

(1) 1 에서 양의 정수와 음의 정수로 표현할 수 있는 상황을 고르고 없다면 만들어 보자.

(2) 1 에서 양의 유리수와 음의 유리수로 표현할 수 있는 상황을 고르고 없다면 만들어 보자.

3 주어진 수들에 대해 다음 용어를 사용하여 문장을 만들어 보자.

소수　　분수　　자연수　　양의 정수　　음의 정수　　정수
양의 유리수 (양수)　　음의 유리수 (음수)　　유리수

(1) $-\frac{4}{2}$

(2) 3.14

(3) $+\frac{5}{3}$

(4) 0

/ 2 / 수의 크기 비교

개념과 원리 탐구하기 4

1 서로 반대되는 성질을 갖는 수로 양수와 음수를 배웠습니다. 다음 그림에 $+3$과 -3을 표시해 보고, 왜 그렇게 표시했는지 설명해 보자.

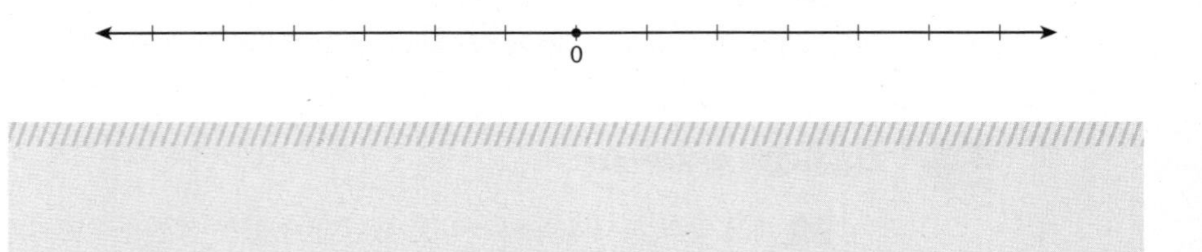

2 다음 그림에 양의 유리수 $+1$, $+1\frac{1}{2}$, $+3$, $+5\frac{1}{3}$을 표시하고, 음의 유리수 -1, $-1\frac{1}{2}$, -3, $-5\frac{1}{3}$을 표시해 보자.

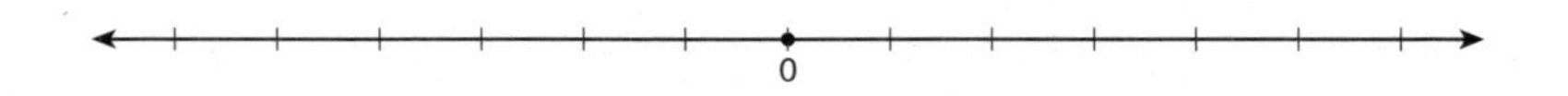

다음 그림과 같이 직선 위에 점 O를 기준으로 오른쪽 있는 점에 양수를 표시하고, 왼쪽에 있는 점에 음수를 표시한 것을 **수직선**이라고 합니다. 이때 기준점 O를 원점이라고 하며 수 0을 대응시킵니다.

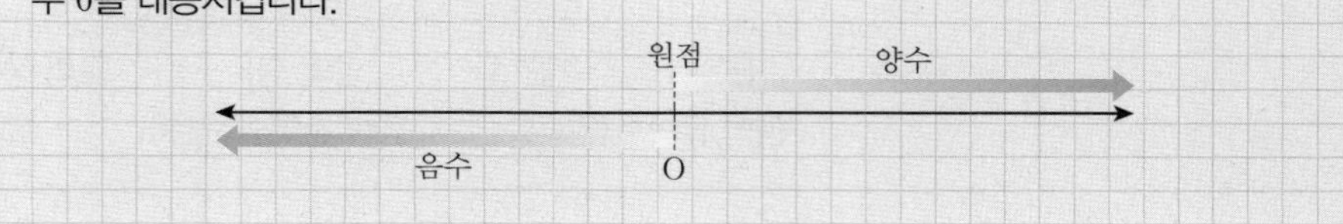

3 수직선을 이용하여 양수와 음수, 그리고 0의 크기를 비교하고, 그렇게 생각한 이유를 모둠 친구들과 토론하고 정리해 보자.

개념과 원리 탐구하기 5

1 수직선에서 원점으로부터 거리가 같은 수들을 찾아 1개 이상 짝지어 보자. 이 짝지어진 수들은 어떤 특징이 있는지 찾아보자.

수직선 위에서 어떤 수를 나타내는 점과 원점 사이의 거리를 그 수의 **절댓값**이라고 합니다. 어떤 수의 절댓값은 기호 | |를 사용하여 나타냅니다.
예를 들어, −3의 절댓값 |−3|과 +2의 절댓값 |+2|는 |−3|=3, |+2|=2입니다.

2 다음 수의 절댓값을 구해 보자.

(1) $\frac{7}{4}$ (2) $-\frac{3}{2}$ (3) $+\frac{5}{2}$ (4) $-\frac{5}{4}$

3 절댓값이 다음과 같은 수를 구하고, 그 이유를 설명해 보자.

	절댓값	수	이유
(1)	$\frac{5}{3}$		
(2)	$+5$		
(3)	0		
(4)	-7		

4 절댓값을 이용하여 부호가 같은 수의 크기를 비교하는 원리를 만들어 보자.

탐구 되돌아보기

1 슬기는 13시에 인천공항을 출발하는 비행기에 탑승하여 11시간 후에 이집트의 카이로에 도착합니다. 카이로 현지 시각으로 언제 도착할지 설명해 보자. (단, 카이로의 표준시는 한국의 표준시보다 7시간 늦습니다.)

가는날 항공편

인천 ICN KE0907		카이로 (CAI)
13:00	직항 11시간 일반석	○○:○○

2 다음은 친구들이 우리 주변에서 양의 부호와 음의 부호를 쓸 수 있는 예를 든 것입니다. 이것들을 토대로 양의 부호와 음의 부호의 뜻을 생각하여 정리해 보자.

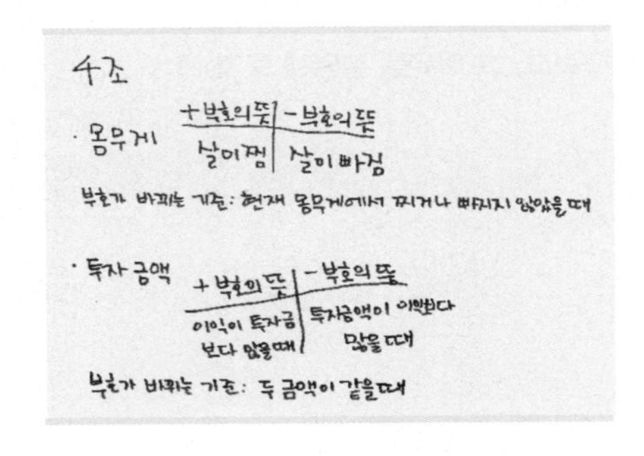

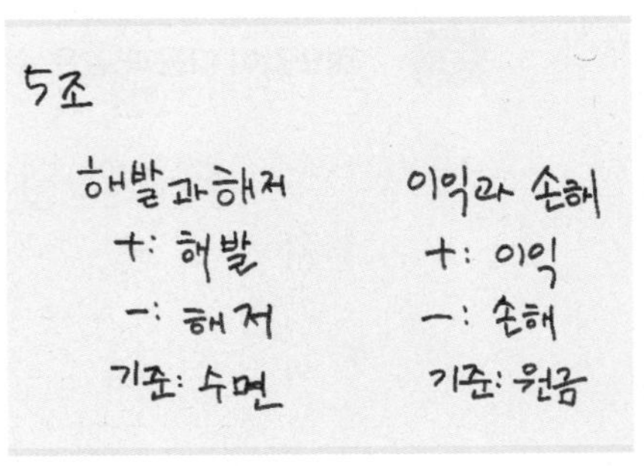

	+부호	−부호
부호의 뜻		
부호가 바뀌는 기준		

3 다음은 수의 대소 관계에 대한 두 모둠의 의견입니다. 친구들의 의견을 토대로 수의 대소를 비교하는 방법을 만들어 보자.

음수는 0에 가까울수록, 양수는 0에서 멀수록 값이 크다. 또 양수가 음수보다 크다.

수직선을 기준으로 오른쪽에 있는 수가 크다.

내가 찾은 방법	모둠에서 찾은 방법

내가 만드는 수학 이야기

4 다음 용어 중 몇 개를 포함하여 이야기를 만들어 보자.

용어

정수, 유리수, 양수, 음수, 수직선, 원점, 0

제 목

2 새로운 수로 할 수 있는 일

새로운 수의 세상을 배웠다면 그 수가 세상에서 적용되는 법칙이 있겠죠? 우리나라에도 헌법이 있고 그 법에 따라 살아갈 때 질서가 잡히는 것처럼 수의 세상에서도 사칙연산이라는 약속에 따라 계산을 하는 법이 정해져 있어요. 무조건 정해진 방법에 따라서 반복하는 계산은 우리를 너무 따분하게 만들고 지루하게 만들지만 이 계산 속에 숨어있는 원리와 규칙을 스스로 발견한다면 새로운 재미를 느낄 수 있지 않을까요?
이 단원을 통해 정수와 유리수의 연산을 공부하면서 그 원리를 찾아보세요.

/ 1 / 합리적인 용돈 관리

개념과 원리 탐구하기 1

동규는 다음 [규칙]에 따라 동전 던지기 실험을 하였습니다.

[규칙]

❶ 동전을 던져 동전의 앞면이 나오면 1회당 1점을 획득합니다.
❷ 동전을 던져 동전의 뒷면이 나오면 1회당 1점을 실점합니다.

1 **주어진 표는 동규가 동전을 11회 던진 결과입니다. 동전을 던진 결과에 따라 획득한 점수를 표의 빈칸에 정수로 나타내 보자.**

던진 횟수	1	2	3	4	5	6	7	8	9	10	11
결과	뒷면	뒷면	앞면	앞면	앞면	뒷면	앞면	뒷면	앞면	뒷면	뒷면
점수						-1					

2 **동전을 11회 던진 후 동규의 최종 점수를 계산한 방법을 식으로 표현하고 설명해 보자.**

개념과 원리 탐구하기 2

1과 덧셈을 이용하면 모든 자연수를 만들 수 있습니다. 가령, $1+1=2$, $1+2=3$, … 이런 식으로 말입니다. 이렇게 새로운 수를 끝없이 만들 수 있다는 사실이 신기하지 않나요? 다음 [규칙]에 따라 주사위를 이용하여 수들과 놀아 보자.

[규칙]

짝꿍과 함께 아래의 말판의 한 가운데에 각자의 말을 놓고, 동전 한 개와 눈의 수가 1에서 6인 주사위 한 개를 동시에 던집니다.

						A, B						

A가 이고 B가 이면 A는 $+3$, B는 -2로 보고 +부호는 오른쪽으로, −부호는 왼쪽으로 그 수만큼 이동하여 양 끝 칸에 먼저 도착하거나 지나가는 사람이 이기는 것입니다.

1 **B가 동전과 주사위를 던질 차례입니다. 다음과 같은 상황에서 B가 한번 만에 이기려면 동전과 주사위가 어떻게 나와야 하는지 써보자.**

				B				A				

2 A와 B의 위치에서 동전과 주사위를 던졌을 때, 한번 만에 ㄱ~ㄹ의 위치로 이동하려면 동전과 주사위를 던진 결과가 어떻게 나와야 하는지 써 보자.

	A	B
ㄱ	-3	$+1$
ㄴ		
ㄷ		
ㄹ		

				B	ㄱ		ㄴ	A	ㄷ		ㄹ	

3 이 게임에서 동전과 주사위의 역할이 무엇인지 토론하고 그 결과를 정리해 보자.

내가 발견한 내용	모둠에서 발견한 내용

개념과 원리 탐구하기 3

1 다음 두 수의 덧셈을 수직선 위에 나타내고 친구들과 그 결과를 비교해 보자.

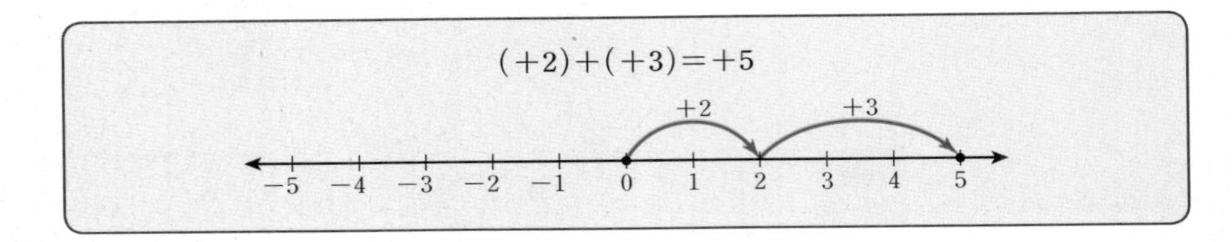

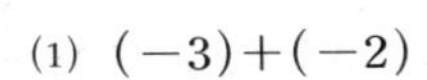
(1) $(-3)+(-2)$

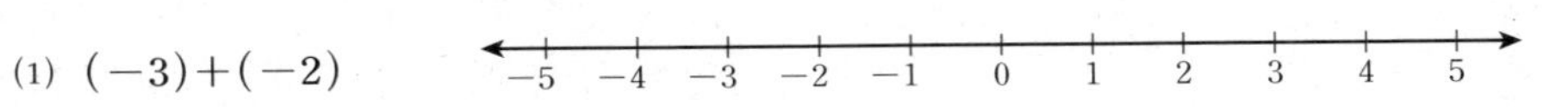

(2) $(+3)+(-4)$

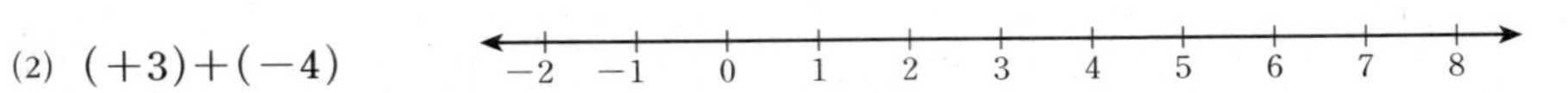

(3) $(-5)+(+2)$

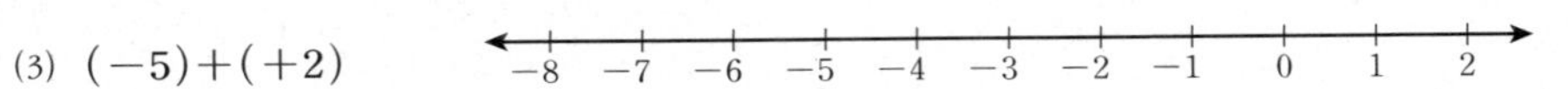

2 1 에서 더하기를 뜻하는 ‘ ＋기호’는 수직선에서 어떤 역할을 하는지 써보자.

3 부호가 있는 두 수의 덧셈을 하는 방법에 대해 친구들과 논의하고 결론을 만들어 보자.

내가 찾은 방법	모둠에서 찾은 방법

개념과 원리 탐구하기 4

다음은 윤혜의 4월 달 용돈 상황을 정리한 글입니다. 윤혜는 학교에서 양수와 음수를 배운 후 다음과 같은 표를 만들고, 수입은 양수, 지출은 음수로 정리하였습니다.

> 윤혜는 4월 2일 부모님께 4천 원의 용돈을 받아서 4월 5일에 떡볶이를 사먹는 데 3천 6백 원을 지출하였습니다. 4월 9일 친구 선물을 사기 위해 돼지저금통에 있는 돈을 꺼내 세어 보았더니 모두 8천 6백 원이었습니다. 4월 2일에 받은 용돈 중 남은 돈과 돼지 저금통에서 꺼낸 돈을 모두 지갑에 넣어 두었다가 4월 11일에 4천 8백 원짜리 친구의 생일 선물을 샀습니다. 4월 12일에 게임 토큰을 구입하는 데 3천 2백 원을 냈습니다. 4월 13일 방청소를 열심히 했더니 엄마가 용돈으로 5천 원을 주셨습니다.

1 위의 글을 읽고, 다음 표의 빈칸을 채워 보자. (단위 : 천 원)

날짜	수입	지출	잔액
4월 2일	$+4$		$+4$
4월 5일		-3.6	$(+4)+(-3.6)=+0.4$
4월 9일			
4월 11일			
4월 12일			
4월 13일			
총 합계			

2 4월 13일 윤혜가 가지고 있는 돈의 총 액수를 여러 가지 방법으로 구하고 설명해 보자.

두 수 $+5$와 -2를 더할 때

$$(+5)+(-2)=+3,\ (-2)+(+5)=+3$$

과 같이 더하는 두 수의 순서를 바꾸어 더하여도 그 합은 같습니다. 이것을 덧셈의 **교환법칙**이라고 합니다. 또, 세 수 -3, $+2$, $+6$을 더할 때

$$\{(-3)+(+2)\}+(+6)=(-1)+(+6)=+5$$

$$(-3)+\{(+2)+(+6)\}=(-3)+(+8)=+5$$

와 같이 앞 또는 뒤의 어느 두 수를 먼저 더한 후에 나머지 수를 더하여도 그 합은 같습니다. 이것을 덧셈의 **결합법칙**이라고 합니다.

3 다음을 함께 탐구해 보자.

(1) 2 의 친구들의 발표 내용을 덧셈에 대한 교환법칙과 결합법칙을 이용하여 설명해 보자.

(2) 2 에서 마지막 남은 잔액을 구할 때, 어떤 방법으로 구하는 것이 가장 편리한지 써보자.

내가 선택한 가장 편리한 방법

그렇게 생각한 이유

개념과 원리 탐구하기 5

1 다음은 세계 주요 도시의 아침 기온과 낮기온입니다. 도시 별로 (낮 기온) − (아침 기온)을 식으로 나타내어 쓰고, 그 결과를 수직선을 이용하여 설명해 보자.

	서울	런던	모스크바	남극
아침 기온 (℃)	$+2$	$+3$	-2	-43
낮 기온 (℃)	$+11$	-1	$+9$	-39

(1) 서울
식:

(2) 런던
식 :

(3) 모스크바
식 :

(4) 남극
식 :

2 다음은 두 친구가 수직선을 이용하여 $-3-(+2)$를 계산한 과정입니다.

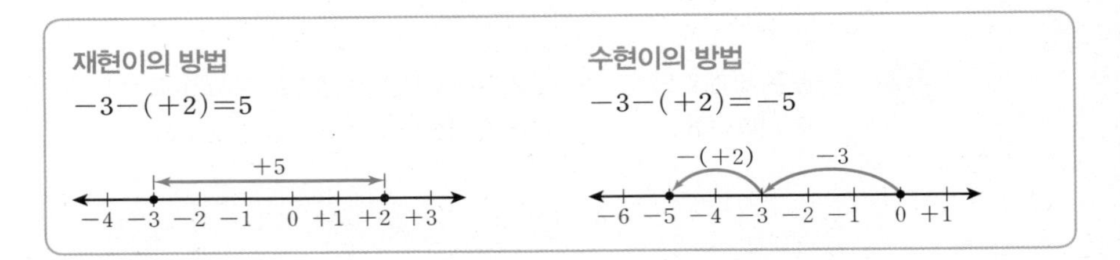

(1) 두 친구의 방법 중 어느 것이 옳은지 판단하고 그 이유를 설명해 보자.

(2) 빼기를 뜻하는 '− 기호'는 수직선에서 어떤 역할을 하는지 써보자.

(3) 부호가 있는 두 수의 뺄셈을 하는 방법에 대해 친구들과 논의하고, 그 결과를 정리해 보자.

(4) (3)에서 정리한 방법대로 두 수의 뺄셈을 수직선 위에 나타내고 친구들과 그 결과를 비교해 보자.

① $(+3)-(-4)$

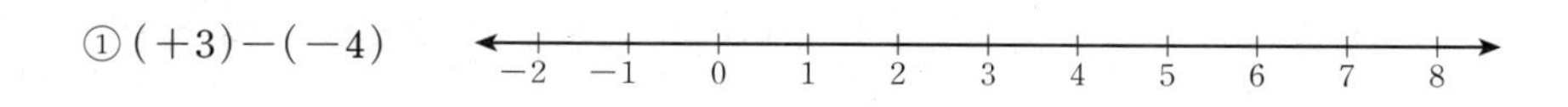

② $(-2)-(+3)$

−5 −4 −3 −2 −1 0 1 2 3 4 5

③ $(-1)-(-3)$

−8 −7 −6 −5 −4 −3 −2 −1 0 1 2

3 **다음을 함께 탐구해 보자.**

(1) 더하기를 뜻하는 '+기호'는 '양의 부호+'와 어떻게 다른지 써보자.

(2) 빼기를 뜻하는 '−기호'는 수직선에서 어떤 역할을 하나요? 그리고 '음의 부호−'와 어떻게 다른가요? 정리해서 써보자.

개념과 원리 탐구하기 6

1 **다음 [보기]의 주어진 식에서 등호의 왼쪽과 오른쪽을 비교해 보자.**

[보기]

ㄱ. $3+2=(+3)+(+2)$　　ㄴ. $-3+2=(-3)+(+2)$

ㄷ. $3-2=(+3)-(+2)$　　ㄹ. $-3-2=(-3)-(+2)$

(1) 식 ㄱ~ㄹ에 모두 적용되는 '더하기 기호 $+$', '빼기 기호 $-$', '양의 부호 $+$', '음의 부호 $-$'에 관련된 규칙을 만들어 보자.

내가 만든 규칙

(2) 다음 식을 1 에서 만든 규칙을 적용하여 계산하고, 그 과정을 설명해 보자.

① $-5-6$

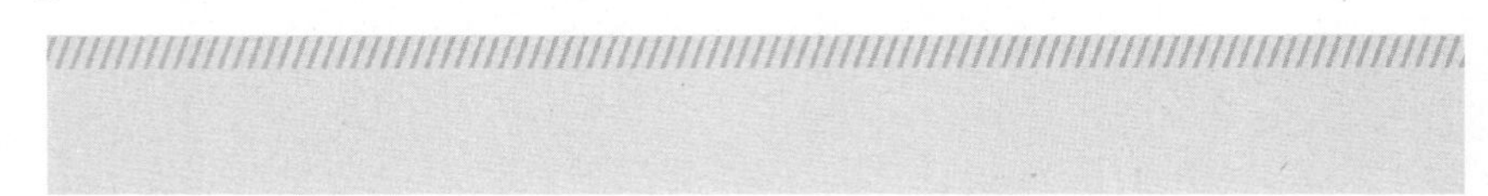

② $2-6$

2 **우현이가 $-3-2$를 다음과 같이 풀었는데 여진이와 성수는 이 풀이에 대해 서로 다른 의견을 말하고 있습니다. 두 친구들의 의견에 대한 자신의 생각을 써보자.**

$-3-2=(-3)+(-2)=-5$

- 여진 : 더하기 기호를 살려냈구나~. 그래서 $(-3)+(-2)$가 되었네.
- 성수 : 아니야. 원래 2는 $(+2)$야. 양의 부호를 살려낸 거지. 그리고 나서 뺄셈을 덧셈으로 바꾼거야.

/ 2 / 정수구구단

개념과 원리 탐구하기 7

1 곱셈의 원리를 이용하여 -3×3의 결과를 계산하고, 그 이유를 설명해 보자.

2 다음을 함께 탐구해 보자.

(1) 다음 연산 표에서 규칙성을 찾고 괄호 안을 채워 보자.

$$\begin{array}{ccccc} & & \vdots & & \\ 3 & \times & 3 & = & 9 \\ 3 & \times & 2 & = & 6 \\ 3 & \times & 1 & = & 3 \\ 3 & \times & 0 & = & 0 \\ 3 & \times & (\quad) & = & (\quad) \\ 3 & \times & (\quad) & = & (\quad) \\ 3 & \times & (\quad) & = & (\quad) \\ & & \vdots & & \end{array}$$

$$\begin{array}{ccccc} & & \vdots & & \\ -3 & \times & 3 & = & -9 \\ -3 & \times & 2 & = & -6 \\ -3 & \times & 1 & = & -3 \\ -3 & \times & 0 & = & 0 \\ -3 & \times & (\quad) & = & (\quad) \\ -3 & \times & (\quad) & = & (\quad) \\ -3 & \times & (\quad) & = & (\quad) \\ & & \vdots & & \end{array}$$

(2) 1 과 2 (1)을 참고하여 다음 두 수의 곱은 어떤 부호가 나오는지 추측하고, 그 이유를 설명해 보자.

	두 수	부호	이유
①	(양수)×(음수)		
②	(음수)×(양수)		
③	(음수)×(음수)		

3 별빛중학교는 체육시간에 특별한 릴레이 경기를 하였습니다. 운동장에는 그림과 같이 10 m 단위로 측정된 수직선이 그려져 있습니다. 팀별로 주자는 4명입니다. 첫 번째와 세 번째 주자인 현주와 진혁이는 −50에서 출발하여 50까지 달립니다. 두 번째와 네 번째 주자인 민규와 지연이는 50에서 출발하여 −50까지 달립니다. (모든 주자는 각각 일정한 속력으로 움직입니다.)

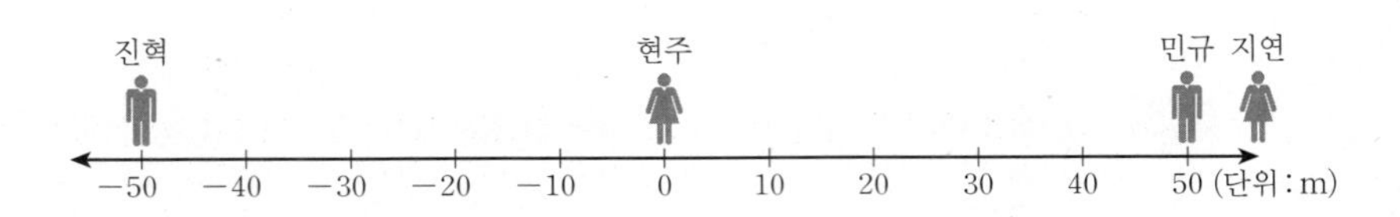

[예시] 현주는 오른쪽 방향으로 1초당 4 m의 속력으로 달려서 0 m 지점을 지나가고 있습니다. 10초 후에는 어디에 있을까요? 10초 후 현주의 위치를 구하는 식을 세우고 식을 세운 방법에 대해 설명해 보자.

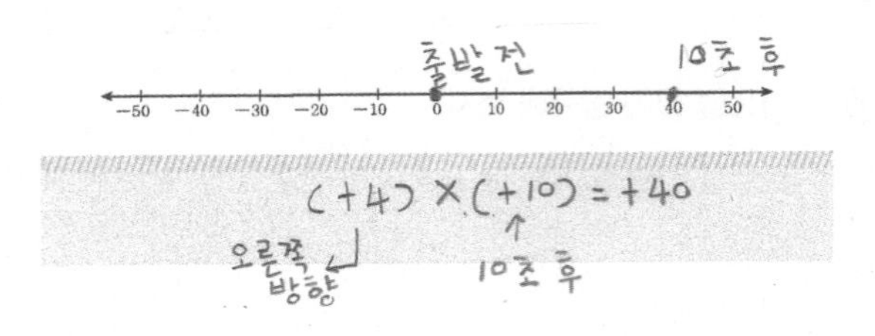

(1) 민규는 왼쪽 방향으로 1초당 4.7 m의 속력으로 달려서 0 m 지점을 지나가고 있습니다. 10초 후 민규의 위치를 구하는 식을 세우고 식을 세운 방법에 대해 설명해 보자.

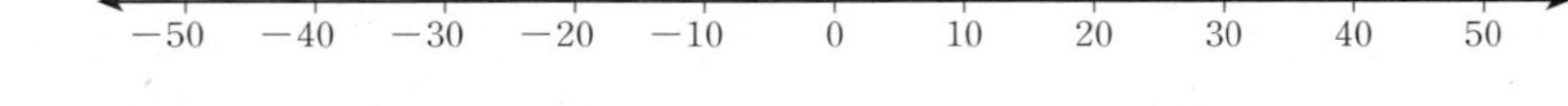

(2) 지연이는 왼쪽 방향으로 1초당 6.5 m의 속력으로 달려서 0 m 지점을 지나가고 있습니다. 5초 전 지연이의 위치를 구하는 식을 세우고 식을 세운 방법에 대해 설명해 보자.

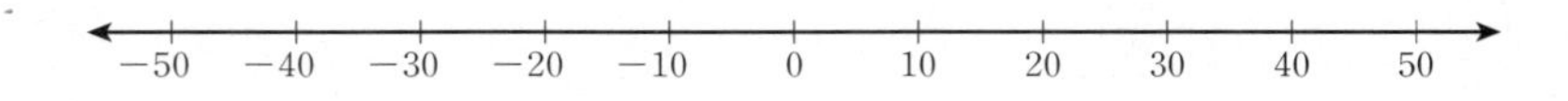

개념과 원리 탐구하기 8

두 수 +2와 −3을 곱할 때

$$(+2)\times(-3)=-6,\ (-3)\times(+2)=-6$$

과 같이 곱하는 두 수의 순서를 바꾸어 곱하여도 그 곱은 같습니다. 이것을 곱셈의 **교환법칙**이라고 합니다.

또, 세 수 −3, +4, −2를 곱할 때

$$\{(-3)\times(+4)\}\times(-2)=(-12)\times(-2)=+24$$

$$(-3)\times\{(+4)\times(-2)\}=(-3)\times(-8)=+24$$

와 같이 앞 또는 뒤의 어느 두 수를 먼저 곱한 후에 나머지 수를 곱하여도 그 곱은 같습니다. 이것을 곱셈의 **결합법칙**이라고 합니다.

1 **다음을 곱셈의 교환법칙과 곱셈의 결합법칙을 이용하여 빈칸에 다른 방법으로 계산해 보자.**

(1) $(+2)\times\left(+\frac{1}{3}\right)\times(-1)\times(-3)$

$$(+2)\times\left(+\frac{1}{3}\right)\times(-1)\times(-3)=\left(+\frac{2}{3}\right)\times(-1)\times(-3)$$

$$=\left(-\frac{2}{3}\right)\times(-3)=(+2)$$

(2) $\left(-\frac{1}{2}\right)^5\times(+2)^5$

$$\left(-\frac{1}{2}\right)^5\times(+2)^5$$

$$=\left(-\frac{1}{2}\right)\times\left(-\frac{1}{2}\right)\times\left(-\frac{1}{2}\right)\times\left(-\frac{1}{2}\right)\times\left(-\frac{1}{2}\right)\times(+2)\times(+2)\times(+2)\times(+2)\times(+2)$$

$$=\left(-\frac{1}{32}\right)\times(+32)=-1$$

개념과 원리 탐구하기 9

1 **다음을 함께 탐구해 보자.**

(1) 곱셈식을 변형하여 곱해지는 두 수 중 한 수를 구하는 나눗셈식으로 바꾸어 보자.

① $2\times5=10$ ⇨	② $(-2)\times5=-10$ ⇨
③ $(-2)\times(-5)=+10$ ⇨	④ $2\times(-5)=-10$ ⇨

(2) (1)의 결과를 이용하여 정수의 나눗셈에서 부호를 어떻게 결정해야할지 설명해 보자.

2 **2와 $\frac{1}{2}$, $-\frac{2}{7}$와 $-\frac{7}{2}$과 같이 곱해서 1이 되는 두 수를 서로 역수라고 합니다.**
역수라는 용어를 사용하여 아래 나눗셈을 설명해 보자.

$8\div2=8\times\frac{1}{2}=4$	
$3\div\frac{2}{5}=3\times\frac{5}{2}=\frac{15}{2}$	

3 **1과 2의 결과를 종합하여 다음 두 식을 계산하는 방법을 만들어 보자.**

(1) $(-8)\div(-2)$

(2) $3\div\left(-\frac{2}{5}\right)$

개념과 원리 탐구하기 10

1 다음을 함께 탐구해 보자.

(1) 민서는 가족과 함께 분식집에 갔습니다. 주문을 한 뒤 엄마는 민서와 오빠에게 음식 값이 얼마인지 물어 보았습니다. 민서와 오빠는 각각 다른 방법으로 계산했습니다. 두 사람의 계산 방법을 추측해 보자.

민서의 방법	오빠의 방법

(2) 오른쪽 직사각형의 넓이를 식을 세워 계산해 보자.

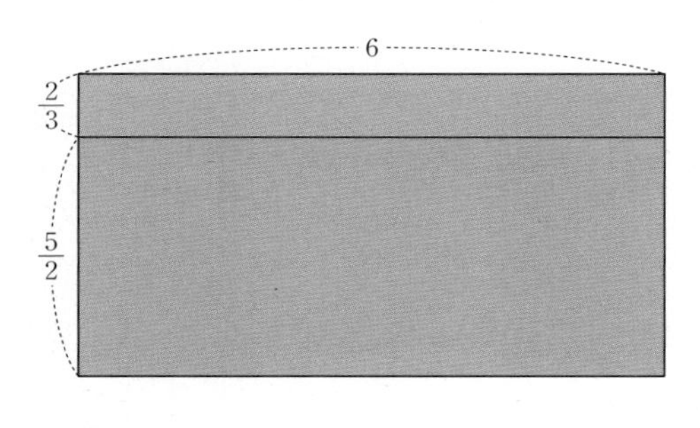

(3) 각자 계산한 식을 모둠에서 비교하여 더 편리한 방법을 찾아보고 그 이유를 설명해 보자.

$7\times\{6+(-3)\}$과 $7\times6+7\times(-3)$을 각각 계산하면

$$7\times\{6+(-3)\}=7\times3=21$$

$$7\times6+7\times(-3)=42+(-21)=21$$

입니다.

$$7\times\{6+(-3)\}=7\times6+7\times(-3)$$

이와 같이 두 수의 합에 어떤 수를 곱한 것은 두 수에 각각 어떤 수를 곱하여 더한 것과 같습니다. 이것을 덧셈에 대한 곱셈의 **분배법칙**이라고 합니다.

2 **다음 조건에 주어진 수 중 세 개를 사용하여 계산 결과가 정수가 되도록 식을 만들어 보자.**

-8 $\frac{3}{4}$ $\frac{1}{12}$ 12 $-\frac{5}{6}$

개념과 원리 탐구하기 11

1 친구들의 풀이 과정 중 계산이 틀린 부분이 있다면 수정하고 그 이유를 써보자.

(1) $5+(-6)\div 2$

현우의 풀이	$5+(-6)\div 2=(-1)\div 2=-\frac{1}{2}$
나의 풀이	
이유	

(2) $5\times(-6)-2\times(-3)$

지수의 풀이	$5\times(-6)-2\times(-3)=(-30)-2\times(-3)=(-32)\times(-3)=96$
나의 풀이	
이유	

(3) $\left(-\frac{1}{2}\right)^3\times(+4)-5^2$

상화의 풀이	$\left(-\frac{1}{2}\right)^3\times(+4)-5^2=\left(-\frac{1}{8}\right)\times(-1^2)=-\frac{1}{8}$
나의 풀이	
이유	

2 유리수에 대하여 사칙연산이 혼합되어 있을 때, 계산 순서에 대하여 토론하여 정리해 보자.

내가 정리한 계산 순서	모둠에서 정리한 계산 순서

게임하며 탐구하기 12

2018 동계 올림픽이 개최되는 강원도는 크게 태백산맥을 기준으로 영동지역과 영서지역으로 나뉩니다. 다음 [규칙] 대로 땅따먹기 게임을 해 보자.

[규칙]

❶ 영동팀과 영서팀 두 팀으로 나눕니다.
❷ 아래 네모 안에 있는 수를 택하여 덧셈, 뺄셈을 하여 상대편 땅에 있는 수를 만듭니다. (단, 중복 사용 가능)
❸ 주어진 시간 동안 학습지 빈칸에 계산식을 쓰고 시간이 끝나면 식이 맞는지 확인합니다. 식이 맞으면 그 땅은 자기 땅이 되는 것입니다.
❹ 상대팀의 더 많은 땅을 얻은 팀이 이깁니다.

$-6 \quad -5 \quad -3 \quad -\frac{3}{2} \quad -1 \quad -\frac{1}{2} \quad -\frac{1}{3} \quad +\frac{1}{3}$

$+\frac{2}{3} \quad +\frac{4}{5} \quad +\frac{3}{2} \quad +1 \quad +3 \quad +5 \quad +7$

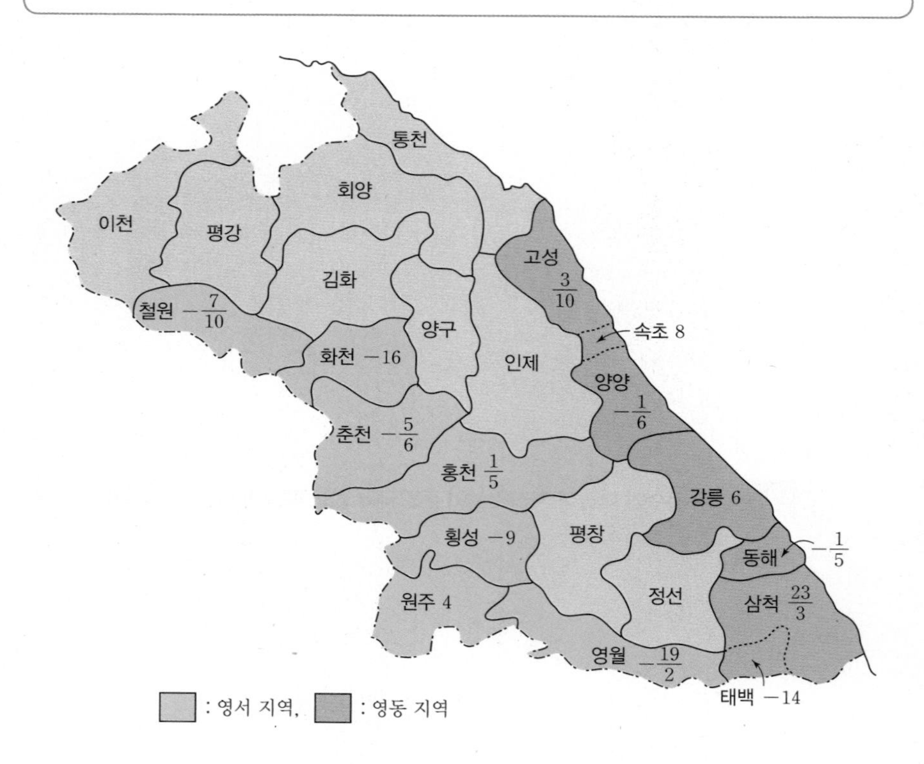

1 다음 빈칸에 계산식과 답을 써보자.

상대편 땅의 수	계산식	채점 결과

탐구 되돌아보기

1 **탐구하기 2에서 말판에 아래와 같이 A와 B의 말의 위치가 정해져 있습니다. 서로 말을 하나씩 선택하고 부호 주사위와 수 주사위를 동시에 던져서 나오는 수가 양의 정수이면 오른쪽으로, 음의 정수이면 왼쪽으로 이동합니다.**

		A					B						

(1) A와 B가 같은 칸에 함께 놓이려면 각자의 두 주사위에서 어떤 수가 나와야 할까요?

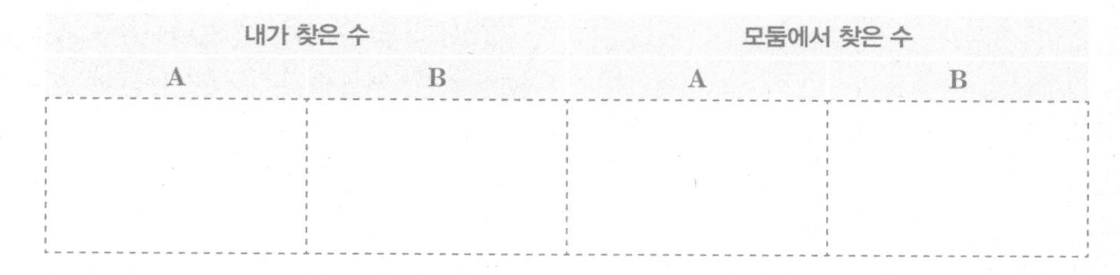

내가 찾은 수		모둠에서 찾은 수	
A	B	A	B

(2) (1)에서 구한 A와 B의 두 수에는 공통점이 있나요? 그 공통점을 설명해 보자.

2 **다음은 친구들이 유리수의 덧셈에 대해 발견한 규칙입니다. 친구들이 발견한 규칙이 옳은지 판단하고 그 이유를 예를 들어서 설명해 보자.**

(1)

부호가 같은 수일 때,
같은 방향으로 가는 것이니까
더한다.
부호가 다른 수일 때,
다른 방향으로 가는 것이니까
뺀다.

(2)

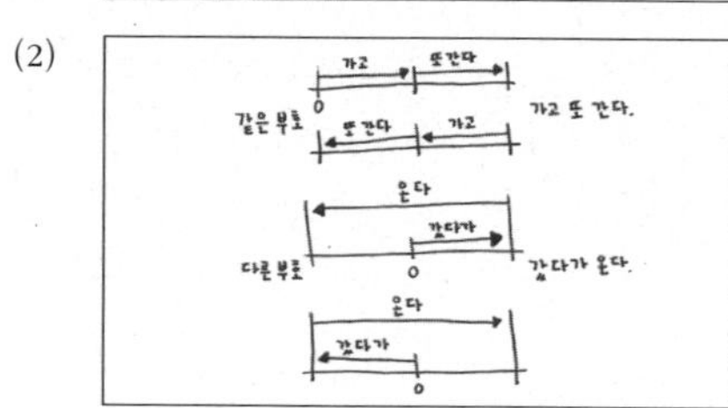

3 다음에 주어진 식 (1)과 (2)에서 발견할 수 있는 유리수의 뺄셈과 관련된 규칙을 찾아보자.

(1) $\left(\frac{2}{5}\right)-\left(-\frac{1}{3}\right)=\left(\frac{2}{5}\right)+\left(+\frac{1}{3}\right)=\frac{11}{15}$

(2) $(-1.7)-(+5.3)=(-1.7)+(-5.3)=-7$

발견할 수 있는 규칙

4 다음은 모둠 친구들이 알아낸 덧셈에 대한 규칙입니다.

계산 순서를 바꾸어도 값은 같다.	숫자의 순서를 바꾸어도 답은 같다.

위의 내용을 덧셈의 교환법칙이라고 합니다. 이를 이용하여 다음 계산을 편리하게 하고 그 과정을 써보자.

(1) $(+17)+(-43)+(-17)$

(2) $(-2.4)+(+1.9)+(+2.5)$

5 다음 계산을 덧셈의 교환법칙과 결합법칙을 이용하여 어떻게 푼 것인지 설명해 보자.

$$(+5)+(-3.6)+(+2)+(-4.9)+(+8.7)+(-1.5)$$

$\{(+5)+(+2)+(+8.7)\}$
$+\ \{(-3.6)+(-4.9)+(-1.5)\}$
$=(+15.7)+(-10)=+5.7$

6 진호, 해인, 승혜, 민섭이는 사다리 계산 게임을 했습니다. 가장 큰 수가 나오는 친구가 1등, 가장 작은 수가 나오는 학생이 간식을 사기로 했습니다. 1등인 친구와 간식을 사게 될 친구의 이름을 각각 구해 보자.

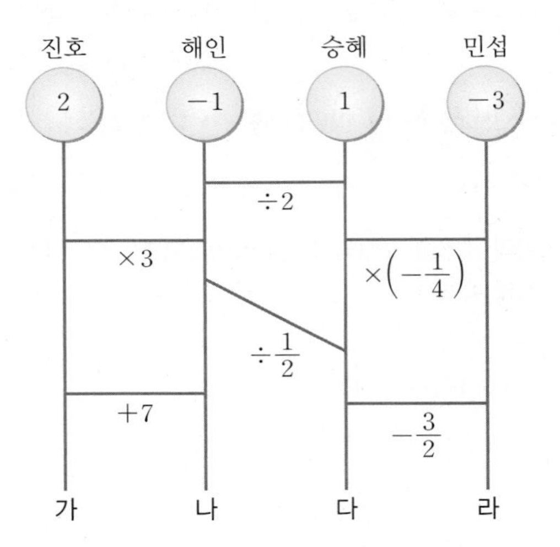

7 어떤 수를 0으로 나눌 수 없는 이유는 무엇인지 설명해 보자.

내가 만드는 수학 이야기

8 다음 용어 중 몇 개를 포함하여 이야기를 만들어 보자.

용어

양수, 음수, 양의 정수, 음의 정수, 수직선, 양의 유리수,
음의 유리수, 교환법칙, 결합법칙, 분배법칙, 역수

제 목

개념과 원리 연결하기

1 음수에서 음수를 빼면 항상 양수인가요? 그렇게 생각한 이유를 써보자.

나의 첫 생각

다른 친구들의 생각

정리된 나의 생각

2 음수의 개념을 정리해 보자.

(1) 이 단원에서 알게 된 음수의 뜻, 성질, 법칙 등을 모두 정리해 보자.

(2) 음수와 연결된 개념을 복습해 보자. 그리고 제시된 개념과 음수 사이의 연결성을 찾아 모둠에서 함께 정리해 보자.

음수와 연결된 개념	각 개념의 뜻과 음수의 연결성
• 자연수 • 수직선 • 자연수의 사칙연산 • 유리수	

수학 학습원리 완성하기

선아는 71쪽 2 탐구하기 7을 해결하기 위한 자기 사고 과정을 다음과 같은 방법으로 설명했습니다.

내가 선택한 문제

(2) 1 과 2 (1)을 참고하여 다음 두 수의 곱은 어떤 부호가 나오는지 추측하고, 그 이유를 설명해 보자.

	두 수	부호	이유
①	(양수)×(음수)		
②	(음수)×(양수)		
③	(음수)×(음수)		

선아의 깨달음

정수와 유리수의 곱셈을 배우기 위해 초등학교 때 배웠던 자연수의 곱셈에서 곱하는 수를 1씩 줄여나갔더니 곱한 결과의 값이 일정하게 변하는 모습을 관찰하면서 음수가 포함되어 있는 계산이 이해가 되었습니다. 그래서 (양수)×(음수)와 (음수)×(양수)는 (음수)가 나오고 (음수)×(음수)는 (양수)가 나온다는 사실을 확인해 볼 수 있었습니다. 또한 하나의 식으로만 보는 것이 아니라 계산식들 간의 관계를 찾아보는 것이 수학 공부에 도움이 된다는 사실이 신기했습니다.

수학 학습원리

학습원리 2. 관찰하는 습관을 통해 규칙성 찾아 표현하기

1 선아의 설명에서 다른 수학 학습원리를 발견할 수 있는지 찾아보자.

2 선아가 한 것처럼 이 단원의 다른 탐구 과제를 선택하여 해결하는 사고 과정을 설명하고 사용한 수학 학습원리를 찾아보자.

내가 선택한 탐구 과제

나의 깨달음

수학 학습원리

수학 학습원리

1. 끈기 있는 태도와 자신감 기르기
2. 관찰하는 습관을 통해 규칙성 찾아 표현하기
3. 수학적 추론을 통해 자신의 생각 설명하기
4. 수학적 의사소통 능력 기르기
5. 여러 가지 수학 개념 연결하기

STAGE 3

문자를 수처럼 계산해 보자

1 문자로 표현된 식의 세상

/ 1 / 문자의 사용
/ 2 / 끼리끼리 모이는 문자
/ 3 / 문자로 표현된 세상

item
inventory
The Textbook
무기
한손용
직업 전용
데미안 로즈와 오랜 앙숙이었던 판테이온 교단 사람들은 사칙계산 남부동선에서 자신들의 세력을 키워가고 있었다. 그들이 사용하는 마법책은 강력한 힘이 부여되어 있어 많은 탐험가들이 책에 담긴 힘을 얻으려 했지만 번번이 실패하였다. 왜냐하면 마법책에 쓰인 문자와 기호들은 '숫자'를 이용한 암호화 체계를 갖추고 있기 때문이었다.

1 문자로 표현된 식의 세상

수학에서 문자와 기호는 왜 필요할까요? 정보를 전달하는 과정에서 편리하고 간단하게 나타내는 방법을 찾는 것은 중요합니다. 컴퓨터 자판이나 안내 표지판이나 음악의 악보에서도 우리는 기호와 문자를 쉽게 만날 수 있고 여기에는 일정한 약속이 정해져 있습니다.

이 단원을 통해 수학에서는 어떤 상황에서 문자가 필요한지 그리고 어떤 문자를 사용하여 어떻게 식으로 표현할 수 있을지 충분히 고민하는 시간을 가져 보세요. 그리고 수학에서 사용하는 문자와 기호에 대한 약속은 수의 연산법칙과 어떤 관계가 있는지도 알아보세요.

/1/ 문자의 사용

개념과 원리 탐구하기 1

오른쪽 그림은 우리 반 친구들이 교내 텃밭의 가로와 세로에 각각 12개의 정사각형 모양의 벽돌로 테두리를 만든 것입니다.

1 **오른쪽 텃밭의 테두리 벽돌의 개수를 하나하나 모두 세지 않고 벽돌 전체의 개수를 구하는 식을 써보자.**

2 **만약 테두리의 가로와 세로에 각각 29개씩 정사각형 모양의 벽돌이 있다고 가정할 때, 벽돌 전체의 개수를 식으로 나타내 보자.**

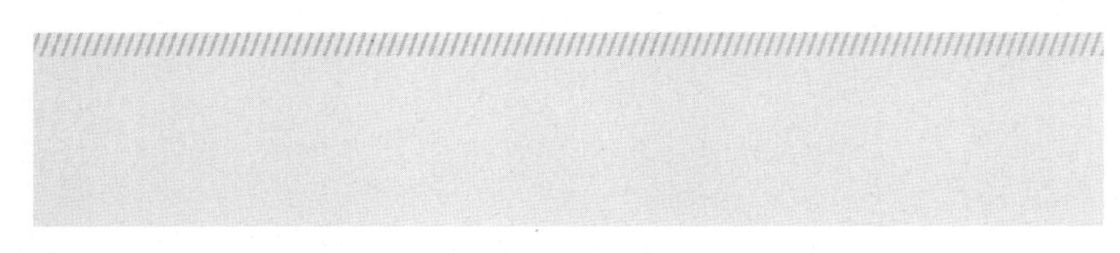

3 **이제 텃밭을 인근 공터에도 만들려고 합니다. 텃밭을 만들 수 있는 땅이 많이 넓어졌습니다. 이와 같이 텃밭의 크기가 다양할 때, 테두리를 만드는 벽돌의 개수를 표현하는 방법을 만들어 보고 모둠의 의견을 모아 보자. (단, 텃밭의 모양은 정사각형입니다.)**

개념과 원리 탐구하기 2

1 다음은 정사각형 모양으로 생긴 텃밭 테두리의 한 변에 놓인 벽돌이 12개씩, 29개씩 있을 때 여진이와 수일이가 텃밭 테두리에 놓인 전체 벽돌의 개수를 구한 방법입니다. 한 변에 놓인 벽돌의 개수를 x라 할 때, 여진이와 수일이의 방법을 문자 x를 사용하여 나타내 보자.

	여진이의 방법	수일이의 방법
벽돌의 개수가 12일 때	$4\times12-4$	$4\times(12-1)$
벽돌의 개수가 29일 때	$4\times29-4$	$4\times(29-1)$
벽돌의 개수가 x일 때		

2 **1** 에서 문자 x를 사용한 여진이와 수일이의 방법을 나타내는 식은 같은 식인지 판단하고, 그렇게 생각한 이유를 써보자.

개념과 원리 탐구하기 3

1 **다음은 앞 단원에서 배운 여러 가지 계산 법칙입니다. 계산의 내용을 문자를 사용하여 나타내 보자.**

(1) 덧셈의 교환법칙

두 수 $+5$와 -2를 더할 때
$(+5)+(-2)=+3$, $(-2)+(+5)=+3$
과 같이 더하는 두 수의 순서를 바꾸어 더하여도 그 합은 같습니다.

(2) 덧셈의 결합법칙

세 수 -3, $+2$, $+6$을 더할 때
$\{(-3)+(+2)\}+(+6)=(-1)+(+6)=+5$
$(-3)+\{(+2)+(+6)\}=(-3)+(+8)=+5$
와 같이 앞 또는 뒤의 어느 두 수를 먼저 더한 후에 나머지 수를 더하여도 그 합은 같습니다.

(3) 덧셈에 대한 곱셈의 분배법칙

$7\times\{6+(-3)\}$과 $7\times6+7\times(-3)$을 각각 계산하면

$$7\times\{6+(-3)\}=7\times3=21$$
$$7\times6+7\times(-3)=42+(-21)=21$$

입니다. 이와 같이 두 수의 합에 어떤 수를 곱한 것은 두 수에 각각 어떤 수를 곱하여 더한 것과 같습니다.

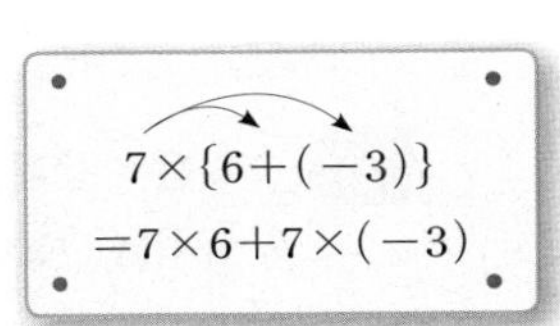

2 **1 에서 문자를 사용한 식의 장점을 모둠 친구들과 함께 의논하여 정리해 보자.**

개념과 원리 탐구하기 4

1 다음은 문자를 사용한 식에서 곱셈 기호를 생략한 것입니다. 어떤 규칙으로 생략했는지 그 규칙을 만들어 보자.

$$a\times 3=3a,\ \ b\times(-2)=-2b$$
$$1\times x=x,\ \ (-1)\times y=-y$$
$$a\times x\times b=abx$$
$$y\times x\times x\times y\times y=x^2y^3$$
$$2\times(a+b)=2(a+b)$$

2 다음은 문자를 사용한 식에서 나눗셈 기호를 생략한 것입니다. 어떤 규칙으로 생략했는지 그 규칙을 만들어 보자.

$$a\div 3=\frac{a}{3},\ \ a\div b=\frac{a}{b}$$

개념과 원리 탐구하기 5

1 다음은 친구들이 곱셈 기호와 나눗셈 기호를 생략하여 나타낸 것입니다. 괄호 안에 옳으면 ○표, 틀리면 ×표를 해 보자. 또 틀린 것은 옳게 고쳐 쓰고 그 이유를 써보자.

(1) $3 \times x = 3x$ ( )

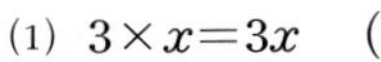

(2) $a \times (-3) = a - 3$ ( )

(3) $2 \times (a+b) = 2ab$ ( )

(4) $a \times a \times b \times b \times b = a^2b^3$ ( )

(5) $2x \div y = \dfrac{y}{2x}$ ( )

(6) $(a+b) \div c = \dfrac{c}{ab}$ ( )

(7) $-\dfrac{3}{5}y \div 3 = -\dfrac{1}{5y}$ ( )

(8) $\dfrac{x}{4} \div (-2) = -\dfrac{x}{2}$ ( )

/ 2 / 끼리끼리 모이는 문자

개념과 원리 탐구하기 6

식 $4x-4$에서 수 또는 문자의 곱으로 이루어진 $4x$, -4를 각각 이 식의 **항**이라 하고, -4와 같이 수만으로 이루어진 항을 **상수항**이라고 합니다. 이때 항 $4x$와 같이 수와 문자의 곱으로 이루어진 항에서 문자 x에 곱해진 수 4를 x의 **계수**라고 합니다.
또 $4x-4$, $x+x+x+x-4$와 같이 한 개 또는 두 개 이상의 항의 합으로 이루어진 식을 **다항식**이라고 합니다. 특히 항이 한 개뿐인 다항식을 **단항식**이라고 합니다.
거듭제곱을 이용하여 $x \times x$는 x^2으로 나타낼 수 있습니다. 문자를 포함한 항에서 어떤 문자의 곱해진 개수를 그 문자에 관한 항의 **차수**라고 합니다.

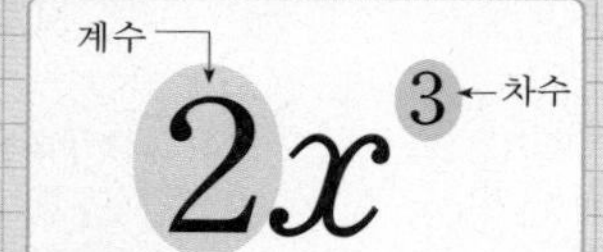

예를 들어 $2x^3$의 문자 x에 관한 차수는 3이고, $-5x^2$의 차수는 2이며 $4x$의 차수는 1입니다.
그리고 다항식에서 차수가 가장 큰 항의 차수를 그 다항식의 차수라 하고, 차수가 1인 다항식을 **일차식**이라고 합니다.

1 다음 친구의 주장이 옳다면 옳은 이유를 설명하고, 틀리다면 옳게 고치고 이유를 설명해 보자.

(1) **재현**: $11x+3y-2$에서 항은 $11x$, $3y$, 2, 이렇게 3개야. (옳다, 틀리다)

왜냐하면 ______________________________.

(2) **성수**: $-x+6y-5$에서 x의 계수는 $-$이고 y의 계수는 6, 상수항은 5지? (옳다, 틀리다)

왜냐하면 ______________________________.

(3) **은정**: $\frac{x}{3}+7$에서 x의 계수는 3이고 상수항은 7, 항이 두 개이니 다항식이라고 할 수 있어. (옳다, 틀리다)

왜냐하면 ______________________________.

개념과 원리 탐구하기 7

1 다음 직사각형의 넓이를 여러 가지 방법으로 나타내 보자.

(1)

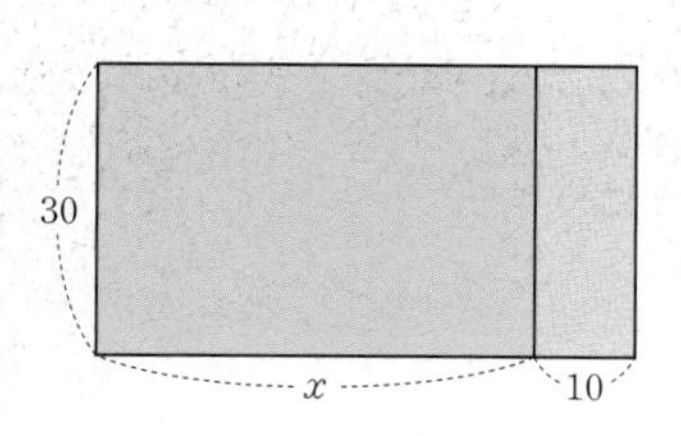

(2)

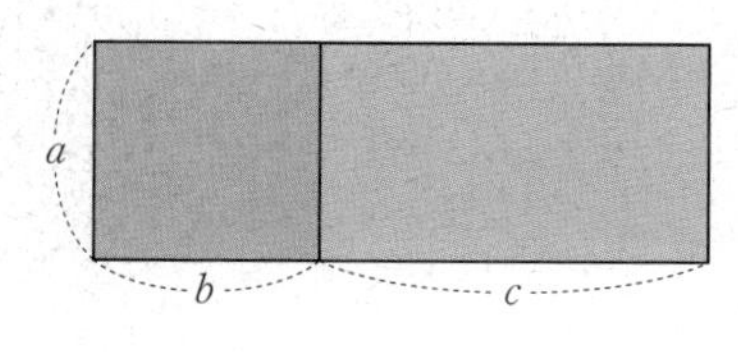

2 덧셈에 대한 곱셈의 분배법칙을 이용하여 **1**의 (1)과 (2)에서 여러 가지 방법으로 나타낸 직사각형의 넓이를 설명해 보자.

개념과 원리 탐구하기 8

1 **$x+1$을 더 간단히 줄여서 나타낼 수 있을지 설명해 보고 그렇게 생각한 이유를 써보자.**

다항식 $5x+7x$에서 $5x$와 $7x$처럼 문자와 차수가 각각 서로 같은 항을 **동류항**이라고 합니다. 특히 상수항들은 모두 동류항입니다. 그리고 동류항끼리는 빼거나 더해서 간단히 할 수 있습니다.

2 **다음을 함께 탐구해 보자.**

(1) 다항식 $5x+7x$가 $12x$와 같음을 설명해 보자.

나의 의견	모둠의 의견

(2) 다항식 $5x-7x$가 $-2x$와 같음을 설명해 보자.

(3) $4x+3$을 간단히 하여 $7x$와 같이 계산할 수 있을지 설명해 보고 그 이유를 써보자.

개념과 원리 탐구하기 9

1 다음은 친구들이 일차식의 계산을 한 것입니다. 괄호 안에 옳으면 ○표, 틀리면 ×표 해 보자. 또 틀린 것은 옳게 고쳐 쓰고 그 이유를 써보자.

(1) $x+\frac{x}{2}=3x$ (　　　)

(2) $-x-x=2x$ (　　　)

(3) $3x+4-2x-1=x+3$ (　　　)

(4) $(4x+2)-(3x-1)=x+1$ (　　　)

(5) $2(2x+4)+(x-2)=5x+6$ (　　　)

/ 3 / 문자로 표현된 세상

개념과 원리 탐구하기 10

1 다음은 수학 시험 점수에 대한 친구들의 대화입니다.

(1) 다음 친구들의 수학 점수를 어떻게 나타낼 수 있을지 써보자.

(2) 현우의 수학 점수가 60점일 때, 다른 친구들의 점수를 각각 구해 보자.

개념과 원리 탐구하기 11

▌준비물 : 계산기

문자를 사용한 식에서 문자를 어떤 수로 바꾸어 넣는 것을 문자에 수를 **대입**한다고 하며, 문자에 수를 대입하여 얻은 값을 식의 값이라고 합니다.

1 세계보건기구(WHO)의 표준 몸무게와 비만도 계산법은 다음과 같습니다. 몸무게(w)와 키(h)만 알면 이 식을 이용하여 누구나 자신의 비만도를 계산할 수 있습니다.

다음 식의 w에는 몸무게(kg), h에는 키(cm)를 대입하여 세 사람의 표준 몸무게와 비만도를 계산해 보자.

(표준 몸무게) $= 0.9 \times (h-100)$ kg

(비만도) $= \dfrac{w}{(\text{표준 몸무게})} \times 100(\%)$

초 · 중 · 고등학생

비만도	판정	비고
95 미만	체중 미달	120 미만을 모두 정상 체중으로 나타내기도 함
95～120	정상	
120～130	경도 비만	
130～150	중도 비만	
150 이상	고도 비만	

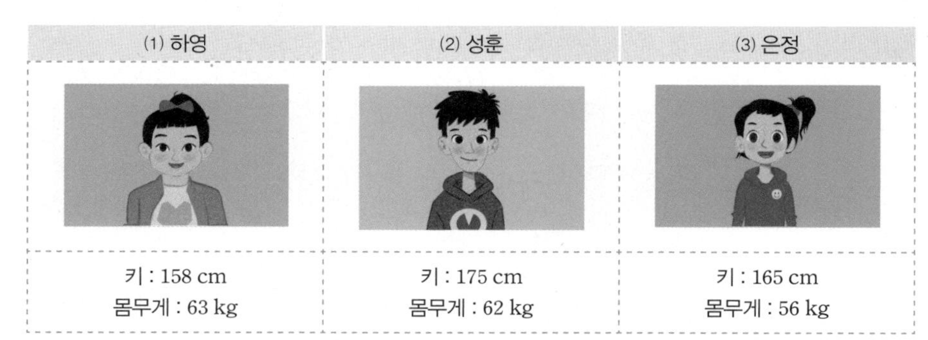

(1) 하영	(2) 성훈	(3) 은정
키 : 158 cm 몸무게 : 63 kg	키 : 175 cm 몸무게 : 62 kg	키 : 165 cm 몸무게 : 56 kg

2 몸무게(w kg)와 키(h m)를 이용하여 비만도를 판정하는 또 다른 방법으로 체질량지수(BMI)라는 것이 있습니다. 아래 체질량지수를 계산하는 식에 위 세 사람의 몸무게와 키를 대입하여 비만도를 판정하고, 그 결과를 **1** 과 비교해 보자.

(체질량지수) $= \dfrac{w}{h^2}$ (kg/m²)

체질량지수	비만도
18.5 미만	저체중
18.5 이상 25 미만	정상
25 이상 30 미만	과체중
30 이상	고도 비만

게임하며 탐구하기 12

1 다음 [규칙]에 따라 친구들과 빙고 게임을 해 보자.

[규칙]

❶ 일정 시간 동안 모둠이 힘을 합쳐 **1~25**까지의 문제를 풉니다.
❷ 25개의 답을 빙고판에 자유롭게 배치하여 씁니다.
❸ 모둠별로 돌아가면서 하나씩 답을 말하고 말한 답의 칸을 색칠합니다.
❹ 가로, 세로, 대각선을 포함하여 3줄을 연결한 모둠은 '빙고!'를 외칩니다.
❺ 가장 먼저 빙고를 외친 모둠이 승리!

문제	답
1 $a\times(-5)$를 간단히 하면?	
2 $x\div2\div y$를 간단히 하면?	
3 $a=2$, $b=-1$일 때, $2a-5b$의 값은?	
4 한 변의 길이가 a인 정사각형의 둘레의 길이는?	
5 $x=3$, $y=-2$일 때, $2(x-y)+\frac{xy}{3}$의 값은?	
6 $x=-2$, $y=-4$일 때, $2x^2+y^2$의 값은?	
7 $\frac{1}{4}$의 역수를 x, -8의 역수를 y라 할 때, x^2+2xy의 값은?	
8 $-\frac{x+y}{2}$에서 y의 계수는?	
9 $a=2$, $b=-1$일 때, $3a-b$의 값은?	
10 한 변의 길이가 b인 정사각형의 넓이는?	
11 $2a+3a+4a$를 간단히 하면?	
12 $x\div5\times2$를 간단히 하면?	
13 $a=2$일 때, $2a-5a+10$의 값은?	
14 한 변의 길이가 $2a$인 정사각형의 둘레의 길이는?	
15 $x=5$, $y=-2$일 때, $3(x-y)+\frac{xy}{5}$의 값은?	
16 $a\times(-1)^2\times a+1\times a$를 간단히 하면?	
17 $x\times4\times y$를 간단히 하면?	

문제	답
18 $a\times a\times a\times a\times b\times b\times b$를 간단히 하면?	
19 $a=2$, $b=-5$일 때, $3a-b$의 값은?	
20 한 변의 길이가 b인 정삼각형의 둘레의 길이는?	
21 $x+\frac{x}{3}$를 간단히 하면?	
22 $a=-\frac{1}{3}$일 때, $a+3$의 값은?	
23 $-\frac{2x+3y}{4}+\frac{5}{2}x+y$에서 x의 계수는?	
24 $\frac{1}{2}(a+2b-6)$에서 상수항은?	
25 밑변의 길이가 $5a$이고, 높이가 6인 삼각형의 넓이는?	

빙고판

탐구 되돌아보기

1 다음은 친구들이 텃밭의 가로와 세로에 각각 12개의 정사각형 모양의 벽돌로 텃밭 울타리를 만들었을 때, 울타리를 만드는 데 필요한 벽돌의 개수를 구한 방법입니다.

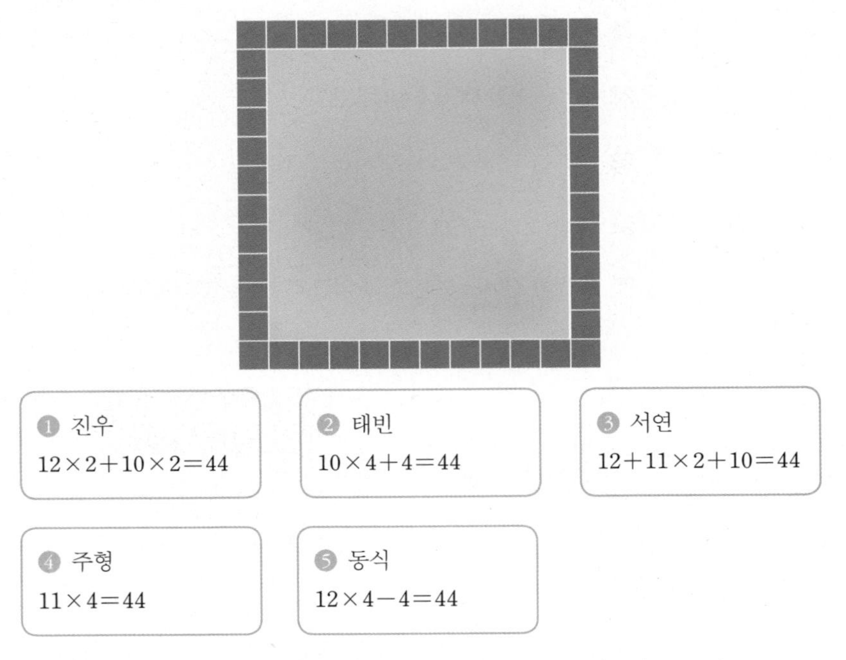

(1) 한 변에 놓인 벽돌의 개수를 x라 할 때, 친구들의 방법을 각각 문자를 사용한 식으로 나타내 보자.

(2) (1)의 문자를 사용한 식이 모두 같은지 생각해 보고, 그렇게 생각한 이유를 설명해 보자.

2 다음을 함께 탐구해 보자.

(1) 분배법칙을 사용하면 $3(n+1)$은 $3n+3$이 됩니다. 그 이유를 설명해 보자.

(2) 다음 두 식의 관계를 설명해 보자.

$$\frac{2}{7}+\frac{3}{7}=\frac{5}{7},\quad 2x+3x=5x$$

3 다음 [보기]는 학생들이 $5x+7x=12x$임을 설명한 풀이입니다. ㉠~㉢ 중 가장 적절하게 설명한 것을 고르고, 이 과정을 수학 용어를 사용하여 정리해 보자.

[보기]

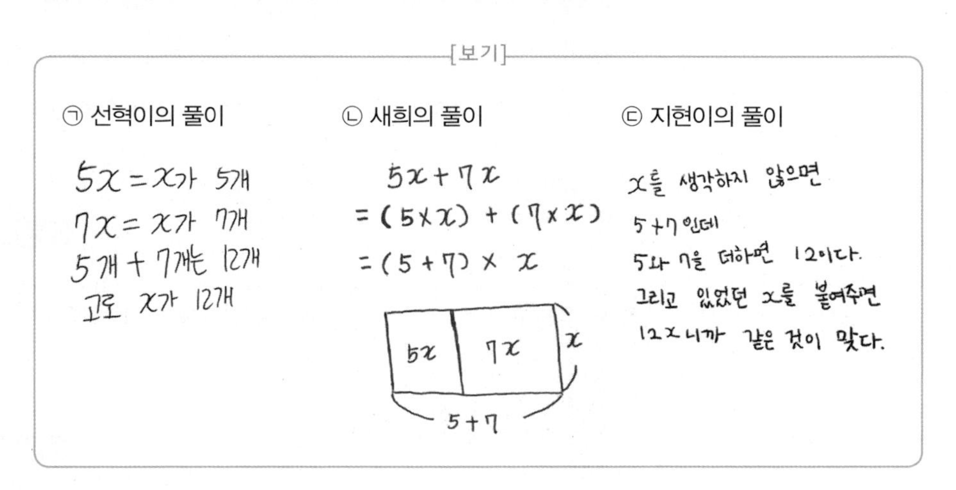

4 다음 문장에 대한 문식이와 슬기의 설명을 보고 두 친구의 설명의 특징을 써보자.

짝수와 짝수를 더하면 항상 짝수가 될까?

문식이의 설명	슬기의 설명
모든 경우를 구해 봐야지~ $2+4=6,\ 4+6=10$ $6+8=14,\ 8+10=18$ $10+12=22,\ 12+14=26$ $14+16=30,\ 16+18=34$ $18+20=38,\ 20+22=42$ ⋮ 언제까지 해 볼까? 일단 지금까지 해 보니까 이후로도 짝수와 짝수를 더하면 짝수가 될 것 같아요.	나는 짝수를 문자로 나타내어 볼게. $2a,\ 2b$ a와 b는 0이 아닌 자연수라 하자. 그러면 두 짝수의 합은 $2a+2b$야. 분배법칙을 적용하면 $2a+2b=2(a+b)$가 되지. 그런데 $2(a+b)$는 $2\times$(자연수) 꼴이니까 결국 짝수라는 뜻이야. 따라서 두 짝수의 합은 항상 짝수야.

5 다음은 우리학교 홈페이지에 곱셈 기호와 나눗셈 기호의 생략에 대해 올린 질문에 재영이가 답한 내용입니다. 재영이의 답변이 옳은지 판단하고 나의 생각을 써보자.

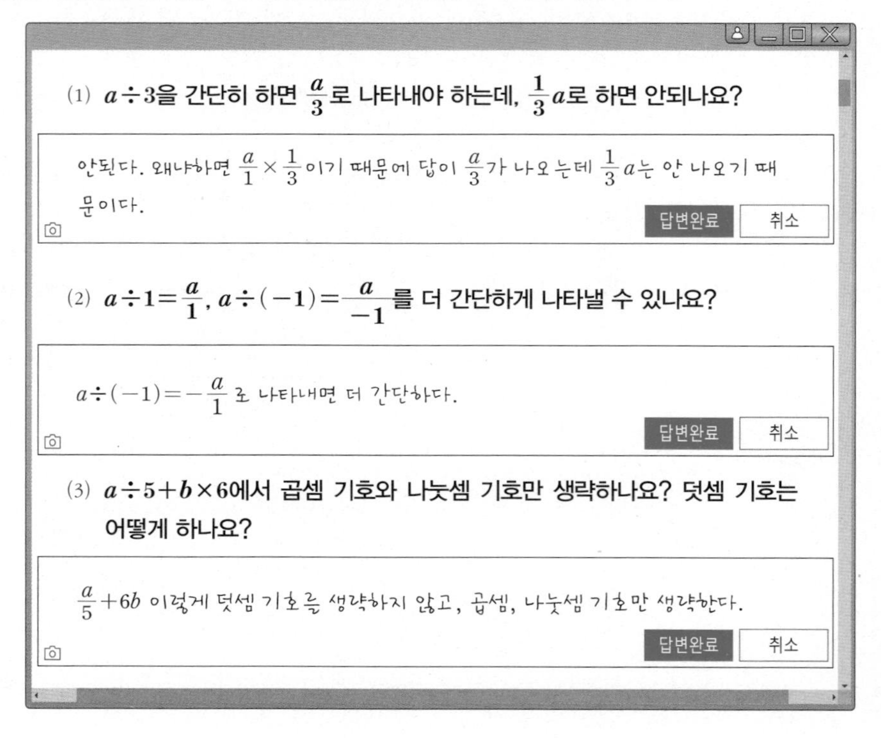

(1) $a\div3$을 간단히 하면 $\frac{a}{3}$로 나타내야 하는데, $\frac{1}{3}a$로 하면 안되나요?

안된다. 왜냐하면 $\frac{a}{1}\times\frac{1}{3}$이기 때문에 답이 $\frac{a}{3}$가 나오는데 $\frac{1}{3}a$는 안 나오기 때문이다.

답변완료 취소

(2) $a\div1=\frac{a}{1}$, $a\div(-1)=\frac{a}{-1}$를 더 간단하게 나타낼 수 있나요?

$a\div(-1)=-\frac{a}{1}$로 나타내면 더 간단하다.

답변완료 취소

(3) $a\div5+b\times6$에서 곱셈 기호와 나눗셈 기호만 생략하나요? 덧셈 기호는 어떻게 하나요?

$\frac{a}{5}+6b$ 이렇게 덧셈 기호를 생략하지 않고, 곱셈, 나눗셈 기호만 생략한다.

답변완료 취소

6 **다항식에 대한 다음 설명 중 잘못된 부분이 있으면 고쳐 써보자.**

(1) 식 $-2a+5b+9$에서 상수항은 -2이다.

(2) 식 $3x-5y+15$에서 y의 계수는 5이다.

(3) 식 $-\frac{x+y}{2}$에서 x의 계수는 $-\frac{1}{2}$이고 y의 계수는 $\frac{1}{2}$이다.

7 **$x+x+x+\cdots+x+x$와 같이 x를 1000번 더했을 때 더 간단히 줄여서 나타낼 수 있으면 식을 쓰고, 그렇게 생각한 이유를 설명해 보자.**

8 **A할인매장과 B할인매장에서는 한 개당 가격이 a원으로 같은 어느 음료수를 팔고 있습니다. 다음은 이 음료수에 대한 두 할인매장의 광고 안내 문구입니다. 6개 한 묶음을 살 경우, 음료수 한 개당 가격이 더 저렴한 할인매장은 어느 곳인지 선택하고, 선택한 이유를 설명해 보자.**

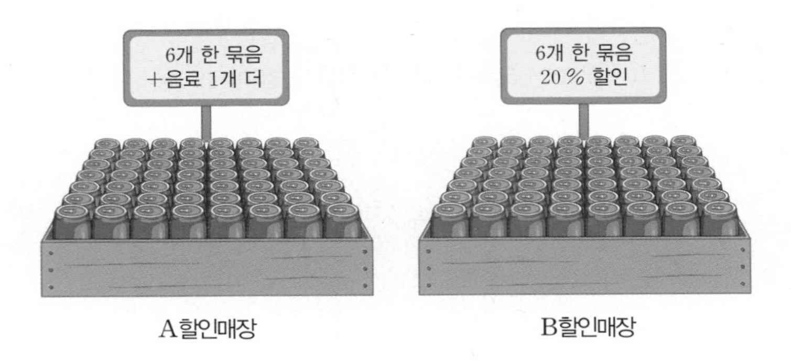

9 짝꿍 친구와 다음 순서에 따라 계산해 보고, 물음에 답해 보자. 이와 같은 계산을 하면 모든 사람의 생일을 알아맞힐 수 있을지 설명해 보자.

계산 순서	생일이 5월 17일인 경우
❶ 태어난 달에 4를 곱합니다.	$5\times4=20$
❷ ❶의 수에 3을 더합니다.	$5\times4+3=23$
❸ ❷의 수에 25를 곱합니다.	$(5\times4+3)\times25=575$
❹ ❸의 수에 자신이 태어난 날을 더합니다.	$(5\times4+3)\times25+17=592$
❺ ❹의 수에서 75를 뺍니다.	$(5\times4+3)\times25+17-75=517$

10 **다음 순서대로 활동을 해 보자.**

(1) 순서대로 활동하면 그 계산 결과는 항상 처음 생각한 수에 5를 더한 수가 됩니다. 그 이유를 문자를 사용하여 설명해 보자.

❶ 하나의 수를 생각한 다음, 그 수에 3을 더합니다.

❷ ❶에서 구한 수에 2를 곱합니다.

❸ ❷에서 구한 수에서 1을 뺍니다.

❹ ❸에서 구한 수에서 처음 생각한 수를 뺍니다.

(2) 친구들과 함께 위와 같은 방법으로 계산한 결과가 처음 생각한 수에 1을 더한 수가 나오는 퀴즈를 만들어 보자.

11 이 단원에서 새로 배운 용어와 용어의 뜻에 해당되는 설명을 선으로 연결해 보자.

(1) 수만으로 된 항 •	• 항
(2) 식 $3x+2$에서 $3x$와 2를 뜻함 •	• 다항식
(3) 항에서 문자에 곱해져 있는 수 •	• 상수항
(4) 한 개의 항으로 이루어진 식 •	• 차수
(5) 항에서 문자의 곱해진 개수 •	• 일차식
(6) 한 개 또는 두 개 이상의 항의 합으로 이루어진 식 •	• 계수
(7) 차수가 1인 다항식 •	• 동류항
(8) 다항식에서 문자와 차수가 같은 항 •	• 단항식

내가 만드는 수학 이야기

12 다음 용어들을 사용하여 다항식 $-x^2+\frac{x}{2}-5$에 대하여 설명하는 문장을 다양하게 만들어 보자.

항 상수항 다항식 계수 차수 일차식 동류항 분배법칙

제 목

개념과 원리 연결하기

1 세 수 a, b, c에 대하여 $a(b+c)=ab+ac$가 성립하는 것을 덧셈에 대한 곱셈의 분배법칙이라고 했습니다. 곱셈에 대한 덧셈의 분배법칙, 즉 $a+(b\times c)=(a+b)\times(a+c)$가 성립할까요? 곱셈에 대한 덧셈의 분배법칙 $a+(b\times c)=(a+b)\times(a+c)$가 항상 성립하는지의 여부를 조사하고 설명해 보자.

나의 첫 생각

다른 친구들의 생각

정리된 나의 생각

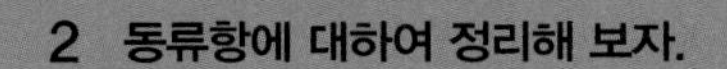

2 동류항에 대하여 정리해 보자.

(1) 이 단원에서 알게 된 동류항의 뜻, 성질, 법칙 등을 모두 정리해 보자.

(2) 동류항과 연결된 개념을 복습해 보자. 그리고 제시된 개념과 동류항 사이의 연결성을 찾아 모둠에서 함께 정리해 보자.

동류항과 연결된 개념	각 개념의 뜻과 동류항의 연결성
• 곱셈의 뜻 • 분배법칙 • 자연수의 덧셈과 뺄셈	

수학 학습원리 완성하기

민서는 98쪽 1 탐구하기 8 2 를 해결하기 위한 자기 사고 과정을 다음과 같은 방법으로 설명했습니다.

내가 선택한 문제

2 다음을 함께 탐구해 보자.

(1) 다항식 $5x+7x$가 $12x$와 같음을 설명해 보자.

(2) 다항식 $5x-7x$가 $-2x$와 같음을 설명해 보자.

민서의 깨달음

나는 $5x+7x$는 $5+7$을 한 후에 그냥 x를 붙이는 것이라고만 생각했다. 설마 이 안에 분배법칙의 원리가 숨어있을 거라고는 생각하지 못했다. 물론 x가 5개와 7개이므로 총 12개가 되어 $12x$라고 설명할 수도 있다. 그러나 음수인 경우는 다음과 같이 분배법칙을 써야 설명할 수 있다는 점.

$$5x-7x=(5-7)x=-2x$$

이렇게 분배법칙을 사용하여 동류항끼리 계산을 하는 과정임을 알게 되어 매우 신기했다. 문자를 사용한 식에서 동류항 계산은 분배법칙과 연결된다는 점, 유리수 계산에서 배운 분배법칙이 문자를 사용한 식에서도 동류항 계산의 기본이 되는 것이라니!

분배법칙은 $2(x+1)=2x+2$와 같이 괄호가 있는 식에서 괄호를 풀 때에만 사용된다고 알고 있었는데 분배법칙의 이런 저런 면모를 이해하게 되어 뿌듯했다.

수학 학습원리

학습원리 5. 여러 가지 수학 개념 연결하기

1 민서의 설명에서 다른 수학 학습원리를 발견할 수 있는지 찾아보자.

2 민서가 한 것처럼 이 단원의 다른 탐구 과제를 선택하여 해결하는 사고 과정을 설명하고 사용한 수학 학습원리를 찾아보자.

내가 선택한 탐구 과제

나의 깨달음

수학 학습원리

수학 학습원리

1. 끈기 있는 태도와 자신감 기르기
2. 관찰하는 습관을 통해 규칙성 찾아 표현하기
3. 수학적 추론을 통해 자신의 생각 설명하기
4. 수학적 의사소통 능력 기르기
5. 여러 가지 수학 개념 연결하기

STAGE 4

x를 구해 보자

1 모든 문제는 풀린다

item
inventory
Slate X
아이템
퀘스트용
판매 불가
판테이온 교단의 마법책에 부여된 암호를 오랫동안 연구해온 말린 호 출신의 연구자 '그레이 줄라드'는 고대 샴발라의 것으로 추정되는 석판에서 해법을 찾고 있었다. 그중 ' '가 새겨진 샴발라 석판은 '좌표평면'과 '그래프'라는 세계에서 여러 방식으로 사용된 기호였음을 알아냈고 쌍둥이 격인 '석판 '의 존재를 직감할 수 있었다.

1 모든 문제는 풀린다 Ⅹ

퀴즈쇼의 도전자는 쉬운 문제부터 시작하여 어려운 문제까지 정답이 있는 다양한 문제를 풀게 됩니다. 눈으로 보고 잠시만 생각해도 알 수 있는 문제가 있지만 아무리 생각해도 풀기 어려운 문제도 있습니다. 수학에서도 간단한 생각만으로 풀 수 있는 문제가 있는가 하면 식을 만들어 풀어야지만 해결할 수 있는 문제도 있습니다.

이 단원에서는 다양한 문제를 해결하기 위한 도구로 식을 이용하여 문제를 해결하는 연습을 하게 됩니다. 식을 만들 때 고민해야 하는 것은 무엇인지 또 만들어진 식의 성질에는 어떤 것들이 있는지 탐구하는 과정을 통해 미지의 답을 찾을 수 있습니다. 퀴즈쇼의 도전자처럼 이 단원의 모든 문제를 풀어내는 도전을 시작해 볼까요?

/ 1 / 퀴즈쇼 도전하기

개념과 원리 탐구하기 1

희수와 봄이는 생방송으로 진행되는 TV 퀴즈쇼를 보고 있었습니다. 봄이는 퀴즈쇼에 참가하고 싶은 마음이 들었습니다. TV에서 나온 1단계 문제는 정사각형 모양의 텃밭에서 전체 벽돌의 개수를 알고 있을 때, 한 변에 벽돌을 몇 개씩 놓으면 되는지 구하는 문제입니다.

1 **정사각형 모양의 테두리를 만들 때 필요한 전체 벽돌의 개수가 196이면 한 변에 벽돌을 몇 개 놓아야 할지 문자를 사용하여 식을 세워 보자.**

$4x-4=20$과 같이 등호 $=$를 사용하여 나타낸 식을 **등식**이라 하고, 등식에서 등호의 왼쪽 부분을 좌변, 오른쪽 부분을 우변이라 하고 좌변과 우변을 통틀어 양변이라고 합니다. 만약 테두리에 놓인 전체 벽돌의 개수가 20이면 $4x-4=20$과 같은 식으로 나타낼 수 있습니다.

2 다음은 성훈이와 윤혜가 등식 $4x-4=20$을 만족하는 x의 값을 구한 과정인데, 두 풀이 방법을 비교하고 차이점을 써보자.

[성훈이의 방법]

$4\times1-4=0$ $4\times5-4=16$

$4\times2-4=4$ $4\times6-4=20$

$4\times3-4=8$

$4\times4-4=12$

$x=6$

[윤혜의 방법]

$4x-4=20$

$4x-4+4=20+4$

$4x=24$

$x=6$

개념과 원리 탐구하기 2

1 **다음을 함께 탐구해 보자.**

(1) 재현이는 **탐구하기 1**의 2 에서 윤혜의 방법을 참고로 하여 다음 등식을 풀었습니다. ㉠과 ㉡에서 사용된 계산 방법을 정리해 보자.

풀이 과정	계산 방법 정리하기
$-7x-5=10$ ㉠ $-7x-5+5=10+5$ $-7x=15$ $-7x\div(-7)=15\div(-7)$ ㉡ $x=-\frac{15}{7}$	

(2) 다음 등식을 만족하는 x의 값을 구하고 사용한 계산 방법을 (1)과 같이 정리해 보자.

$$\frac{1}{2}x+3=1$$

2 사진은 가현이가 등식을 만족하는 x의 값을 구하기 위해 사용한 계산 방법을 시로 표현한 것입니다. 이것을 참고하여 등식에서 발견할 수 있는 성질을 정리해 보자.

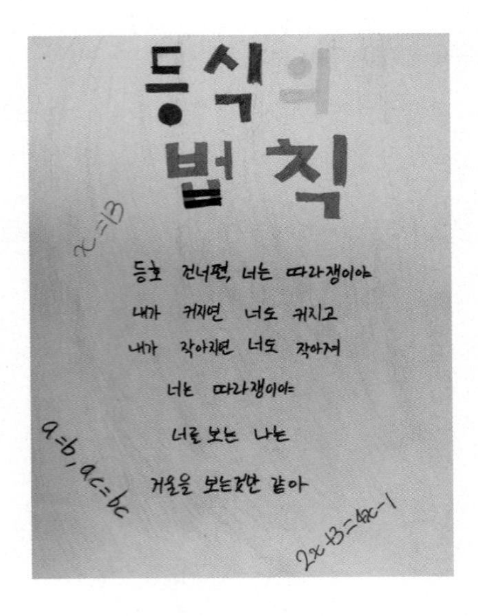

개념과 원리 탐구하기 3

$4x-4=20$과 같이 x의 값에 따라 참이 되기도 하고 거짓이 되기도 하는 등식을 x에 관한 **방정식**이라고 합니다. 이때 문자 x를 **미지수**라 하고, 방정식이 참이 되게 하는 미지수 x의 값을 그 방정식의 **해** 또는 **근**이라고 합니다. 그리고 방정식의 해를 구하는 것을 방정식을 푼다고 합니다.

1 탐구하기 1에서 텃밭의 전체 테두리 벽돌의 개수가 132일 때, 이 텃밭의 가로 칸의 수를 구하는 방정식을 만들고 등식의 성질을 이용하여 해를 구해 보자.

2 다음 조건을 모두 만족하는 방정식을 두 가지 이상 만들어서 풀어 보자.

(가) 더하기와 빼기, 곱하기와 나누기 중 각각 한 가지씩을 사용합니다.
(나) 한 방정식의 계수에는 기약분수가 사용되어야 합니다.

내가 만든 방정식	풀이 과정

개념과 원리 탐구하기 4

등식의 성질을 이용하여 등식의 어느 한쪽에 있는 항을 부호를 바꾸어 다른 변으로 옮기는 것을 **이항**이라고 합니다.

$x-7=13$
└이항┐
$x=13+7$

1 다음 상진이의 풀이와 설명에서 이항의 개념을 바르게 이해하였는지 확인해 보자.

상진이의 풀이	상진이의 설명
$3x-1=-\frac{1}{4}$ ㉠ $3x=-\frac{1}{4}+1$ ㉡ $3x=\frac{3}{4}$ ㉢ $x=\frac{3}{4}\div(-3)$ ㉣ $x=-\frac{1}{4}$	㉠ 이 식을 풀 때 -1을 이항하면 $+1$이 되지. ㉡ 그래서 $3x=-\frac{1}{4}+1$을 정리하면 $3x=\frac{3}{4}$이 되고, ㉢ x의 계수 3을 이항하면 나누기 -3이 되지. ㉣ 그래서 x의 값은 $-\frac{1}{4}$이야.

2 등식의 성질과 이항의 관계를 설명해 보자.

개념과 원리 탐구하기 5

1 **다음 질문을 보고 봄이는 고민에 빠졌습니다. 여러분이 봄이라면 ○, × 중 어느 것을 정답이라고 답할지 정해 보고 그 이유를 적어 보자.**

> 호준이는 아버지와 몸무게를 재었더니 아버지 몸무게는 호준이 몸무게의 2배였습니다. 자, 여기서 퀴즈를 드립니다.
>
> Q : 아버지 몸무게와 호준이 몸무게의 차이는 호준이 몸무게와 같습니다.
> ○일까요? ×일까요?

2 **모든 x의 값에 대하여 항상 참이 되는 등식을 항등식이라고 합니다.**

(1) **1** 에서 호준이의 몸무게를 x kg이라고 놓으면 등식을 만들 수 있습니다. 이 등식이 x에 대한 항등식인지 판단하고 그 이유를 써보자.

내가 세운 식	판단과 이유

(2) **1** 의 퀴즈 상황에서 아버지의 몸무게가 호준이의 몸무게의 3배인 경우에 만들어지는 등식은 항등식인지 판단하고 그 이유를 설명해 보자.

내가 세운 식	판단과 이유

/ 2 / 퀴즈쇼 우승자

개념과 원리 탐구하기 6

봄이는 퀴즈쇼의 1단계와 2단계를 무사히 통과하였습니다. 3단계 문제들은 난이도가 너무 높아서 봄이는 떨렸습니다. 여러분도 퀴즈쇼에 참가한 봄이의 입장으로 다음 문제들에 도전해 보자.

1 **아래 사진은 남자의 정강이뼈의 X선 사진입니다. 대략적인 성인 남자의 키에서 72 cm를 뺀 값은 그 사람의 정강이뼈 길이의 2.5배 정도라고 합니다. 키가 180 cm인 남자의 정강이뼈 사진은 아래 사진 중 몇 번 사진일까요? 어떻게 구했는지 그 과정을 적고 친구들과 풀이 과정을 서로 비교해 보자.**

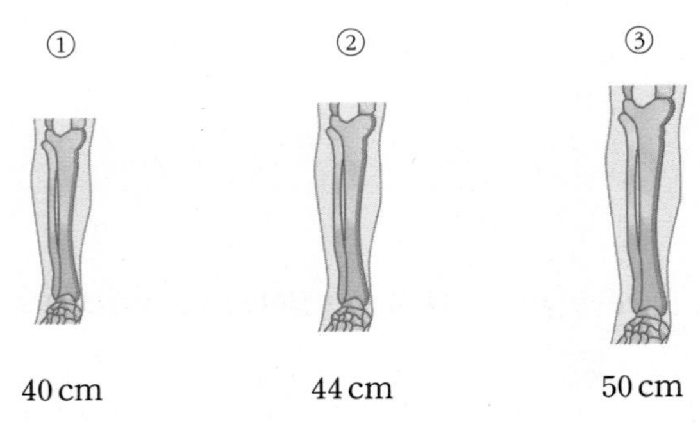

내가 구한 과정	모둠에서 구한 과정

방정식을 정리하였을 때 (일차식=0)의 꼴로 나타내어지는 방정식을 **일차방정식**이라고 합니다.

2 **1 에서 구한 식이 일차방정식인지 판단해 보자.**

개념과 원리 탐구하기 7

봄이 어머니는 퀴즈쇼에 나간 봄이와 봄이 친구들을 응원하기 위해 방송국에 가기 전 편의점에서 간식을 샀습니다. 음료수 6개와 과자 3개를 산 후 2만 원을 내고 거스름돈으로 8,900원을 받았습니다.

1 **다음 대화에서 과자 한 개의 가격을 구하고, 식과 풀이 과정을 써보자.**

엄마: 어? 내가 분명히 과자를 3개 샀는데, 왜 2개 밖에 없지?
동생: 사실, 제가 아까 너무 먹고 싶어서 과자 하나를 먹어버렸어요. 죄송해요 제가 지금 편의점에 가서 똑같은 과자 한 개를 더 사올게요. 그런데 과자 한 개의 가격이 얼마였죠?
엄마: 과자 가격은 잘 모르겠구나. 과자 1개 가격이 음료수 1개 가격보다 400원이 더 비쌌어. 둘 다 각각 얼마인지는 기억이 안 나네?
동생: 그럼, 과자 한 개의 가격은 도대체 얼마인 거예요?

내가 세운 방정식과 풀이 과정	가격

개념과 원리 탐구하기 8

봄이는 마지막 퀴즈 문제를 앞두고 있습니다. 봄이를 포함하여 총 4명의 도전자가 남아있는 상황입니다. 이번 퀴즈는 '같은 답 다른 문제 만들기' 입니다. 답으로 나와야 하는 수가 제시되면 그 답이 나오는 일차방정식을 다음 [규칙] 대로 만들어야 합니다. 여러분이 봄이의 경쟁자가 되어서 퀴즈 문제에 도전해 보자.

[규칙]

❶ 모둠에서 해를 먼저 정하고 문제 만들기를 시작합니다.
❷ 1인당 1개의 일차방정식 문제를 만듭니다.
❸ +, −, ×, ÷ 의 서로 다른 계산 기호가 2가지 이상 들어가도록 만들고, 괄호, 분수, 소수, 지수 등을 사용할 수 있습니다.
❹ 만들어진 모든 일차방정식의 해가 일치해야 합니다.

모둠에서 정한 해

(1)

(2)

(3)

(4)

게임하며 탐구하기 9

195쪽, 197쪽 〈부록 1〉의 방정식 카드를 이용하세요.

다음 [규칙]에 따라 친구들과 보물찾기 게임을 해 보자.

[규칙]

❶ 모둠이 힘을 합쳐 정해진 시간 동안 카드에 있는 방정식을 풉니다.
❷ 방정식 카드에 풀이 과정과 해를 적은 후 뒤집어서 펼쳐 놓습니다.
❸ 모둠별로 돌아가면서 상대방 카드를 하나씩 선택하여 뒤집고 그 카드의 해만큼 모둠의 말(돌)을 놀이판의 출발점에서 도착점을 향해 옮깁니다.
❹ 말을 옮기기 전에 반드시 상대편의 방정식의 풀이가 옳은지 확인합니다.
❺ 만약에 상대방의 풀이나 해답에서 틀린 부분을 찾으면 그 사람은 말을 5칸 앞으로 전진시킬 수 있습니다.
❻ 말이 먼저 도착점에 도착하는 모둠이 보물찾기 성공!!

방정식 카드 1

$x+4=7$

풀이 과정

해

$\frac{2}{5}x-3=1$

풀이 과정

해

$11-3x=-7$

풀이 과정

해

$2x+2=x+7$

풀이 과정

해

$1-\frac{1}{2}x=2$

풀이 과정

해

$x+3=2x-4$

풀이 과정

해

$2x-5=3$

풀이 과정

해

$0.2(x-3)=1$

풀이 과정

해

방정식 카드 2

$2x-3=4x-17$

풀이 과정

해

$2(3x-10)=34$

풀이 과정

해

$\frac{x-2}{3}=1$

풀이 과정

해

$11-3x=-4$

풀이 과정

해

$3-4x=-13$

풀이 과정

해

$\frac{x+4}{3}=1$

풀이 과정

해

$3-\frac{1}{2}x=1$

풀이 과정

해

$1+0.5x=3$

풀이 과정

해

탐구 되돌아보기

1 **다음을 함께 탐구해 보자.**

(1) 등호가 사용되는 예를 들고, 등호를 언제 사용하는지 설명해 보자.

(2) 다음 주어진 상황을 문자를 사용한 식으로 나타내고 등식인 것을 모두 골라 보자.

	상황	문자를 사용한 식
①	x에서 2를 뺀 것은 x의 3배와 같다.	
②	밑변의 길이가 a cm, 높이가 h cm인 삼각형의 넓이	
③	백두산의 높이 2744 m는 한라산의 높이 x m보다 794 m가 더 높다.	
④	x km의 거리를 시속 50 km의 속력으로 갔더니 3시간이 걸렸다.	
⑤	1장에 5,000원 하는 문화상품권 n장의 값	
⑥	3점짜리 문제 x개, 2점짜리 문제 y개를 맞혔을 때의 점수	

2 다음은 각 문제에 대한 상진이와 숙영이의 풀이 과정입니다. 두 친구의 풀이 과정에 대한 나의 의견을 제시해 보자.

(1) $3(x+2)-2(2x-1)$을 간단히 하시오.

상진이의 풀이	나의 의견
$3(x+2)-2(2x-1)$ $=3x+6-4x+2$ $=-x+8=0$ $x=8$	

(2) $3(x+2)-2(2x-1)=7$의 해를 구하시오.

숙영이의 풀이	나의 의견
$3(x+2)-2(2x-1)=7$ $=3x+6-4x+2=7$ $=-x+8=7$ $=-x=7-8=-1$ $=x=1$	

3 다음은 일차방정식을 푸는 과정의 일부입니다. 잘못된 부분을 찾아서 고치고, 해를 구해 보자.

	풀이 과정	내가 고친 풀이와 해
(1)	$2x-1=3$ $2x=3-1$	
(2)	$0.5x-1.1=3$ $5x-11=3$	
(3)	$\frac{1}{2}x-\frac{2}{3}=1$ $3x-4=1$	

4 방정식을 풀고 나서 해를 바르게 구하였는지 어떻게 확인할 수 있을까요? 해를 확인하는 방법을 생각하여 써보자.

5 고대 그리스의 수학자 디오판토스(**Diophantos** ; ?200~?284년경)는 문자를 도입하여 문제를 푸는 방법을 최초로 도입한 사람입니다. 그가 지은 '산학(**Arithmetica**)'에는 방정식에 대한 많은 문제가 들어 있어서 후세의 수학자들에게 큰 영향을 주었습니다. 그의 업적을 기념하기 위한 그의 묘비에는 다음처럼 방정식 문제가 새겨져 있습니다.

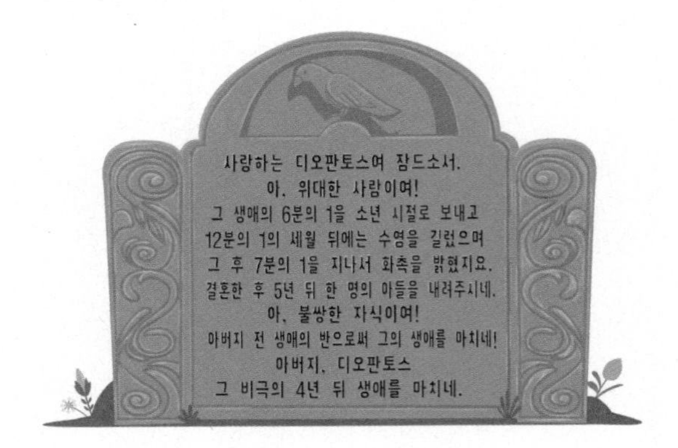

(1) 자신의 미래의 생애를 설계하여 '디오판토스의 일생' 문제처럼 '○ ○ ○의 일생'에 관한 문제를 만들어 보자. 다음 띠그래프 위에 나의 생애에 대하여 나타내 보자.

(2) 나의 생애에 대한 문제를 만들어 보자.

(3) (2)의 문제를 풀어 보자.

(4) 구한 해가 문제의 뜻에 맞는지 확인해 보자.

(5) 친구의 문제 중 잘 만든 문제와 그렇지 않은 문제를 선별하여 그 이유를 써보자.

내가 만드는 수학 이야기

6 다음은 친구들이 나의 미래 직업을 상상하여 방정식의 내용을 포함하는 작품을 만든 것입니다. 이와 같이 우리도 방정식의 내용을 포함한 작품을 만들어 보자.

개념과 원리 연결하기 ⓧ

1 식과 등식은 같은 것인지 생각해 보고 차이가 있는지 설명해 보자.

나의 첫 생각

다른 친구들의 생각

정리된 나의 생각

2 방정식의 개념을 정리해 보자.

(1) 이 단원에서 알게 된 방정식과 그 해의 뜻, 성질, 법칙 등을 모두 정리해 보자.

(2) 방정식과 연결된 개념을 복습해 보자. 그리고 제시된 개념과 방정식 사이의 연결성을 찾아 모둠에서 함께 정리해 보자.

방정식과 연결된 개념	각 개념의 뜻과 방정식의 연결성
• 등식 • 항등식 • 동류항 정리 • 비례식	

수학 학습원리 완성하기 Ⓧ

혜림이는 124쪽 탐구하기 4를 해결하기 위한 자기 사고 과정을 다음과 같은 방법으로 설명했습니다.

내가 선택한 탐구 과제

다음 상진이의 풀이와 설명에서 이항의 개념을 바르게 이해하였는지 확인해 보자.

상진이의 풀이	상진이의 설명
$3x-1=-\frac{1}{4}$ ㉠	㉠ 이 식을 풀 때 -1을 이항하면 $+1$이 되지.
$3x=-\frac{1}{4}+1$ ㉡	㉡ 그래서 $3x=-\frac{1}{4}+1$을 정리하면 $3x=\frac{3}{4}$이 되고,
$3x=\frac{3}{4}$ ㉢	㉢ x의 계수 3을 이항하면 나누기 -3이 되지.
$x=\frac{3}{4}\div(-3)$ ㉣	㉣ 그래서 x의 값은 $-\frac{1}{4}$이야.
$x=-\frac{1}{4}$	

혜림이의 깨달음

나는 부호를 바꾸어 항을 옮기면 쉽게 일차방정식의 해를 구할 수 있었고, 상진이의 풀이와 설명에서 이상한 점이 없다고 생각했다. 그런데 상진이가 구한 해 $x=-\frac{1}{4}$을 좌변 $3x-1$에 대입해보니 우변에 있는 값 $-\frac{1}{4}$과 다른 결과가 나왔다. 정말 이상했다!! 이때, 선정이가 등식의 성질을 이용하여 방정식 $3x-1=\frac{1}{4}$을 해결하는 과정을 보여 주었다. 등식의 성질에 의하면 양변에 같은 수인 $\frac{1}{3}$을 곱해야 올바른 해를 구할 수 있었다. 처음에는 단순히 부호를 바꾸어 항을 옮기는 것이 이항이라 생각했는데, 등식의 성질에 의해 같은 값을 더하거나 뺀 결과가 이항이라는 사실을 알 수 있었다.

수학 학습원리

학습원리 5. 여러 가지 수학 개념 연결하기

1 혜림이의 설명에서 다른 수학 학습원리를 발견할 수 있는지 찾아보자.

2 혜림이가 한 것처럼 이 단원의 다른 탐구 과제를 선택하여 해결하는 사고 과정을 설명하고 사용한 수학 학습원리를 찾아보자.

내가 선택한 탐구 과제

나의 깨달음

수학 학습원리

수학 학습원리

1. 끈기 있는 태도와 자신감 기르기
2. 관찰하는 습관을 통해 규칙성 찾아 표현하기
3. 수학적 추론을 통해 자신의 생각 설명하기
4. 수학적 의사소통 능력 기르기
5. 여러 가지 수학 개념 연결하기

STAGE 5

변화를 나타내 보자

1 변화를 나타내는 x와 y

/1/ 위치 설명하기

/2/ 나는 사업가

/3/ 사업 성공을 위한 선택

item
inventory
Slate Y
아이템
퀘스트용
입수 불가
그레이 줄라드는 석판 Ⓨ를 찾기 위해 말린 호 출신의
연구자들이 모이는 지저산 아래 '라사'로 향했다.
라사에는 이미 석판의 존재를 알고 있는 연구자 몇몇
이 와 의 기능과 의미에 대하여 열띤 토론을 벌이고
있었다. 그들의 발밑에는 무수히 많은 수들과 선들로
이루어진 '좌표평면'과 '그래프'의 세계가 어지럽게 그
려져 있었다.

1 변화를 나타내는 x와 y

우리는 여행을 하면서 멋진 자연을 보고, 다양한 탈 것을 이용하고, 유명한 맛집을 찾아갑니다. 우리는 이 모든 과정 속에서 이미 수학적 사고와 경험을 하고 있다는 사실을 알고 있나요?
현재 내 위치를 상대방에게 알려주거나 길을 찾아갈 때 이용하는 내비게이션에 숨겨진 수학은 무엇이 있을까요? 이동 경로를 계획할 때 다양한 시간과 상황을 표현하는 과정이나 숙소나 자전거를 이용할 때 어떤 선택이 가장 좋을지 고민하는 과정 속에 숨겨진 수학은 무엇이 있을까요?
이 단원을 공부하면 이와 같은 질문들에 대한 현명한 답을 찾는 경험을 하게 됩니다. 여행 속에 숨겨진 x와 y의 비밀을 풀어 보세요.

/ 1 / 위치 설명하기

개념과 원리 탐구하기 1

다음은 김포공항 1층의 안내 지도입니다. 세인, 민주, 한나, 지수, 주원이는 제주도 답사 여행을 하기 위해 공항에 모이기로 하였는데 한나가 다른 친구들보다 제일 먼저 공항에 도착했습니다.

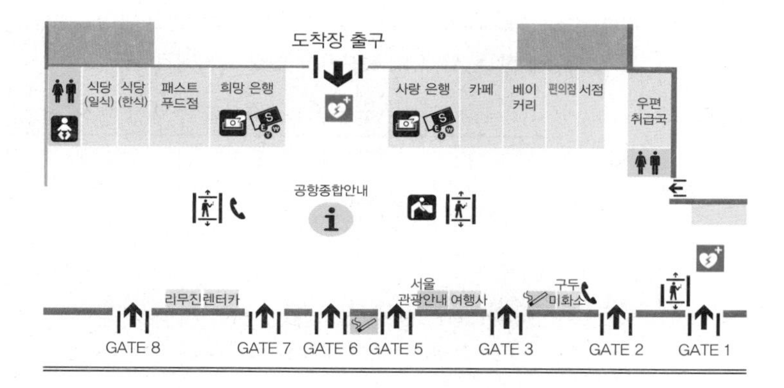

1 지금 한나는 7번 게이트(GATE 7) 앞에 서 있습니다. 7번 게이트(GATE 7)에서 약속 장소인 편의점까지 가는 경로를 설명해 보자.

2 우리가 일상생활에서 위치를 설명하기 위해 사용하는 방법을 찾아보자.

개념과 원리 탐구하기 2

수직선 위의 점 P에 대응하는 수가 a일 때, 일반적으로 이것을 기호로

$$\mathrm{P}(a)$$

라고 나타냅니다. 그리고 a를 점 P의 **좌표**라고 합니다.

1 다음 그림은 공항 안내도의 일부를 수직선에 나타낸 것입니다. 5번 게이트(GATE 5), 6번 게이트(GATE 6), 7번 게이트(GATE 7)의 화살표의 끝이 가리키는 점을 순서대로 A, B, C라고 할 때, 세 점 A, B, C의 좌표를 기호로 나타내 보자.

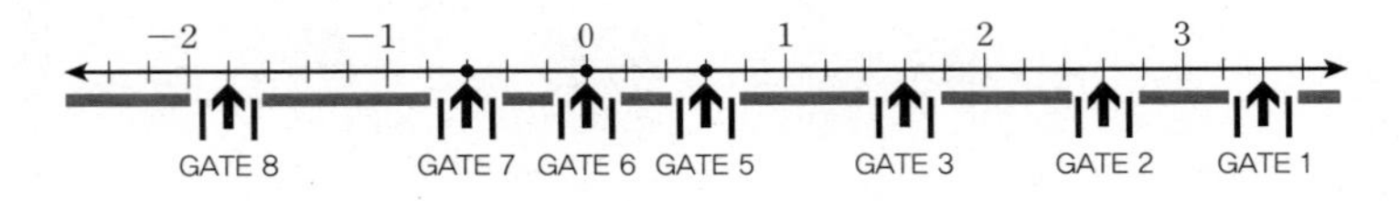

2 다음 그림에서 우편취급국의 위치를 수직선 위의 점처럼 기호로 나타내고 싶다면 어떻게 하는 것이 좋은지 토론하여 정리해 보자.

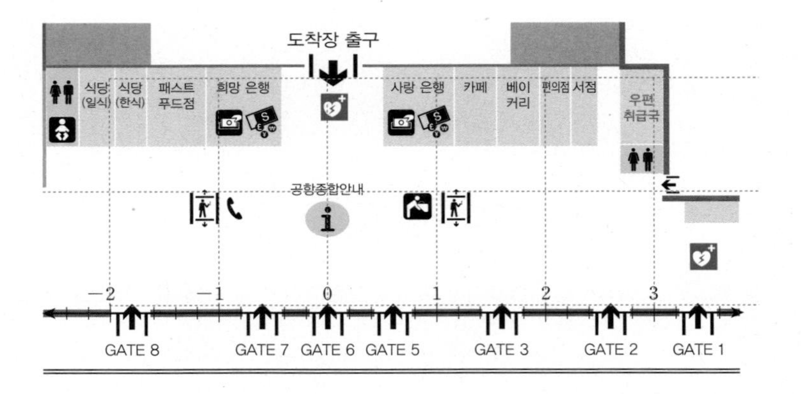

개념과 원리 탐구하기 3

오른쪽 그림과 같이 두 수직선을 점 O에서 서로 수직으로 만나게 할 때, 가로의 수직선을 **x축**, 세로의 수직선을 **y축**이라 하고, x축과 y축을 통틀어 **좌표축**이라고 합니다. 또 두 좌표축이 만나는 점 O를 **원점**이라 하고, 좌표축이 정해진 평면을 **좌표평면**이라고 합니다.

좌표평면에서 점 P의 위치를 (a, b)와 같이 나타낼 수 있습니다. 이와 같이 두 수의 순서를 정하여 쌍으로 나타낸 것을 **순서쌍**이라고 합니다. 여기서 평면 위의 점 P에 대응하는 순서쌍 (a, b)를 점 P의 **좌표**라고 합니다. 그리고 이것을 기호로

$$\mathrm{P}(a, b)$$

로 표시하고, a를 점 P의 **x좌표**, b를 점 P의 **y좌표**라고 합니다.

y
y축
• P(a, b)
원점
O
x
x축

1 다음 제주도 여행 지도를 보고 탐구해 보자.

(1) 위의 지도에 좌표축을 그려 보자.

(2) 내가 가고 싶은 곳을 세 군데 정하고, 그 위치를 좌표로 나타내 보자.

2 점 $\mathbf{P}(\boldsymbol{a}, \boldsymbol{b})$에서 $\boldsymbol{a}, \boldsymbol{b}$의 의미를 그림이나 글로 나타내 보자.

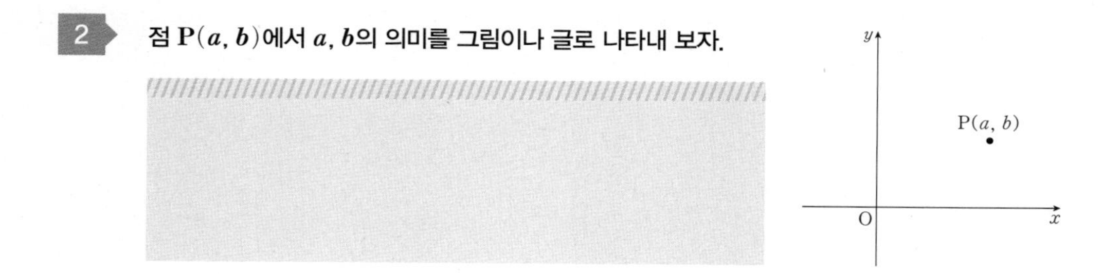

개념과 원리 탐구하기 4

1 좌표평면에서 x축과 y축으로 나누어진 네 부분을 사분면이라 하고, 각 부분을 시계 반대방향으로 차례로 **제 1사분면, 제 2사분면, 제 3사분면, 제 4사분면**이라고 합니다. 각 사분면에서 x좌표의 부호와 y좌표의 부호를 써보고, 그 중 하나를 골라 그렇게 생각한 이유를 설명해 보자.

제 2사분면	제 1사분면
제 3사분면	제 4사분면

(y, O, x)

2 다음 제주도 여행 지도를 보고 탐구해 보자.

(1) 제 1사분면, 제 3사분면 위에 있는 관광지를 3군데씩 써보자.

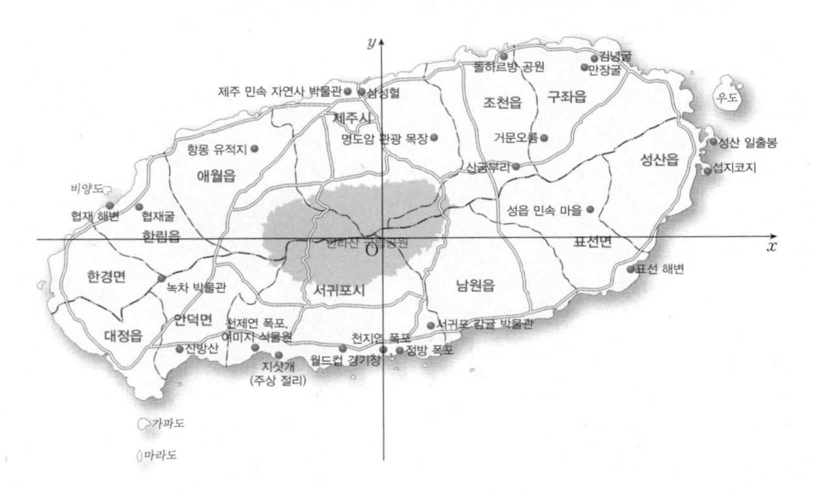

(2) 천지연 폭포는 어느 사분면 위에 있는지 써보자.

3 좌표평면에서 위치를 나타내는 방법을 배우는 과정에서 알게 된 사실이나 궁금한 점을 친구들과 함께 써보자.

/ 2 / 나는 사업가

개념과 원리 탐구하기 5

자전거 여행 사업을 계획하는 다섯 명의 학생들은 '자전거로 하루에 얼마나 이동할 수 있는지'를 조사하기로 하고, 시간에 따른 체력의 변화를 측정하기 위해 팔 벌려 뛰기를 해 보기로 하였습니다.

팔 벌려 뛰기 실험에서는 두 가지의 중요한 측정값이 있는데, 그것은 바로 '시간'과 '횟수'입니다. 시간을 x초, 횟수를 y라고 하면 x의 값이 변함에 따라 y의 값이 변함을 알 수 있습니다. 이때 x, y와 같이 여러 가지 값을 나타내는 문자를 **변수**라고 합니다.

1 **60초 동안 팔 벌려 뛰기를 하면서 10초마다 기록한 횟수를 다음 표에 적어 보자. 그리고 완성된 표를 관찰하여 팔 벌려 뛰기의 횟수의 변화를 설명해 보자.**

팔 벌려 뛰기 기록

x (초)	0	10	20	30	40	50	60
y (회)							

2 다음을 함께 탐구해 보자.

(1) 변하는 두 양 사이의 관계를 좌표평면 위에 그림으로 나타낸 것을 **그래프**라고 합니다. 그래프를 그리기 위해 모눈종이에 x축과 y축을 그리자. 그리고 각 축이 어떤 정보를 나타내는지 적고 눈금을 매기자. 그렇게 표현한 이유를 설명해 보자.

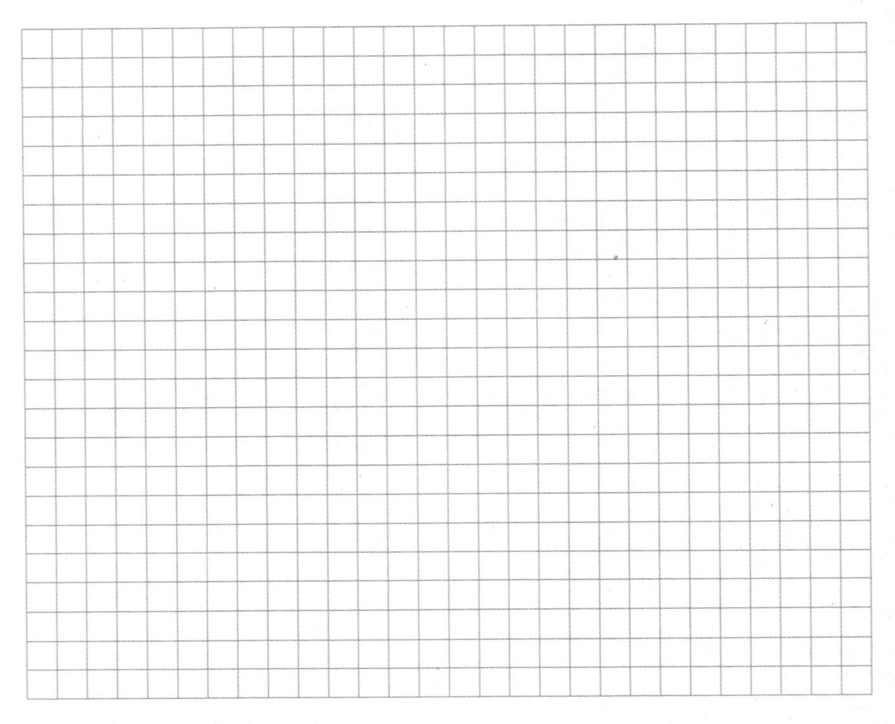

(2) (1)의 모눈종이에 팔 벌려 뛰기 기록을 나타내는 점들을 표시하고, 시간에 따른 팔 벌려 뛰기 횟수의 변화를 설명해 보자.

3 **팔 벌려 뛰기의 결과를 활용하여 자전거 여행을 하는 동안 자전거 운전자의 속력이 어떻게 변할지 예측해 보자.**

개념과 원리 탐구하기 6

첫째 날 점검할 자전거 여행의 경로는 용두암부터 성산일출봉까지의 63 km입니다.

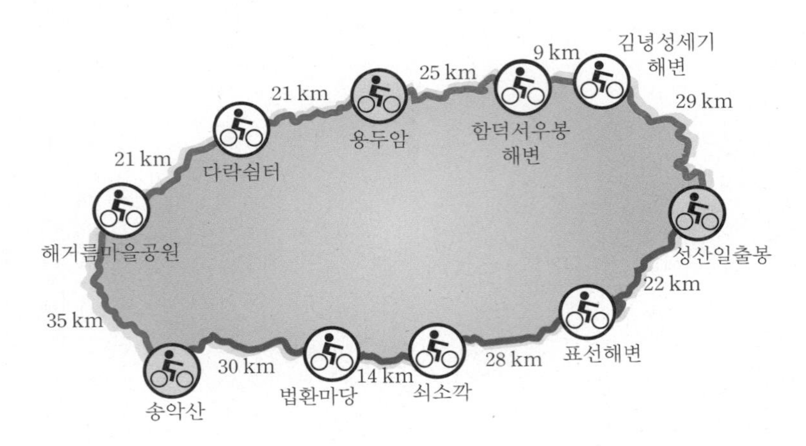

답사를 하면서 아래 오른쪽 표와 같이 30분마다 이동한 거리를 기록하였습니다. 이 표는 점검을 마친 후 여행 경로와 스케줄을 개선하는 데에 활용할 예정입니다.

1 **오른쪽 표에서 발견할 수 있는 특징을 찾아보자.**

시간 (시간)	총 이동 거리 (km)
0	0
0.5	9
1.0	19
1.5	28
2.0	36
2.5	42
3.0	48
3.5	48
4.0	54
4.5	59
5.0	63

2 **1** 의 표에 나타난 상황을 그래프로 그리려고 합니다. 다음을 탐구해 보자.

(1) 시간에 따른 총 이동 거리를 다음 좌표평면 위에 점으로 나타내 보자.

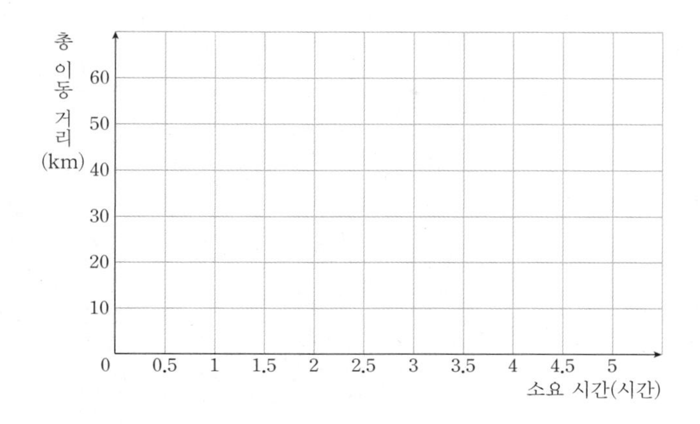

(2) (1)의 그래프에서 발견할 수 있는 특징을 모두 찾아보자.

3 **2** (1)에서 나타낸 그래프 위의 점들을 선으로 연결할 필요가 있을까요? 그렇게 생각한 이유를 써보자.

4 표나 그래프를 이용하여 가장 빠르게 이동한 때와 가장 느리게 이동한 때가 언제인지를 찾고, 그렇게 된 이유를 상상하여 써보자.

개념과 원리 탐구하기 7

마지막 셋째 날의 일정은 송악산 야영지부터 용두암까지의 해안도로 77 km입니다. 다음 그래프는 한 시간마다 이동하는 상황을 그래프로 나타낸 것입니다.

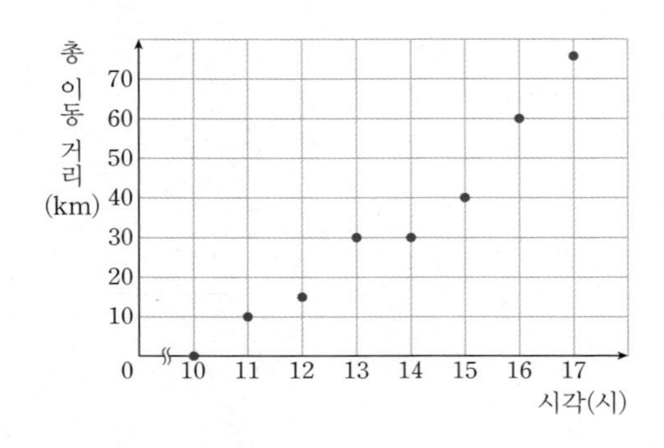

1 그래프에 표시된 값들을 다음 표에 적어 보자.

시각(시)	10	11	12	13	14	15	16	17
총 이동 거리(km)	0							77

2 그래프와 표를 참고하여 이동하는 동안 자전거의 빠르기가 어떻게 변했는지 구체적으로 써보자.

3 여행팀은 둘째 날 너무 힘이 들어서 셋째 날에는 조금 천천히 이동하기로 했습니다. 둘째 날 평균속력이 12 km / h였을 때, 셋째 날은 둘째 날보다 더 천천히 이동했다고 할 수 있는지 생각하고, 그 이유를 써보자. (평균속력 : 총 이동 거리를 걸린 시간으로 나눈 값)

개념과 원리 탐구하기 8

둘째 날 점검할 자전거 여행의 경로는 성산일출봉부터 송악산까지의 94 km입니다. 이날은 5명의 학생들이 개별적으로 경로를 점검한 후 의견을 모으기로 했습니다.

1 **다음은 5명의 학생들이 1시간 동안 이동하는 모습의 설명입니다. 5명의 학생 각각에 대하여 시간에 따른 총 이동 거리를 나타내는 그래프를 그리고, 그렇게 예상한 이유를 적어 보자.**

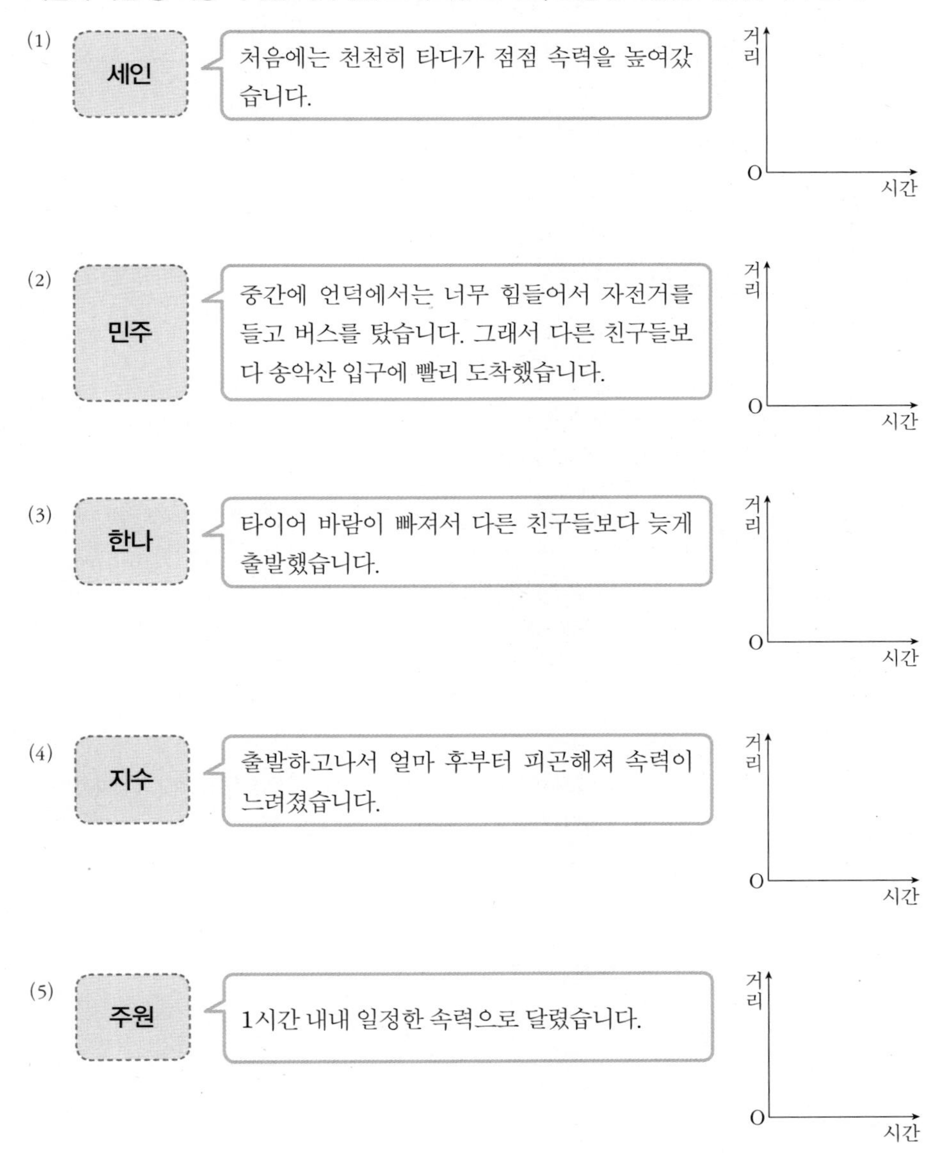

개념과 원리 탐구하기 9

1 다음 그래프는 한나의 맥박을 나타낸 것입니다. 이 그래프를 보고 한나의 1분 동안의 맥박 수를 구해 보자.

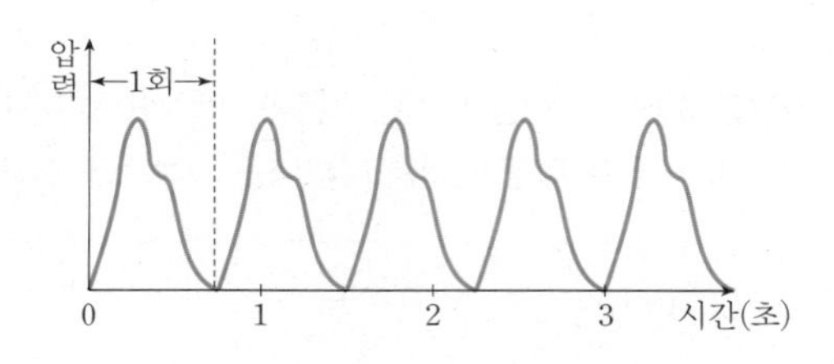

2 맥박 수를 보면 심장과 관련한 질병이 있는지 알 수 있습니다. 다음 글을 읽고 빈맥과 서맥의 그래프를 그려 보자.

빈맥
심장이 안정된 상태에서 규칙적으로 또는 불규칙적으로 빨리 뛰는 것을 뜻합니다. 빈맥은 맥박이 1분에 100회 이상 뛰는 상태인데 100 m 달리기를 했을 때처럼 평상시에도 숨이 차고, 어지럽고, 심한 경우 기절하기도 합니다.

서맥
안정된 상태에서 1분에 60회 이하로 뛰는 것을 뜻합니다. 이 환자는 눈앞이 깜깜해지면서 의식이 없어지기도 하고, 숨을 제대로 쉬지 못하기도 하고 급사할 위험도 있습니다.

(1) 빈맥

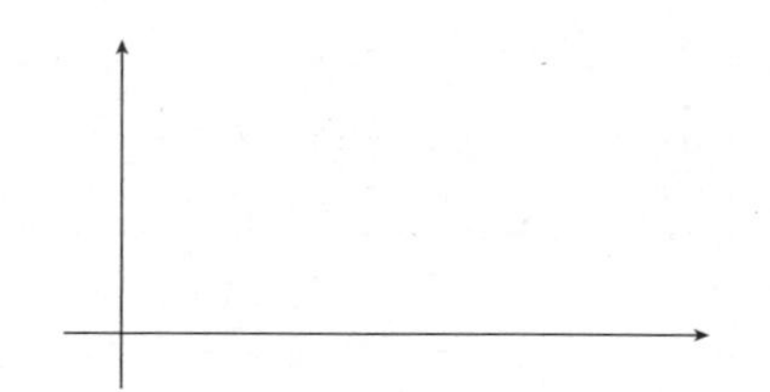

(2) 서맥

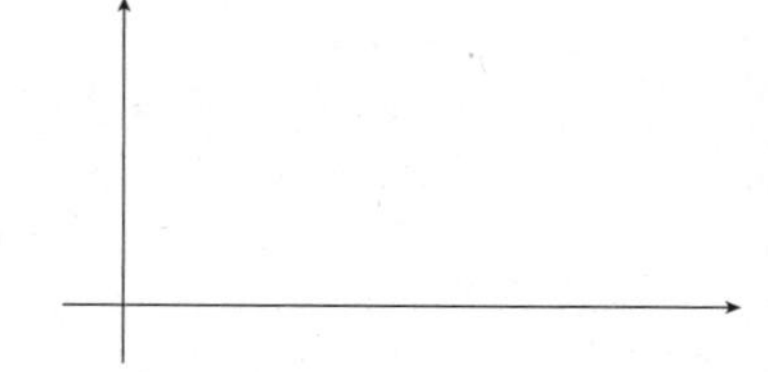

개념과 원리 탐구하기 10

3일차 점검을 가장 먼저 마친 주원이는 숙소 근처 맛집을 탐색한 후 다른 네 명의 친구들에게 바로 식당으로 오라는 문자 메시지를 보냈습니다.

1 **다음 그래프는 네 명의 친구들이 문자 메시지를 받은 직후부터 약속 장소에 도착하기까지의 과정을 나타낸 것입니다. 약속 장소에 도착한 친구들이 각자 한마디씩 했습니다. 한나가 한 말이 참인지, 거짓인지 판단해 보고, 다른 친구들은 무엇이라고 말했을지 만들어 보자.**

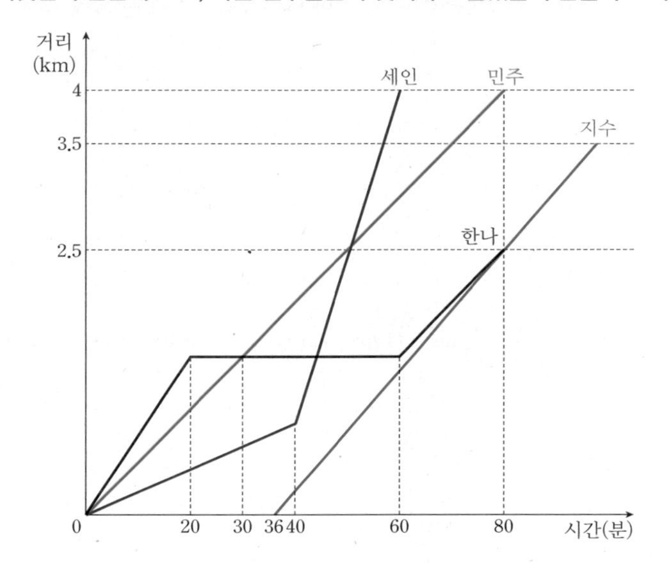

(1) 한나 — 나는 맛집에서 제일 가까운 곳에 있었지롱~!

(2) 세인 —

(3) 민주 —

(4) 지수 —

/ 3 / 사업 성공을 위한 선택

개념과 원리 탐구하기 11

여러 숙소를 조사한 후 규모와 시설이 비슷하고 사용자 평가가 좋은 두 숙소를 선정하였습니다. 두 숙소에 객실 이용 요금을 문의하였더니 각각 다른 형태의 자료를 보내주었습니다. 두 곳에서 보내준 자료를 활용하여 최종적으로 한 곳을 선택하려고 합니다. 다음은 A숙소의 객실 이용 요금표와 B숙소의 객실 이용 요금 그래프입니다.

A숙소의 객실 이용 요금

이용 객실 수 (개)	1	2	3	4	5	6	7	8	9	10
이용 요금 (원)	40,000	75,000	110,000	145,000	180,000	215,000	250,000	285,000	320,000	355,000

B숙소의 객실 이용 요금

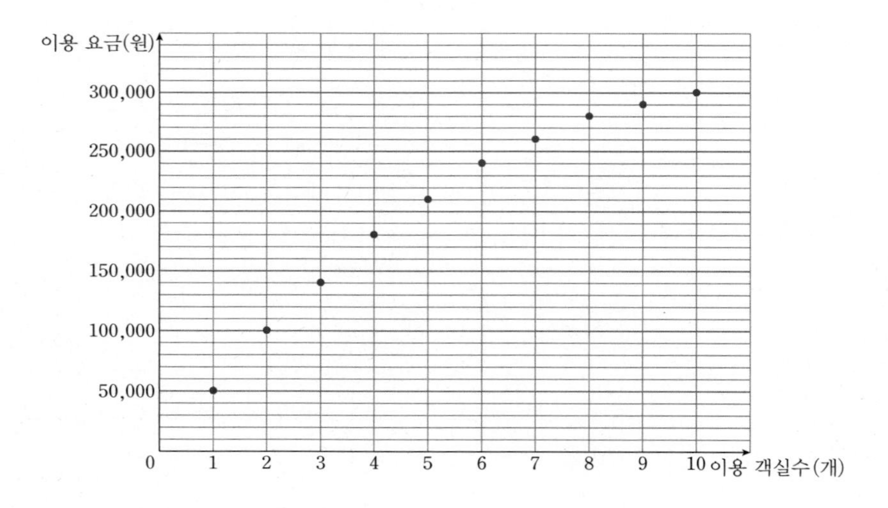

1 **다음을 함께 탐구해 보자.**

(1) 이용할 객실이 총 5개일 때와 10개일 때, 각각 어느 숙소를 선택하는 것이 더 유리한지 ○ 표시하고 선택한 이유를 써보자.

	선택한 숙소	선택한 이유
객실을 5개 빌릴 때	(A, B)	
객실을 10개 빌릴 때	(A, B)	

(2) 30만 원을 가지고 있다면 두 숙소에서 최대로 이용할 수 있는 객실의 수는 각각 몇 개인지 구해 보자.

2 **이용할 객실의 수가 14일 때, A숙소와 B숙소의 객실 이용 요금을 각각 대략적으로 추측해 보고, 그렇게 생각한 이유를 설명해 보자.**

개념과 원리 탐구하기 12

다음 표는 사업팀이 여행 비용을 결정하기 위해 다른 자전거 여행에 참여해 본 사람들에게 실시한 설문조사 내용과 그 결과입니다.

설문 문항 : 자전거 여행 가격이 어느 정도이면 이용하시겠습니까?

1인당 여행 비용(원)	10만	15만	20만	25만	30만	35만	40만	45만	50만
고객 수(명)	40	35	30	25	20	15	10	5	0

1인당 여행 비용을 얼마로 결정하는 것이 좋을지 알아보려고 합니다. 1인당 여행 비용과 사업팀의 이윤의 관계를 그래프로 나타내 보자.

- 실제 운영비 : 고객 1인당 150,000원
- (사업팀의 이윤)=(총 수입)−(총 운영비)

예) 1인당 여행 비용이 10만 원일 때 사업팀의 이윤을 계산해 보자.
고객수가 40명이므로 1인당 여행 비용이 10만 원일 때
(사업팀의 이윤)$=(10\times 40)-(15\times 40)=-200$ (만 원)

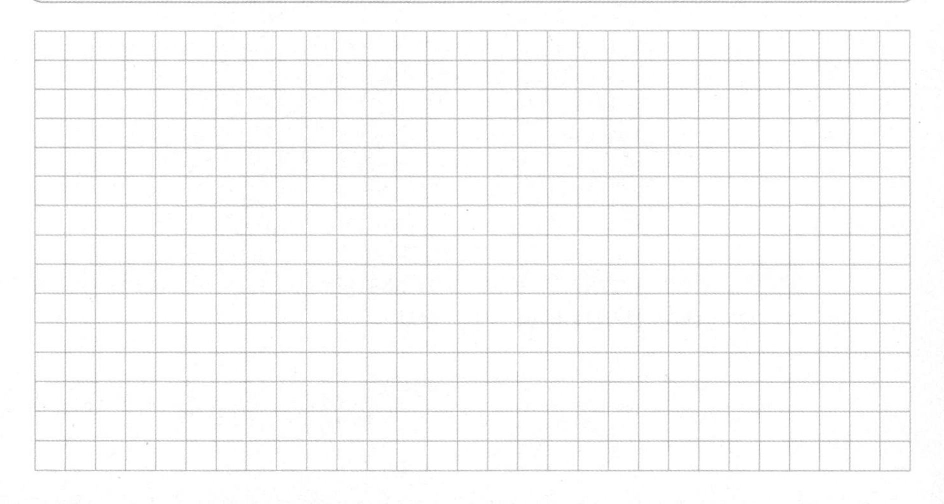

2 **여행 비용을 얼마로 결정해야 최대 이윤이 남을지 결정해 보고, 그렇게 생각한 이유도 써보자.**

탐구 되돌아보기

1 다음 그림은 한라산의 고도에 따른 식물 분포를 나타낸 것입니다. 나무들의 설명에 알맞은 점을 아래 좌표평면의 A, B, C, D, E 중에서 찾고 그렇게 생각한 이유를 써보자.

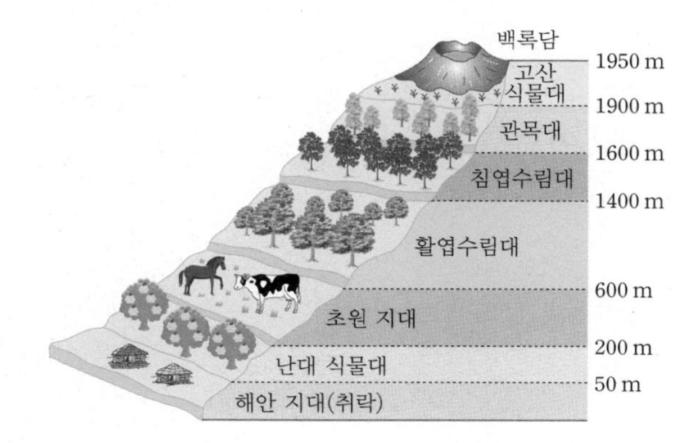

(　　) : 나는 동백나무(활엽수)야. 반짝이는 잎을 봤니? 내 키는 보통 7 m 정도 된다구~.
(　　) : 나는 황칠나무(난대식물)야. 내 키는 15 m. 황칠차는 몸에 얼마나 좋은지 몰라.
(　　) : 나는 천리향(관목대)이야. 나는 꽃이 아름다워. 내 키는 1 m~2 m란다.
(　　) : 나는 비자나무(침엽수)야. 비자림에 꼭 가보렴! 나는 키가 보통 25 m야.

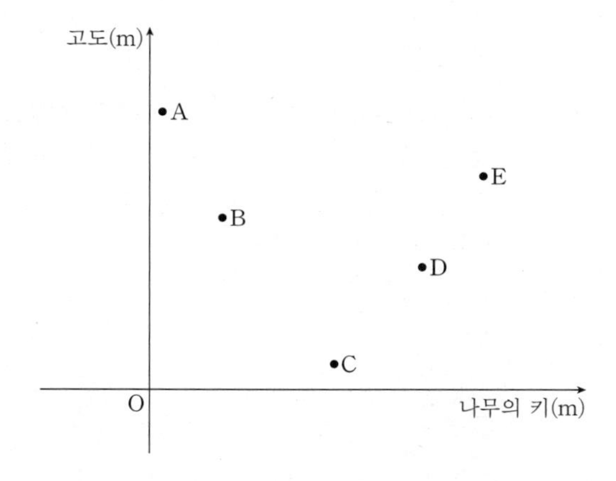

2 다음 표는 어느 야영지의 텐트 개수에 대한 대여료를 나타낸 것입니다.

텐트 수(개)	1	2	3	4	5	6	7	8
대여료(원)	12,500	25,000	37,500	50,000	62,500	75,000	87,500	100,000

(1) 텐트 개수와 대여료 사이의 관계를 나타내는 그래프를 그려 보자.

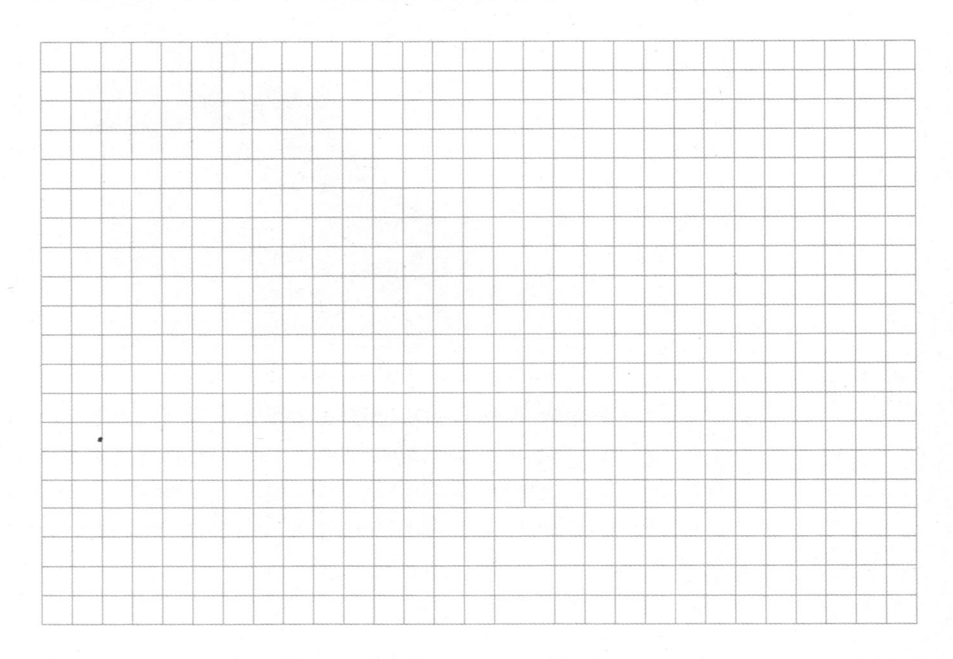

(2) 그래프 위의 점들을 서로 연속으로 연결할 필요가 있을지 생각해 보고, 그렇게 생각한 이유를 설명해 보자.

(3) 대여하는 텐트 개수에 따라 이용 금액이 어떻게 변하는지 설명해 보자.

3 다음은 자전거 여행을 하는 여섯 시간 동안 기온의 변화를 그래프로 나타낸 것입니다.

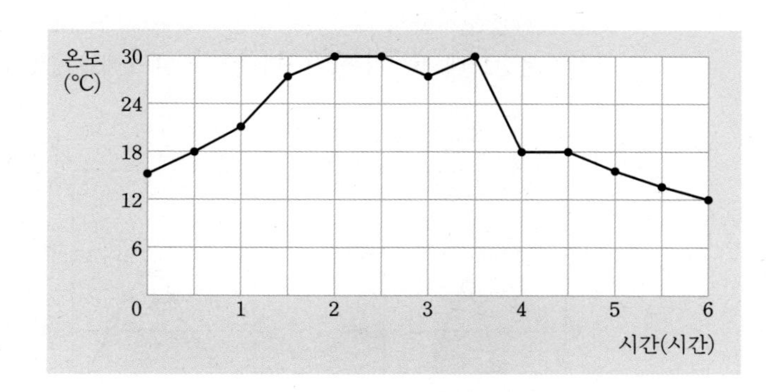

(1) 기온이 가장 높을 때는 자전거 여행을 시작한지 몇 시간 후인지 구하고, 그 때의 기온을 말해 보자.

(2) 기온이 가장 빨리 오른 때와 가장 빨리 내린 때가 언제인지 답해 보자.

(3) 기온이 약 24℃일 때는 언제일지 추측해 보고, 그렇게 생각한 이유를 말해 보자.

4 **다음을 함께 탐구해 보자.**

(1) 다음 ①~⑤ 도시들의 기후의 특징을 기온과 강수량으로 설명해 보자.
(단, 꺾은선그래프는 기온을 나타내고, 막대그래프는 강수량을 나타냅니다.)

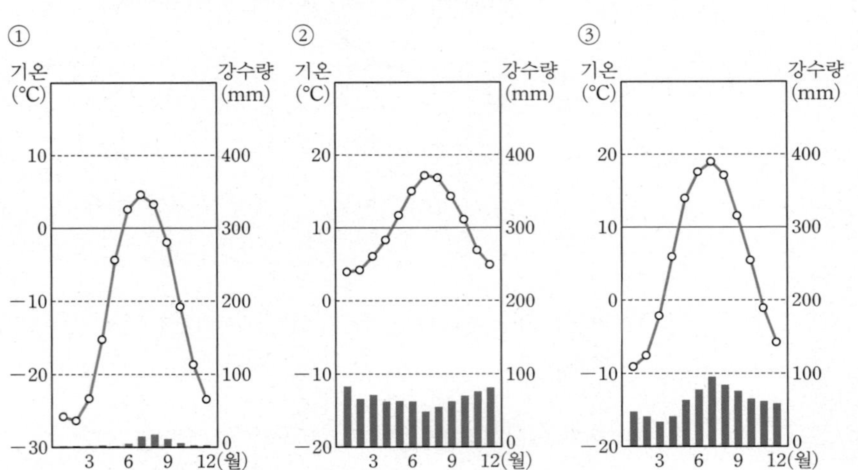

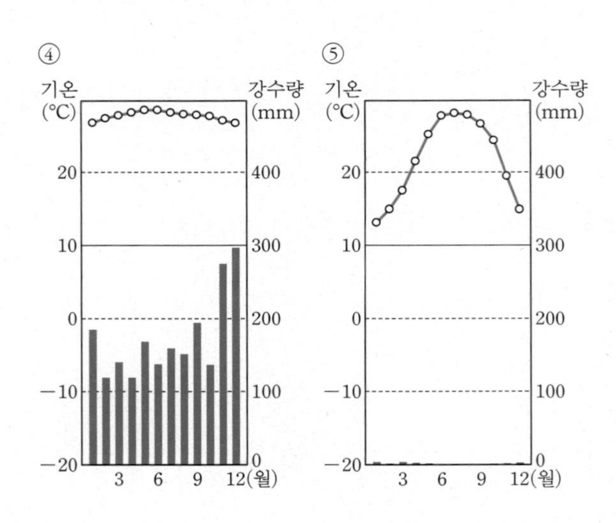

(2) 다음 세계기후분포도에는 A~G의 7개 도시가 표시되어 있습니다. (1)에서 살펴 본 ①~⑤ 도시는 각각 어느 도시의 기후 그래프일까요? 기후에 관한 아래 글을 참고하여 기후 그래프와 도시를 연결 지어 보자.

세계기후분포도

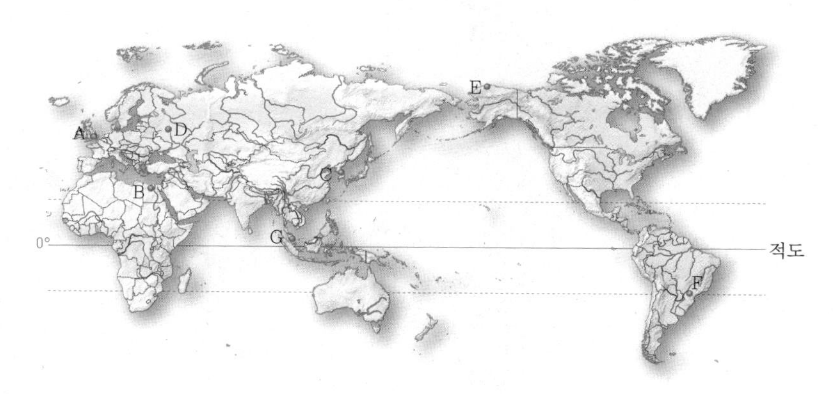

기후 그래프	도시 기호	그렇게 생각한 이유는?
①		
②	A	여름에도 기온이 20℃ 이하로 서늘한 편이다.
③	D	연교차가 매우 크게 나타나므로 대륙의 영향을 많이 받는 도시임을 알 수 있다.
④		
⑤		

기후에 대해 알아보자.

기후란 날씨와는 조금 다른 개념이야.
기후는 여러 해 동안 한 지역에 일정하게 나타나는 대기의 형태로 기온, 강수량, 바람에 따라 달라지고 위도, 육지와 바다의 분포, 지형에 따라 또 달라지고 그래.

우선 기후는 크게 5가지로 나눌 수 있지.
- 열대기후 : 열대 밀림이 있고, 그 주변에는 야생 동물들이 살 수 있는 초원이 있어.
- 건조기후 : 사막같이 강수량에 비해 증발량이 많아 살기 어렵지.
- 온대기후 : 계절 변화가 뚜렷하고 여러 가지 생물이 분포해.
- 냉대기후 : 겨울이 길고 추운 대신 여름이 짧아.
- 한대기후 : 연중 기온이 낮아 나무가 거의 자라질 못해.

이외에 대륙성 기후, 해양성 기후라는 것도 있어.
- 대륙성 기후 : 대륙의 영향을 받아 연교차가 큰 기후야.
- 해양성 기후 : 바다의 영향을 받아 연교차가 작은 기후지.

5 각각의 이야기를 그래프로 나타내고자 합니다. 그래프에 가장 어울리는 이야기를 짝지어 줄을 그어 보자.

(1)

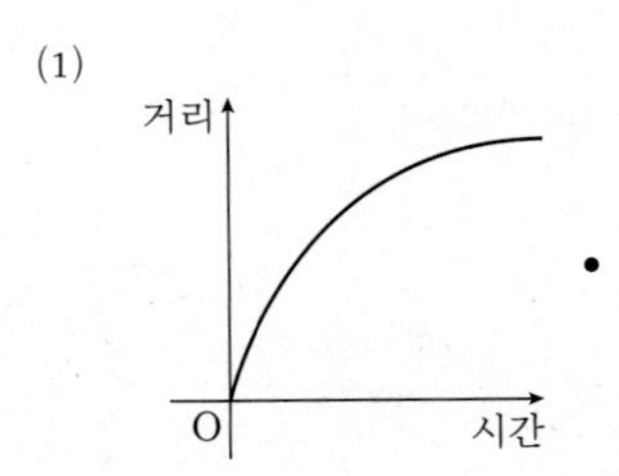

•

• 1초에 1미터씩 일정한 속력으로 걸었습니다.

(2)

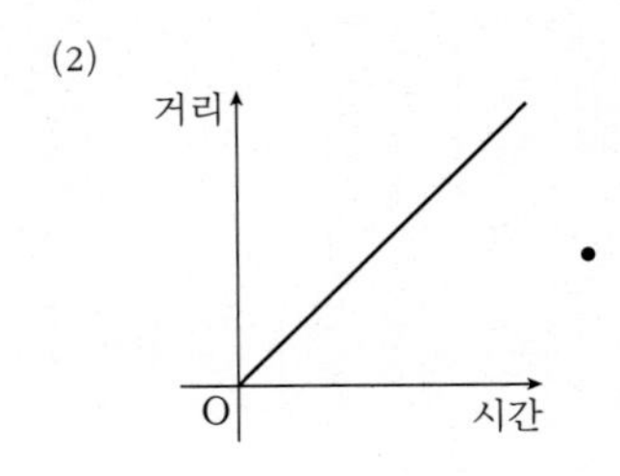

•

• 처음에는 천천히 걷다가 점점 속력을 높여갔습니다.

• 처음에는 일정한 속력으로 걷다가 몇 초간 정지한 후 다시 일정한 속력으로 걸었습니다.

(3)

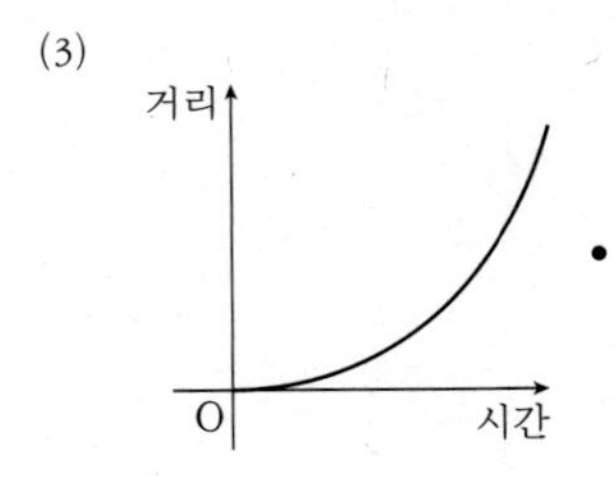

•

• 처음에는 빨리 걷다가 잠시 멈춘 후 다시 점점 속력을 높여가며 걸었습니다.

(4)

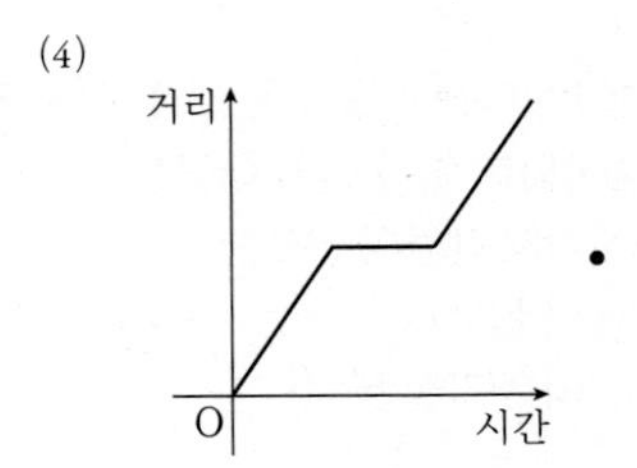

•

• 처음에는 빨리 걷다가 점점 속력을 줄였습니다.

내가 만드는 수학 이야기

6 그래프에서 배운 내용을 토대로 다음 그래프와 같이 나타나는 토끼와 거북이의 이야기를 만들어 보자.

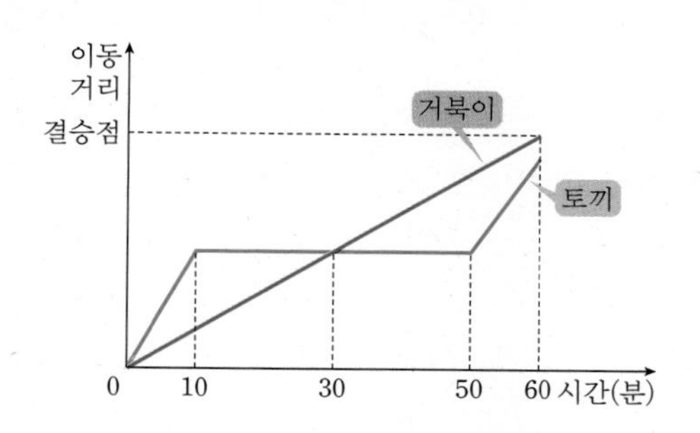

제 목

개념과 원리 연결하기 Ⓨ

1 그래프를 그릴 때, 두 변수 x와 y를 바꾸어 그리면 어떻게 될지 생각해 보자.

나의 첫 생각

다른 친구들의 생각

정리된 나의 생각

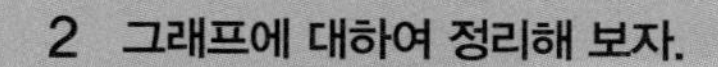

2 그래프에 대하여 정리해 보자.

(1) 이 단원에서 알게 된 그래프의 뜻, 성질, 법칙 등을 모두 정리해 보자.

(2) 그래프와 연결된 개념을 복습해 보자. 그리고 제시된 개념과 그래프 사이의 연결성을 찾아 모둠에서 함께 정리해 보자.

그래프와 연결된 개념	각 개념의 뜻과 그래프의 연결성
• 두 양의 대응 관계 • 표와 그래프 • 꺾은선그래프	

수학 학습원리 완성하기 Ⓨ

지수는 149쪽 1 탐구하기 5를 해결하기 위한 자신의 사고 과정을 다음과 같은 방법으로 설명했습니다.

내가 선택한 문제

60초 동안 팔벌려 뛰기를 하면서 10초마다 기록한 횟수를 다음 표에 적어 보자. 그리고 완성된 표를 관찰하여 팔벌려 뛰기의 횟수의 변화를 설명해 보자.

팔벌려 뛰기 기록

x (초)	0	10	20	30	40	50	60
y (회)							

지수의 깨달음

팔벌려 뛰기 횟수를 측정하여 그 결과를 그래프로 나타내기 위해 (시간, 횟수)라는 순서쌍을 사용하였고 이때 순서가 매우 중요하다는 것을 알게 되었습니다. 또 그 결과가 몇 개의 점으로 나타나는 것이 신기했습니다. 그리고 그 점들을 보면서 시간이 지남에 따라 체력이 떨어진다는 것을 깨달았습니다.

수학 학습원리

학습원리 2. 관찰하는 습관을 통해 규칙성 찾아 표현하기

1 지수의 설명에서 다른 수학 학습원리를 발견할 수 있는지 찾아보자.

2 지수가 한 것처럼 이 단원의 다른 탐구 과제를 선택하여 해결하는 사고 과정을 설명하고 사용한 수학 학습원리를 찾아보자.

내가 선택한 탐구 과제

나의 깨달음

수학 학습원리

수학 학습원리

1. 끈기 있는 태도와 자신감 기르기
2. 관찰하는 습관을 통해 규칙성 찾아 표현하기
3. 수학적 추론을 통해 자신의 생각 설명하기
4. 수학적 의사소통 능력 기르기
5. 여러 가지 수학 개념 연결하기

STAGE 6

서로 영향을 주고받는 세상을 살펴보자

item
inventory
Parchment Scroll
스킬책
소비용
특정 아이템에 귀속후 소멸
라사의 도서관은 장서로 가득한 곳이었다. 그곳에서
그레이는 석판 와 가 고대 샴발라인의 것임을
알아낼 수 있었다. 또한 샴발라인들은 석판을 사용해
세상의 정수를 담은 고서를 만들었고 그중 하나가
판테이온 교단의 마법책이라는 것을 밝혀냈다. 그는
샴발라의 역사를 더욱 연구해 석판의 비밀을 파헤쳐
보기로 했다.

1 변화하는 양 사이의 관계

'나'라는 사람의 작은 변화에 따라 내 주변의 무수히 많은 사람과 환경에 변화가 일어납니다. 이 세상에서 우리는 서로 알게 모르게 많은 영향을 주고 받으며 살아가고 있습니다. 음료수 캔 하나를 생산할 때마다 이산화탄소가 배출된다는 사실을 알고 있나요? 음료수 캔과 이산화탄소 배출량은 서로 어떤 영향을 주고 받을까요? 책을 읽을 때 매일 읽을 분량의 쪽수가 변하면 다 읽을 때까지 걸리는 날 수도 변하게 됩니다. 여기에는 또 어떤 관계가 숨어 있을까요? 이런 관계를 그래프로 나타낸다면 그래프는 어떤 모양으로 표현할 수 있을까요? 이 단원을 통해 어떤 비밀을 가지고 있는지 알아보고 그 관계를 표, 식, 그래프로 나타내 보세요.

/ 1 / 친환경 소비

개념과 원리 탐구하기 1

1 다음 각 상황에서 두 변수 x, y 사이의 관계식을 구해 보자.

	상황	x, y 사이의 관계식
(1)	오른쪽 기호는 어떤 음료수 캔 1개를 생산하고 소비할 때 발생하는 이산화탄소의 배출량이 115 g임을 나타낸 것이다. 이 음료수 캔 x개를 생산하고 소비할 때, 발생하는 이산화탄소의 배출량은 y g이다. (기후변화대응 115g CO_2 탄산음료 1개 기준)	
(2)	5,000원으로 x원짜리 친환경 재생종이로 만든 공책 4권을 사고 남은 돈이 y원이다.	
(3)	소나무 한 그루는 연간 5 kg의 CO_2를 흡수한다고 한다. 넓이가 2 km^2인 직사각형 모양의 소나무 숲을 만든다고 할 때, 가로의 길이는 x km이고 세로의 길이는 y km이다.	
(4)	물에 오염물질이 들어가면 정화하기 위해 많은 물이 필요하다. 예를 들어 우유 200 mL를 정화하기 위해서 6000 L의 물이 필요하다. 우유의 양이 x mL일 때, 이것을 정화하는 데 필요한 물의 양은 y L이다.	
(5)	원을 이용하여 친환경 로고를 디자인하려고 한다. 반지름의 길이가 x cm인 원의 넓이는 y cm^2이다.	
(6)	사탕수수로 만든 친환경 12 L짜리 욕조가 있다. 보통 욕조는 35 L~50 L의 물이 필요하지만 이 욕조는 절수형이라 12 L면 충분하다. 여기에 매분 x L씩 일정하게 물을 채울 때 물이 가득 찰 때까지 걸리는 시간은 y분이다.	

두 변수 x, y에서 x가 2배, 3배, 4배, …로 변함에 따라 y도 각각 2배, 3배, 4배, …로 변하는 관계가 있으면 x와 y는 **정비례**한다고 합니다.

또한, 두 변수 x, y에서 x가 2배, 3배, 4배 …로 변함에 따라 y가 각각 $\frac{1}{2}$배, $\frac{1}{3}$배, $\frac{1}{4}$배, …로 변하는 관계가 있으면 x와 y는 **반비례**한다고 합니다.

2 다음을 함께 탐구해 보자.

(1) 1 에서 x와 y가 정비례하는 것을 모두 고르고, 그 이유를 설명해 보자.

정비례하는 것	이유

(2) 1 에서 x와 y가 반비례하는 것을 모두 고르고, 그 이유를 설명해 보자.

반비례하는 것	이유

3 다음을 함께 탐구해 보자.

(1) 두 변수 x, y의 관계식이 $y=ax(a\neq0)$의 꼴이면 x와 y가 정비례한다고 할 수 있을까요? 그렇게 생각한 이유를 설명해 보자.

있다, 없다	이유

(2) 두 변수 x, y의 관계식이 $y=\frac{a}{x}(a\neq0)$의 꼴이면 x와 y가 반비례한다고 할 수 있을까요? 그렇게 생각한 이유를 설명해 보자.

있다, 없다	이유

개념과 원리 탐구하기 2

민서네 반 친구들은 아침 시간에 친환경과 관련된 독서를 하기로 했습니다. 각자 책을 가져오고, 하루에 읽을 양을 정합니다. 민서가 고른 '수상한 진흙'이라는 책은 총 300쪽입니다.

1 **다음 [보기]에서 두 개의 변수를 정하고, 그 관계가 정비례하는지, 반비례하는지 설명해 보자.**

[보기]

읽은 날 수(일), 하루에 읽을 양(쪽), 읽은 총 쪽 수(쪽), 전부 읽는 데 걸린 날 수(일)

2 **1 에서 선택한 두 변수의 관계를 모둠에서 의논하여 그 특징을 정리해 보자.**

/ 2 / 규칙 속의 그림

개념과 원리 탐구하기 3

다음은 도현이와 준현이가 $y=\frac{1}{2}x$를 그래프로 그린 것입니다.

1 **도현이와 준현이가 그래프를 왜 이렇게 그렸는지 추측해 보고 설명해 보자.**

도현이의 그래프

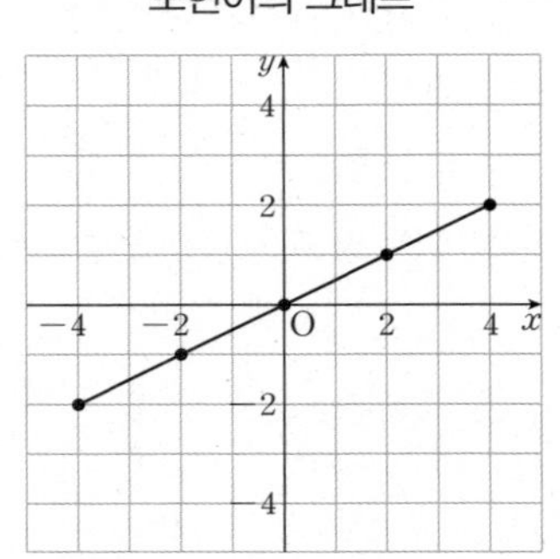

준현이의 그래프

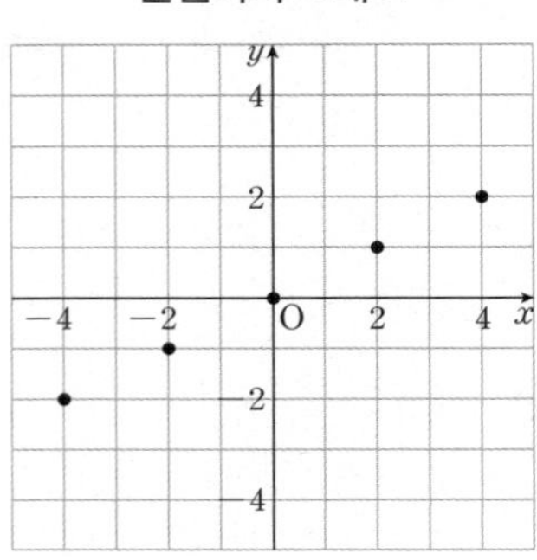

2 **x의 값이 수 전체일 때, 위의 그래프를 내가 그린다면 나는 어떻게 그릴 수 있을지 그려 보자.**

개념과 원리 탐구하기 4

1 ㉠~㉣은 두 변수 x, y가 정비례하는 관계식의 그래프입니다.

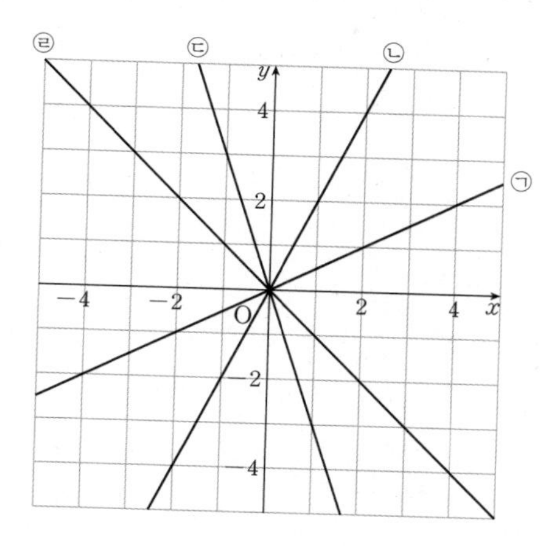

(1) 각 그래프의 관계식을 구하고, 구한 과정을 설명해 보자.

	관계식	구한 과정
㉠		
㉡		
㉢		
㉣		

(2) ㉠~㉣의 그래프에서 x, y가 정비례하는 이유를 설명해 보자.

(3) ㉠~㉣의 그래프에서 발견할 수 있는 특징을 3가지 이상 써보자.

개념과 원리 탐구하기 5

1 두 변수 x와 y가 정비례하는 관계식을 만들고, 그래프로 그려 보자.

2 다음 그림은 은성이가 그린 정비례 관계 $y=\frac{1}{2}x$의 그래프입니다. 은성이와 혜영이가 나눈 대화를 보고 혜영이가 어떤 방법으로 그래프를 그렸는지 생각해 보자.

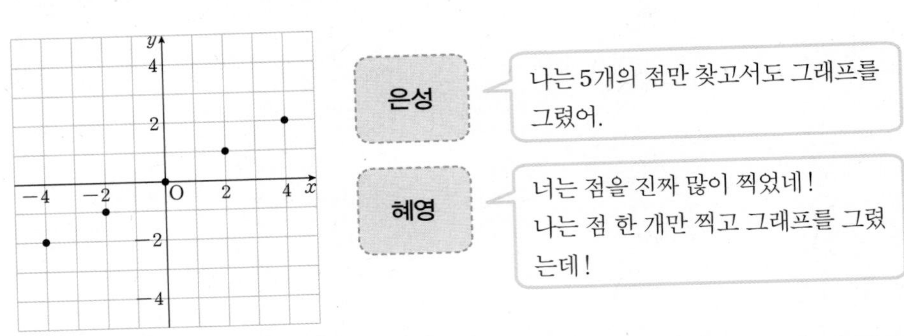

개념과 원리 탐구하기 6

다음은 민석이가 $y=\dfrac{8}{x}$을 그래프로 그린 것입니다.

1 민석이가 그래프를 왜 이렇게 그렸는지 추측하여 설명해 보자.

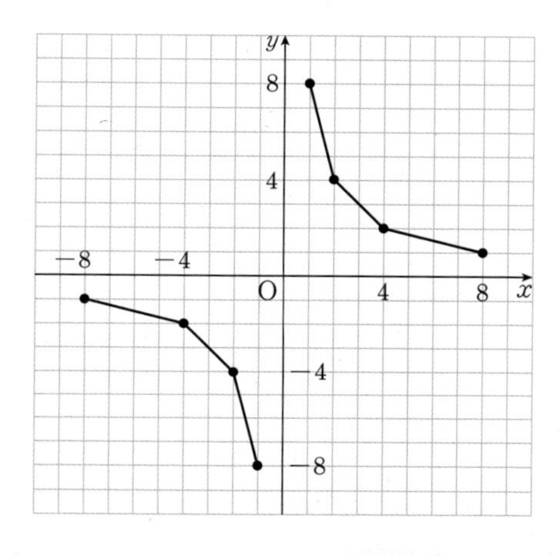

2 위의 그래프를 내가 그린다면 나는 어떻게 그릴 수 있을지 그려 보자.

개념과 원리 탐구하기 7

1 두 변수 x와 y가 반비례하는 관계식을 만들고, 그래프로 그려 보자.

2 모둠별로 친구들끼리 모여서 그래프를 비교해 보고, 1 에서 그린 그래프에서 발견할 수 있는 특징을 3가지 이상 써보자.

탐구 되돌아보기

1 다음 표를 보고 두 변수 x와 y 사이의 관계식을 구해 보자. 그리고 그 두 변수의 관계가 정비례인지 또는 반비례인지 판단하고 그렇게 생각한 이유를 써보자.

(1)

x	⋯	5	10	15	20	25	30	35	40	⋯
y	⋯	-10	-20	-30	-40	-50	-60	-70	-80	⋯

관계식	정비례, 반비례	이유

(2)

x	⋯	-4	-3	-2	-1	0	1	2	3	⋯
y	⋯	5	4	3	2	1	0	-1	-2	⋯

관계식	정비례, 반비례	이유

(3)

x	⋯	1	2	3	4	5	6	7	8	⋯
y	⋯	12	6	4	3	$\frac{12}{5}$	2	$\frac{12}{7}$	$\frac{3}{2}$	⋯

관계식	정비례, 반비례	이유

2 **수영, 경태, 재호는 과학 시간에 다양한 환경에서 강낭콩을 키울 때, 어떤 환경에서 어떻게 자라는지 실험을 해 보기로 했습니다.**

(1) 아래 표와 관찰 일기 ㉠~㉢을 올바르게 연결하고, 그래프를 그려 보자.

㉠

나는 강낭콩을 공사장 흙을 가져와 심었다. 물도 제대로 주지 못했다. 처음엔 잘 자라는 것 같아 보였지만 나중에는 점점 더 조금씩 자랐다.

— 수영

• ①

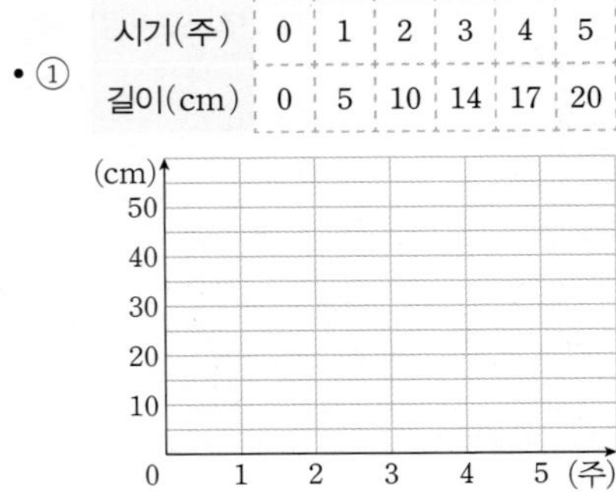

시기(주)	0	1	2	3	4	5
길이(cm)	0	5	10	14	17	20

㉡

나는 강낭콩을 잘 키웠다!!! 햇빛을 잘 보게 해주었다. 거름도 주었고, 축복의 말도 해주었다. 매주 전 주보다 더 많이 자랐다.

— 경태

• ②

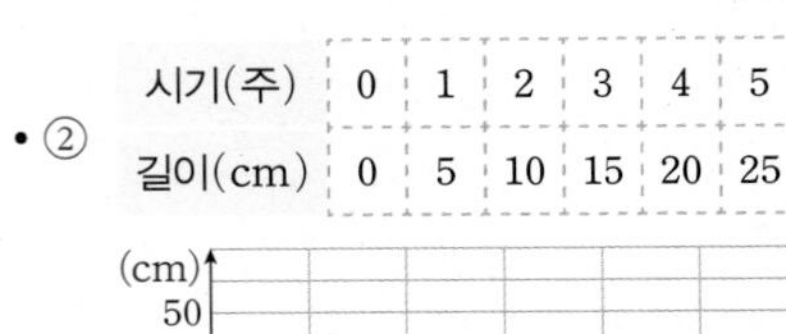

시기(주)	0	1	2	3	4	5
길이(cm)	0	5	10	15	20	25

㉢

나는 강낭콩을 그늘진 곳에서 키워 보았다. 강낭콩은 점점 자라긴 했으나, 천천히 자랐다. 매주 같은 길이만큼 증가했다.

— 재호

• ③

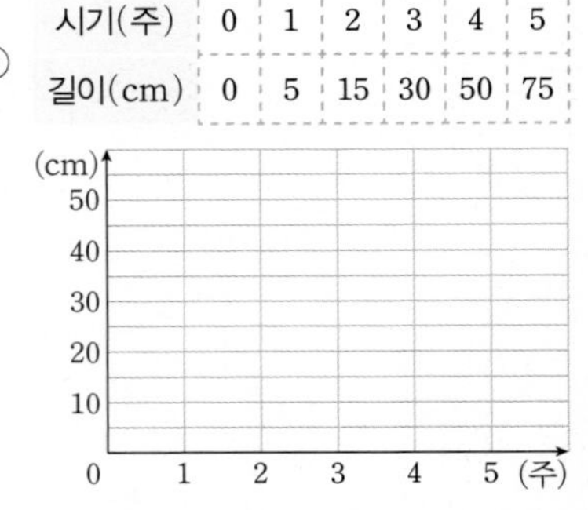

시기(주)	0	1	2	3	4	5
길이(cm)	0	5	15	30	50	75

(2) ㉠ ~ ㉢ 중 관찰 시기를 x, 총 길이를 y라고 할 때, 두 변수 x, y 사이의 관계가 정비례하는 것을 고르고, 관계식을 구해 보자.

3 다음을 함께 탐구해 보자.

(1) $y=2x+3$인 관계를 만족하는 두 변수 x, y에 대하여 x, y가 정비례하는지 알아보고 그 이유를 설명해 보자.

(2) $y=\frac{6}{x}+1$인 관계를 만족하는 두 변수 x, y에 대하여 x, y가 반비례하는지 알아보고 그 이유를 설명해 보자.

4 다음은 친구들이 주어진 그래프의 관계식을 구한 과정입니다.

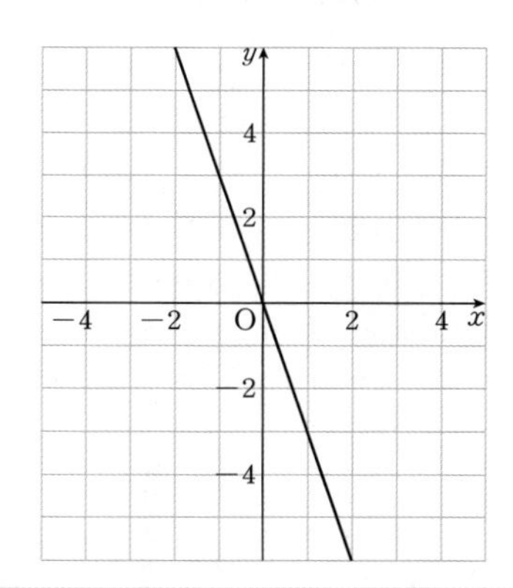

민정 직선이니까 $y=ax$야. 기준을 점 $(1, -3)$으로 잡고, $x=1, y=-3$을 대입하면 $-3=1a$가 되니까 $a=-3$이야. 따라서 관계식은 $y=-3x$지.

은정 그래프가 정비례 관계이므로 $\frac{y}{x}=a$로 구할 수 있어. 점 $(-1, 3)$을 지나니까 x에 -1, y에 3을 대입하면 $a=\frac{3}{-1}=-3$이야. 따라서 관계식은 $y=-3x$야.

은지 나는 그래프가 지나는 점을 표로 그렸어. 그랬더니 x에 -3을 곱하면 y가 되는 걸 알 수 있었지! 따라서 관계식은 $y=-3x$야.

x	1	2
y	-3	-6

(1) 친구들이 관계식을 어떻게 구한 것인지 설명해 보자.

(2) 누구의 방법이 간편했는지 한 가지를 고르고, 고른 이유를 말해 보자.

5 다음은 친구들이 두 변수 x, y에 대한 관계식을 그래프로 나타낸 것에 대해 설명하는 중입니다. 어떤 그래프인지 그려 보고, 관계식으로 나타내 보자.

- 원점을 중심으로 뻗어 있어!
- 직선 모양이야!
- 그래프가 제 1, 3 사분면을 지나.
- x축보다는 y축에 더 가깝게 느껴진다.

관계식

6 선미는 태블릿 PC를 사기 위해 아르바이트를 하고 있습니다. 오른쪽 그래프는 선미가 편의점에서 몇 시간 동안 아르바이트를 하고 받는 급여를 나타낸 것입니다.

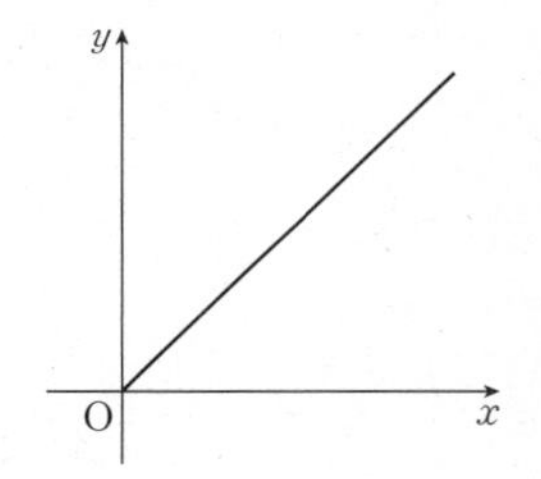

(1) 두 변수 x와 y를 정하고 그렇게 정한 이유를 설명해 보자.

(2) 위 좌표평면에 상황에 맞는 눈금을 표시해 보고 두 변수 x, y 사이의 관계식을 구해 보자.

(3) 선미가 사고 싶은 태블릿 PC의 가격을 정하고, 아르바이트를 며칠동안 해야 살 수 있을지 구해 보자.

7 다음은 탐구하기 5, 탐구하기 7에서 친구들이 정비례 관계의 그래프와 반비례 관계의 그래프를 그린 것입니다. 각 그래프에서 잘못된 부분이 어디인지 찾아 기록하고, 그래프를 다시 옳게 그려 보자.

(1) 정비례 관계의 그래프

① $y=20x$ ② $y=5x$

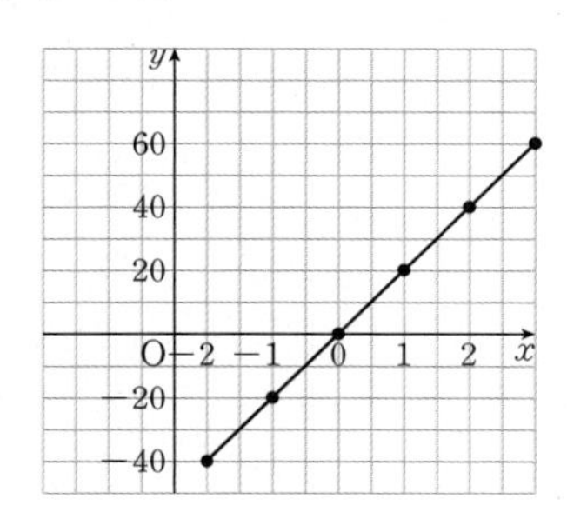

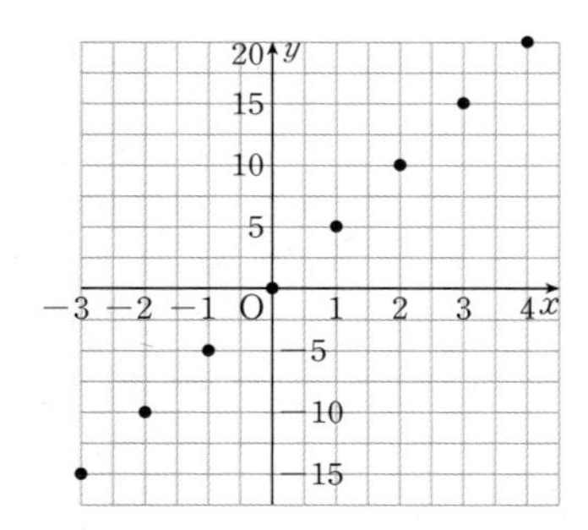

	①	②
옳게 그린 그래프		

(2) 반비례 관계의 그래프

① $y=\frac{30}{x}$ ② $y=\frac{36}{x}$

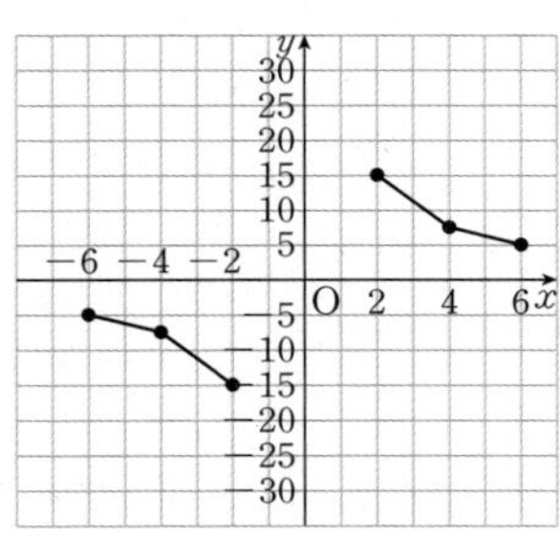

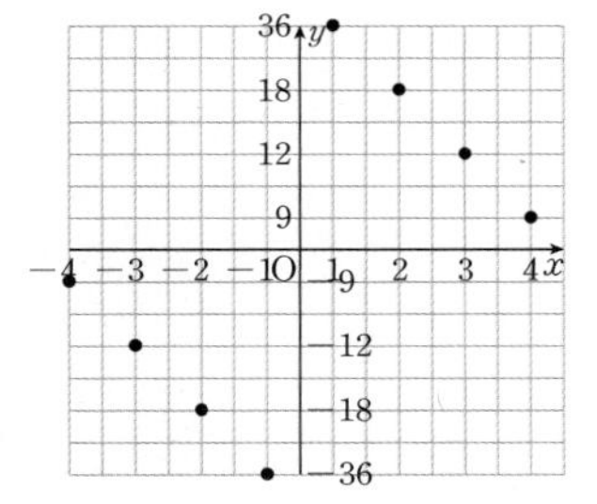

	①	②
옳게 그린 그래프		

8 다음 그래프가 x축과 만나는 점, y축과 만나는 점의 좌표를 구해 보자.

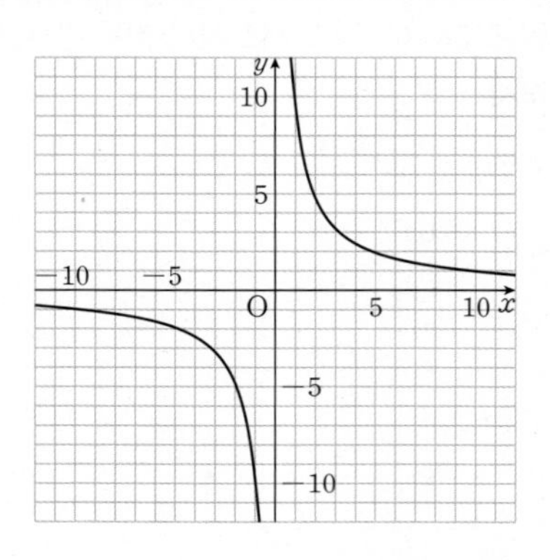

9 다음은 윤후가 달리기를 하는 동안의 상태를 그래프로 표현한 것입니다.

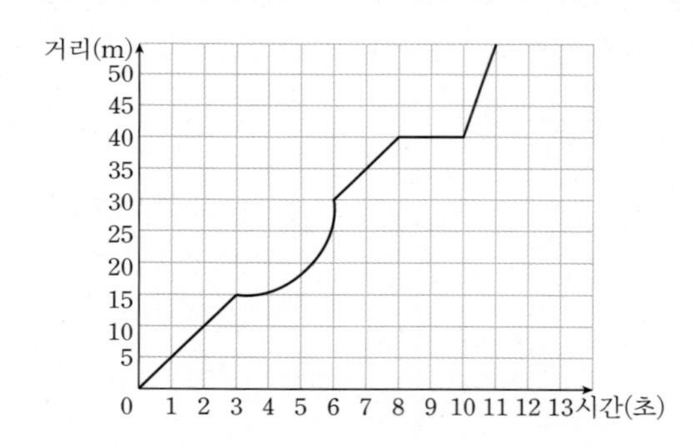

(1) 시간을 x초, 거리를 ym라고 할 때, 두 변수 x, y가 정비례 관계인 구간을 찾아보자.

(2) 시간을 x초, 거리를 y m라고 할 때, 두 변수 x, y가 반비례 관계인 구간을 찾아보자.

내가 만드는 수학 이야기

10 **자연 현상이나 일상 생활에서 일어날 수 있는 두 변수 사이의 관계 중 정비례 또는 반비례 관계로 나타낼 수 있는 예를 찾아서 이야기로 만들어 보자.**

제 목

개념과 원리 연결하기

1 다음 내용이 옳은지, 옳지 않은지 판단하고, 그렇게 생각한 이유를 써 보자.

(1) 두 변수 , y가 정비례할 때 가 증가하면, y도 증가한다.

(2) 두 변수 , y가 반비례할 때 가 증가하면, y는 감소한다.

나의 첫 생각

다른 친구들의 생각

정리된 나의 생각

2 정비례와 반비례의 개념을 정리해 보자.

(1) 이 단원에서 알게 된 정비례와 반비례의 뜻, 성질, 법칙 등을 모두 정리해 보자.

(2) 정비례와 반비례와 연결된 개념을 복습해 보자. 그리고 제시된 개념과 정비례와 반비례 사이의 연결성을 찾아 모둠에서 함께 정리해 보자.

정비례와 반비례와 연결된 개념	각 개념의 뜻과 정비례와 반비례의 연결성
• 비와 비율 • 관계식 • 두 양의 대응 관계 • 좌표평면과 그래프 • 변수	

수학 학습원리 완성하기

지훈이는 185쪽 1 탐구하기 6 1 을 해결하기 위한 자신의 사고 과정을 다음과 같은 방법으로 설명했습니다.

내가 선택한 문제

민석이가 그래프를 왜 이렇게 그렸는지 추측하여 설명해 보자.

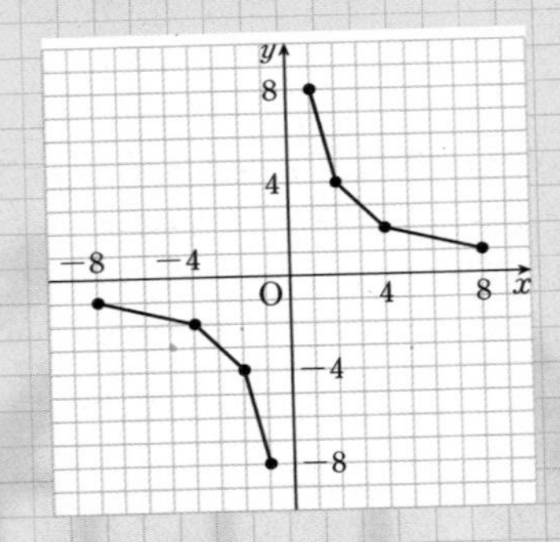

지훈이의 깨달음

나는 솔직하게 반비례 그래프를 민석이처럼 그렸다. 누군가가 곡선으로 그려 놓은 것을 보기는 했지만, 크게 관심을 갖지 않았다. 이렇게 자로 연결하는 것과 곡선으로 그리는 것이 다르다는 생각은 하지 못했다! 그런데 이 그래프를 수정하면서 새롭게 알게 된 것은 그래프는 내가 맘대로 그리는 것이 아니라 식 $y=\frac{8}{x}$을 만족하는 점들을 찾아서 찍어야 한다는 것이었다. 그리고 그 점들을 많이 찾으면 찾을수록 곡선으로 나타난다는 점이 신기했다. 점과 선으로 연결된 것이 그래프가 아니라 점을 찾고 또 찾아 수많은 점들이 연결된 것이 바로 그래프라는 것을 알게 되었다.

수학 학습원리

학습원리 5. 여러 가지 수학 개념 연결하기

1 지훈이의 설명에서 다른 수학 학습원리를 발견할 수 있는지 찾아보자.

2 지훈이가 한 것처럼 이 단원의 다른 탐구 과제를 선택하여 해결하는 사고 과정을 설명하고 사용한 수학 학습원리를 찾아보자.

내가 선택한 탐구 과제

나의 깨달음

수학 학습원리

수학 학습원리

1. 끈기 있는 태도와 자신감 기르기
2. 관찰하는 습관을 통해 규칙성 찾아 표현하기
3. 수학적 추론을 통해 자신의 생각 설명하기
4. 수학적 의사소통 능력 기르기
5. 여러 가지 수학 개념 연결하기

〈사진 자료 출처〉

126쪽 장재호 (서울 서울대학교 사범대학 부설중학교)

141쪽 곽준규 (서울 서울대학교 사범대학 부설중학교)

〈참고 자료〉

중학교 사회1, 김영순 외 18명, 동아출판

〈부록 1〉 방정식 카드 _ 탐구하기 9 ▶130쪽

▶130쪽

점선대로 잘라서 사용하세요.

방정식 카드 1

$x+4=7$

풀이 과정

해

$\frac{2}{5}x-3=1$

풀이 과정

해

$11-3x=-7$

풀이 과정

해

$2x+2=x+7$

풀이 과정

해

$1-\frac{1}{2}x=2$

풀이 과정

해

$x+3=2x-4$

풀이 과정

해

$2x-5=3$

풀이 과정

해

$0.2(x-3)=1$

풀이 과정

해

〈부록 1〉 방정식 카드 _ 탐구하기 9 ▶130쪽

점선대로 잘라서 사용하세요.

방정식 카드 2

$2x-3=4x-17$

풀이 과정

해

$2(3x-10)=34$

풀이 과정

해

$\frac{x-2}{3}=1$

풀이 과정

해

$11-3x=-4$

풀이 과정

해

$3-4x=-13$

풀이 과정

해

$\frac{x+4}{3}=1$

풀이 과정

해

$3-\frac{1}{2}x=1$

풀이 과정

해

$1+0.5x=3$

풀이 과정

해

집필 기획

최수일 (사교육걱정없는세상 수학사교육포럼)

이경은 (사교육걱정없는세상 수학사교육포럼)

고여진 (사교육걱정없는세상 수학사교육포럼)

집필자

국중석 (충남 꿈의학교)

국지영 (경기 금파중학교)

권혁천 (서울 상암중학교)

김계화 (충북 한국폴리텍 다솜고등학교)

김도훈 (인천 인하대학교 사범대학 부속중학교)

김미영 (충남 대천중학교)

김보현 (서울 동성중학교)

김성수 (경기 덕양중학교)

김수철 (대구가톨릭대학교)

김영순 (경기 동림자유학교)

김은남 (좋은교사 수업코칭연구소)

김주원 (경남 태봉고등학교)

김형신 (서울 오디세이학교)

류창우 (전남 순천여자고등학교)

박대원 (세종 성남고등학교)

박문환 (서울 서울대학교 사범대학 부설중학교)

박선영 (대구 호산고등학교)

서미나 (대구 경서중학교)

송현숙 (인천 백석중학교)

안창호 (인천 진산과학고등학교)

오정 (강원 사북중학교)

유영의 (인천 선학중학교)

이경은 (서울 서울대학교 사범대학 부설중학교)

이선영 (경기 경기북과학고등학교)

이선재 (경기 정왕중학교)

이정아 (경기 풍덕고등학교)

정선영 (경남 고성여자중학교)

조균제 (충남 꿈의학교)

조미영 (인천 관교중학교)

조숙영 (서울 시흥중학교)

조혜정 (경기 덕양중학교)

최소희 (서울 영남중학교)

최아람 (대전 은어송중학교)

한준희 (경기 유신고등학교)

황선희 (서울 혜원여자중학교)

실험학교 교사

곽미향 (경기 장호원중학교)
권순남 (경기 설봉중학교)
권혁천 (서울 상암중학교)
김미영 (충남 한내여자중학교)
김은주 (강원 북원여자중학교)
김재호 (경기 성문밖학교)
김진형 (경기 푸른숲발도르프학교)
김희경 (경기 효양중학교)
박찬숙 (경기 설봉중학교)
서미나 (대구 경서중학교)
오정 (강원 사북중학교)
유영의 (인천 논현중학교)
이경은 (서울 서울대학교 사범대학 부설중학교)
정세연 (서울 월촌중학교)
정혜영 (서울 한울중학교)
조혜정 (경기 덕양중학교)
최민기 (경기 소명중고등학교)

자문위원

강은주 (총신대학교 유아교육과 교수)
강주용 (마산사교육걱정없는세상 대표)
김상욱 (부산대학교 물리교육과 교수)
김운삼 (강동대학교 유아교육과 부교수)
김주환 (안동대학교 국어교육과 교수)
남호영 (서울 인헌고등학교 수학교사)
민경찬 (연세대학교 수학과 명예교수)
박재원 (아름다운배움 행복한공부연구소 소장)
송영준 (서울 누원고등학교 수학교사)
윤태호 (서울 오디세이학교 교사)
이규봉 (배재대학교 전산수학과 교수)
임병욱 (경기 가람중학교 과학교사)
조도연 (평택교육지원청 교육장)
한상근 (카이스트 수리과학과 교수)
황인각 (전남대학교 물리학과 교수)

중1 | 하

수학의 발견 중 1 | 하

"이런 수학, 처음이야!" 

2017년, 실험학교에서 수업 시간에 《수학의 발견》 실험본으로 공부한 중학교 1학년 학생들과 학부모, 교사들의 실제 소감입니다.

"제가 수학 수업의 주인공이 되었어요!"

변선민 학생(경기 소명중학교)

《수학의 발견》을 보고 깜짝 놀란 것이 있어요. 공식을 암기하고 문제를 푸는 것에 익숙했는데, 이 책은 수학 공식을 저희가 직접 찾아가도록 하는 것이었어요. 이전에는 그런 과정을 겪은 적이 없었거든요. 그런데 이 책을 통해 우리만의 답을 찾을 수도 있고, 혹은 우리 학교만 알고 있는 그런 공식도 만들어 낼 수도 있을 것 같았어요. 문득 "아, 내가 수학 수업의 주인공이 될 수 있구나!" 하는 생각이 들어 수업에 더욱 흥미가 생겼어요.

"수학이 뻔하지 않아서 좋았어요."

안준선 학생(강원 북원여자중학교)

초등학생 때부터 수학이 너무 싫었어요. 그런데 《수학의 발견》으로 수업하면서 수업이 재미있어지더라고요. 이 책은 뻔하지 않아서 좋았어요. 옛날에는 어려운 문제가 나오면 그냥 안 풀고 포기했거든요. 그런데 지금은 어려운 문제가 나와도 풀고 싶은 마음이 생기고 친구들이랑 공유하면서 푸니까 더 좋아요. 다른 교과서나 문제집은 풀이를 알려 주면서 "너희는 이거 꼭 외워!"라는 식이었거든요. 그러다 보니 기계처럼 푸는 느낌이었어요. 흥미도 안 생기고. 그런데 이 책은 생각할 수 있는 시간을 주니까 기억에 남고 재미있게 풀 수 있었어요.

"이렇게 공부하면 어려운 문제를 더 잘 풀겠더라고요!"

원예연 학생(강원 북원여자중학교)

누가 그러더라고요. "이렇게 하면 입시에 나오는 어려운 문제를 풀 수 있겠냐?"라고 말이죠. 저는 풀 수 있겠다는 생각이 들었어요. 공식을 외워서 문제에 대입해 푸는 것보다는 나을 것 같고, 우리는 이런 공식이 어떻게 나왔는지 아니깐 어려운 문제가 나와도 더 좋은 답을 얻어 낼 수 있을 것 같았어요. 그리고 또 이해를 했으니깐 문제가 어렵다고 포기하지도 않을 거고요. 《수학의 발견》으로 수업할 때 개념과 개념이 서로 연결되어 있음을 발견할 수 있었던 게 도움이 되는 것 같아요.

"같은 수학인데 아이 모습이 뭔가 달랐어요."

이진욱 학생 어머니(서울 대방중학교)

제 아이는 평소에 모르는 문제가 나오면 한두 번 고민하다 그냥 넘어갔어요. 시험 직전에서야 답이랑 풀이 과정을 눈으로 훑어보며 암기하기 바빴죠. 그런데 《수학의 발견》으로 공부할 때는 문제를 대하는 태도가 평소와 다르다는 걸 느꼈어요. 처음에는 문제를 한참 바라보고만 있어서 엄마 입장에선 딴생각을 하는 걸까, 몰라서 그러는 걸까 물어보고 싶었지만 꾹 참고 그냥 지켜 보았어요. 조금 있으니 자기 생각을 적기도 하고 고개도 갸우뚱거리면서 스스로 푸는 과정을 고민하는 모습이 너무 예쁘더라고요. 같은 수학인데 뭔가 다르다고 하는 우리 아들이 참 기특해 보였어요.

"다시는 강의식 수업으로 돌아갈 수 없겠어요."

정혜영 교사(서울 한울중학교)

저는 강의식 수업을 굉장히 좋아했어요. 아이들도 콤팩트한 수업을 잘 이해하는 줄 알았지요. 나중에 알고 보니 아이들이 이해하지 못한 채 집중하는 척했던 것이더라고요. 《수학의 발견》으로 수업한 뒤 달라졌어요. 말로만 듣던 학생 참여 중심 수업과 딱 맞아떨어졌죠. 모둠 토론에 익숙해지니 지금은 제가 설명해 주고 넘어가면 아이들이 싫어해요. 자기들이 공부할 수 있는 시간을 달라는 거죠. 자기들끼리 이야기하고 생각해서 문제를 해결하는 것을 아이들이 얼마나 소중하게 생각하고 좋아하는지 알게 되었어요. 지금 저는 "아, 이제 그 맛을 알았으니 돌아갈 수 없는 강을 건넜구나!" 그런 심정입니다. 다시는 강의식 수업으로 돌아갈 수 없겠어요.

"어차피 만들어야 할 수학 활동지가 여기 다 있네요!"

김은주 교사(강원 북원여자중학교)

1년 전 《수학의 발견》 샘플 단원을 처음 만났습니다. 기존 교과서에서는 볼 수 없는 문제들, 아이들이 "어, 이거 뭐지?" 그렇게 궁금해할 형태의 문제였습니다. 저는 평소에도 그런 문제를 가지고 수업을 해 보고 싶었지만 혼자 하는 데는 한계가 많았습니다. 그래서 샘플 자료를 보면서 "와~ 이것 너무 좋다. 빨리 나왔으면 좋겠다."라고 생각했고, 실험학교 참여 제안이 와서 기쁜 마음으로 응했습니다. 어차피 수업 활동지 자료를 애써 만들어야 하는데 이미 다 있으니 얼마나 좋았던지. 일 년 동안 정말 많이 배웠습니다.

《수학의 발견》, "이렇게 사용하세요!"

책의 구성

《수학의 발견》에 있는 문제는 대부분 똑같은 정답이 아니라 나만의 답을 써야 합니다. 나만의 답을 쓰는 과정에서 수학의 개념과 원리를 발견하고 연결하는 방법을 알아 갈 것입니다. 이 책으로 공부할 때는 끈기를 가지고, 관찰하고, 추론하고, 분석해 보세요. 내가 찾은 개념과 원리를 서로 연결하고 그 속에서 수학을 발견하는 기쁨을 맛볼 수 있을 것입니다.

STEP 1 개념과 원리 탐구하기

개념과 원리 탐구하기는 문제를 탐구하면서 수학적 원리를 발견하고 터득하는 과정입니다. 처음에는 어려울 수 있지만 나의 생각을 끄집어내고 발전시키는 것부터 연습하세요. 내가 알고 있는 것, 내가 알아낸 것이 부족해 보여도 탐구하기 문제에 대한 나의 생각을 쓰고 친구들과 토론하는 과정에서 다듬어질 것입니다.

탐구하기 1

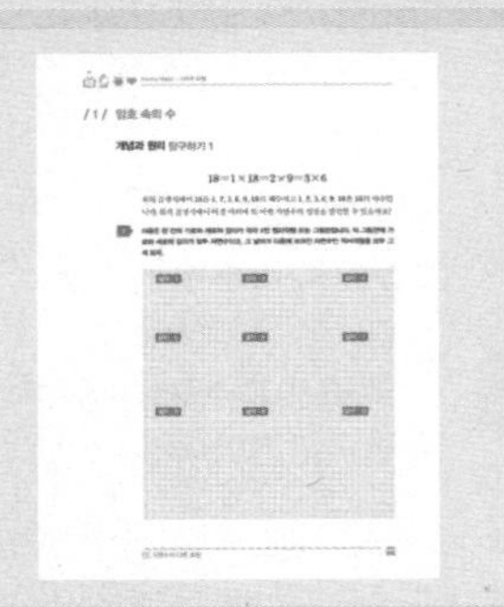

직사각형의 넓이가 소수인 경우는 한 가지 모양으로만 그려지기 때문에 소수의 정의와 연결시킬 수 있는 질문입니다.

탐구하기 2

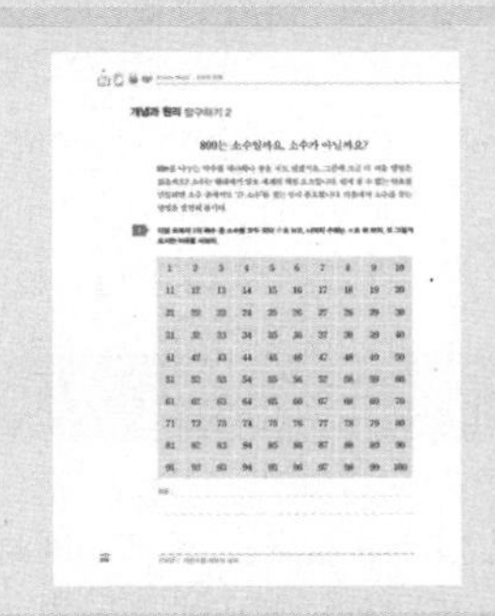

2를 제외한 2의 배수는 소수가 아니라는 것을 알고, 이들을 지워 나가는 과정에서 남는 것들이 소수임을 이해할 수 있습니다.

탐구하기 3

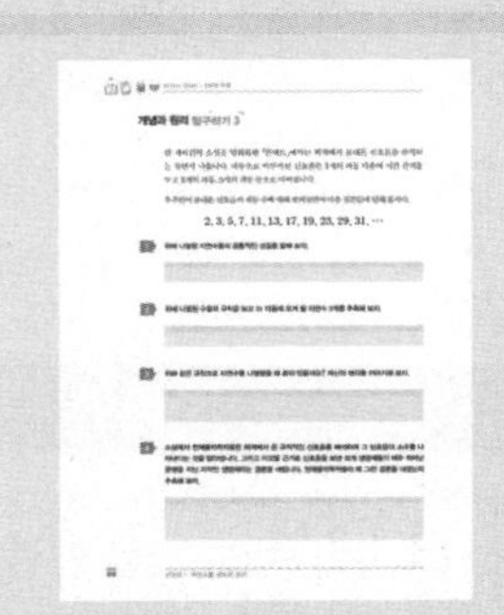

탐구하기 1에서 익힌 소수의 뜻을 이해한 뒤, 소수에 대한 관심을 확장할 수 있는 활동입니다.

+ 탐구 되돌아보기

'개념과 원리 탐구하기'에서 알게 된 내용을 한 번 더 확실하게 다지는 부분입니다. 친구들과 토론한 이야기, 선생님에게 들은 이야기를 내가 얼마만큼 소화했는지 혼자 정리해 볼 수 있습니다.

STEP 2 개념과 원리 연결하기

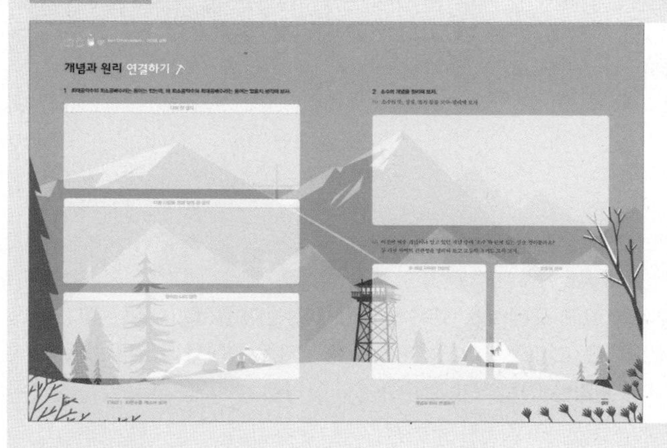

새로 배운 주요 개념을 정리하는 과정에서 내 머릿속의 수학 개념을 종합하고 확장해 가는 코너입니다. 이 과정에서는 새로 배운 개념과 예전에 배웠던 개념 중 관련 있는 것을 서로 연결하는 것이 중요합니다. 수학 개념은 신기하게도 서로 연결할 수 있답니다. 그 연결고리를 찾는 순간 배움의 짜릿함을 느낄 수 있고, 그 느낌은 다른 수학 개념이 알고 싶어지는 동기가 됩니다.

STEP 3 수학 학습원리 완성하기

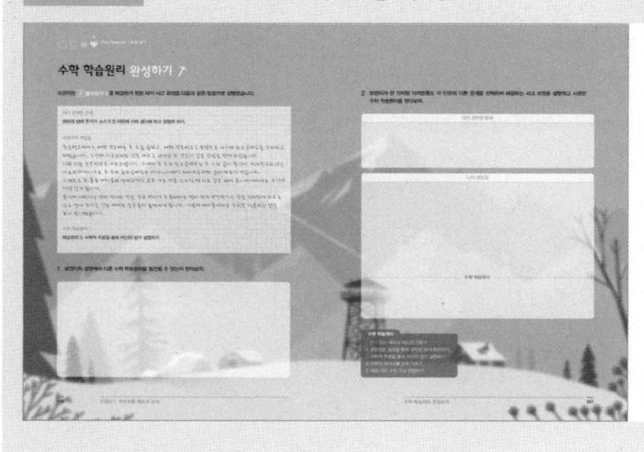

수학 학습원리 완성하기에서는 '개념과 원리 탐구하기'와 '개념과 원리 연결하기'를 공부하면서 내가 어떤 수학 학습원리를 사용했는지 돌아봅니다. 수학을 잘하기 위해서는 많은 문제를 풀어야 할 것 같지만 그 속에 사용된 원리만 파악하면 모든 문제를 쉽게 해결할 수 있습니다. 내가 어떻게 문제를 해결했는지 돌아보고 다른 친구는 어떻게 해결했는지 비교하는 과정에서 학습원리를 내 것으로 만들어 보세요.

이 책을 사용하는 학생에게

1

기존 교과서로 학습하기 전에 《수학의 발견》 먼저!

《수학의 발견》으로 수학 개념을 먼저 탐구합니다. 그런 후 기존 교과서를 참고하세요. 《수학의 발견》은 공식, 풀이 방법, 답을 바로 알려 주지 않고 생각하고 탐구할 시간을 줍니다. 그 시간을 가져야 여러분들이 '생각하는 방법'을 배울 수 있습니다.

2

함께 토론할 수 있는 친구들이 있을 때

맞았는지 틀렸는지를 떠나서 내 생각을 찾고 표현하는 것이 중요합니다. 문제를 읽고 일단 짧게라도 나만의 생각이나 주장을 만들어 보세요. 그리고 왜 그렇게 생각했는지를 친구들과 토론하며 답을 완성하고, 수학 개념을 찾아갑니다. 혼자는 어렵지만 토론하면서 찾아갈 수 있습니다.

3

혼자 《수학의 발견》으로 공부할 때

혼자 공부할 때도 먼저 내 생각을 쓴 뒤에 《수학의 발견 해설서》에 있는 〈예상 답안〉을 확인해 보세요. 《수학의 발견》에 있는 탐구 활동은 대부분 답이 하나가 아니라 여러 가지일 수 있습니다. 그래서 가능한 많은 친구들의 답을 실었습니다. 여러분이 찾은 답과 일치할 수도 있고 약간 다를 수도 있습니다. 달라도 틀렸다고 생각하지 말고, 다른 답과 비교하며 수정 · 보완해 보세요.

▶ 이 책의 문제와 관련된 질문은 네이버에 있는 **《수학의 발견》** 카페 게시판에 올려 주세요.

이 책을 사용하는 선생님에게

1

2015 개정 교육과정에 맞춘 《수학의 발견》

《수학의 발견》은 2015 개정 교육과정이 요구하는 수학 교과 지식 체계 편성에 맞추어 구성하였습니다. 따라서 이 책으로만 수업해도 전혀 문제가 안 됩니다. 물론 학교에서 쓰는 수학 교과서와 함께 쓸 수도 있습니다. 선생님의 재량을 펼칠 수 있을 때는 이 책을 주로 활용하면서 기존 교과서를 보조 자료로 쓰고, 그렇지 않다면 꼭 필요한 부분만 뽑아 대안 교재로 활용할 수도 있습니다.

2

학생 참여 중심 수업을 위한 워크북과 꽉 찬 해설서

일반적인 교과서나 문제집을 생각하면 《수학의 발견》은 불편한 구조입니다. 학생 스스로 개념과 원리, 문제를 푸는 길을 발견하고 찾아내도록 유도하는 워크북 형태로 구성했기 때문입니다. 따라서 《수학의 발견》은 모둠별 수업 등 학생 참여 중심 수업을 적극적으로 도입해야 그 효과가 커집니다. 보다 상세한 설명이 필요하다면 해설서를 활용하면 됩니다.

3

우열을 가리지 않아도 되는 모둠 토론

모둠을 구성할 때, 수학 성적에 따라 학생들을 수준별로 편성하지 않고 뒤섞는 것이 좋습니다. 《수학의 발견》으로 수업할 경우, 수학 지식이 부족한 학생들도 자기 생각을 표현하고 창의적인 아이디어를 내며 얼마든지 모둠에 기여할 수 있습니다.

▶ 이 책으로 수업을 하는 선생님을 위해 네이버에 **《수학의 발견》** 카페를 준비했습니다.

STAGE 7

세상을 확대해 보자

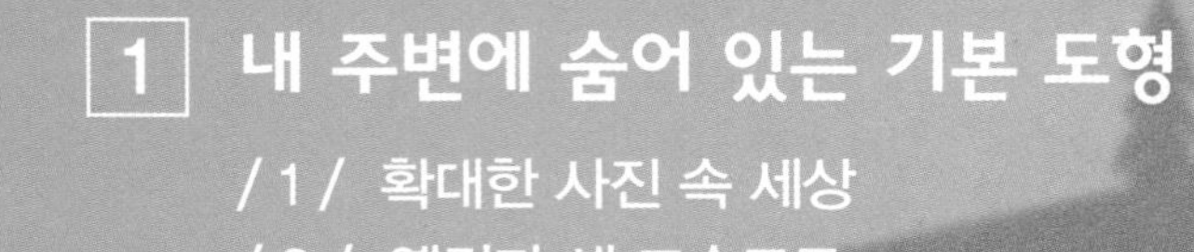

The Worldscope
아이템
퀘스트용
모든 직업
그레이 줄라드의 오랜 연구 동료였던 말린 호의 페름 브리스는 라사에 있는 그레이로부터 급한 전갈을 받았다. 그가 샴발라 석판의 비밀을 알아냈으니 페름의 연구 도구 중 하나인 'The Worldscope'를 가지고 자신이 있는 라사를 찾아달라는 부탁이었다. 페름은 난감했지만 그레이의 다급한 요청을 뿌리칠 수 없었다.
item inventory

1 내 주변에 숨어 있는 기본 도형

별과 별을 연결하면 근사한 별자리가 보입니다. 별자리에서 별은 점으로 표시하고 그 점들을 이은 것은 선으로 표현할 수 있습니다. 이렇게 완성된 별자리에서는 점과 선 이외에 다양한 각들도 찾아볼 수 있습니다.

우리는 주변 사물을 그릴 때 보통 점, 선, 면, 각과 같은 도형으로 나타내고 그 안에서 다양한 위치 관계도 찾아낼 수 있습니다.

이 단원을 통해 도형을 이루는 요소를 생각하고 우리 주변에 숨겨진 기본 도형을 발견해 보세요.

/ 1 / 확대한 사진 속 세상

개념과 원리 탐구하기 1

다음은 조르주 쇠라의 작품 '그랑드 자트 섬의 일요일 오후'의 일부를 확대하여 나타낸 것입니다. 다음을 함께 탐구해 보자.

1 확대한 사진에서 발견할 수 있는 특징을 점, 선, 면을 중심으로 자유롭게 말해 보자.

2 **1** 에서 발견한 사실을 바탕으로 점, 선, 면의 관계를 생각해 보자.

개념과 원리 탐구하기 2

다음은 조선 초기 한양도성 안 주요 시설 위치에 대한 설명입니다.

> 한양도성은 유교의 치국 이념과 풍수지리설을 바탕으로 하여 건설되었습니다. 도성 주위로는 좌청룡, 우백호, 전주작, 후현무에 해당하는 낙산, 인왕산, 남산, 백악이 둘러싸고 있고, 도성 안에는 궁궐, 종묘 등이 자리잡았습니다.

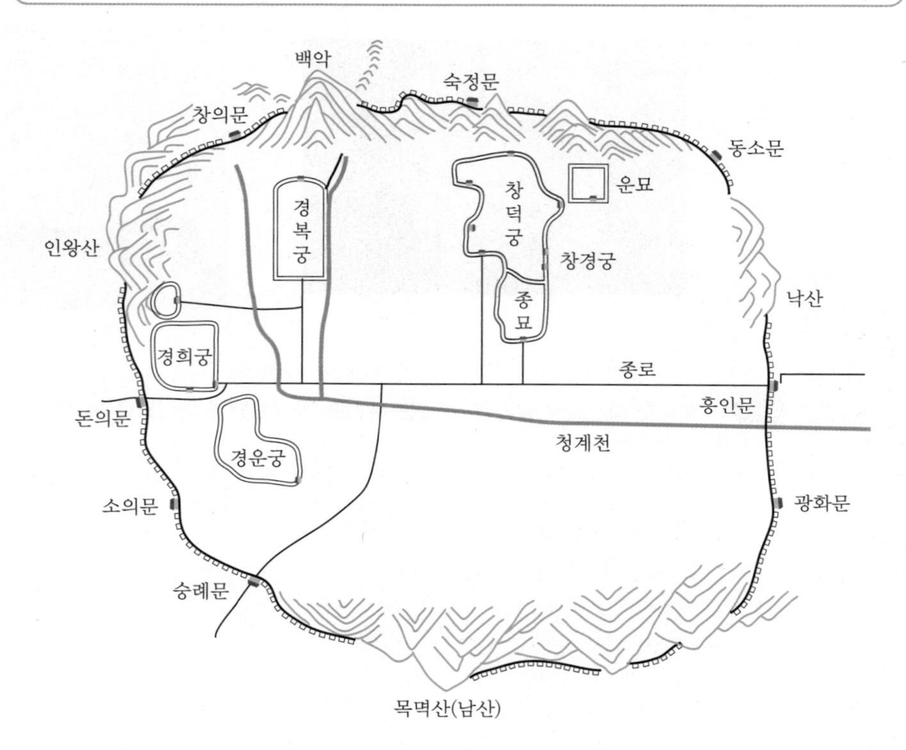

1 점은 ㄱ, ㄴ, ㄷ, … 대신 알파벳 대문자 A, B, C, … 를, 선은 알파벳 소문자 l, m, n, … 을, 면은 알파벳 대문자 P, Q, R, … 를 사용합니다. 위의 지도에서 점, 선, 면에 해당하는 부분을 각각 2가지씩 찾아서 알파벳을 사용하여 표시해 보자.

2 선과 선, 선과 면이 만나서 생기는 점을 **교점**이라고 합니다. 위의 지도에 교점을 찍어 보자.

개념과 원리 탐구하기 3

두 점 A, B를 지나는 직선을 직선 AB, 직선 AB 위의 점 A에서 점 B 방향으로 뻗은 부분을 반직선 AB, 직선 AB 위의 점 A에서 점 B까지의 부분을 선분 AB라 하고 기호로 다음과 같이 나타냅니다.

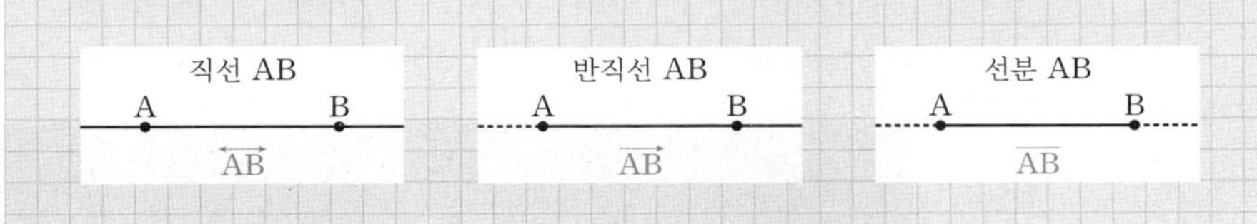

1 **다음을 함께 탐구해 보자.**

(1) 사진 속의 빨간 색선을 기호로 나타내 보자.

사진			
기호			

(2) 선분, 반직선, 직선 사이의 공통점과 차이점을 설명해 보자.

공통점	차이점

2 **다음 그림과 같이 직선 l 위에 세 점 A, B, C가 있을 때, 빈칸을 채워 보자.**

	기호로 나타내기	다른 표현으로 나타내기
(1) 직선 AB		
(2) 반직선 AB		
(3) 반직선 CA		
(4) 선분 AB		

/ 2 / 옛길과 새 고속도로

개념과 원리 탐구하기 4

다음은 강원도 고성군과 인제군을 연결하는 미시령 부근의 지도입니다. 지도에서 구불구불한 길은 A지점에서 B지점까지 가는 옛길입니다.

1 **위의 지도에 A지점에서 B지점까지 새로 터널을 뚫으려고 합니다. 어떻게 뚫으면 좋을지 지도 위에 그리고 그 이유를 적어 보자.**

2 **다음을 함께 탐구해 보자.**

(1) 수학자들은 두 점 A, B를 잇는 많은 선 중 길이가 가장 짧은 선분 AB의 길이를 **두 점 A와 B 사이의 거리**로 정했습니다. 왜 두 점 사이의 거리를 그렇게 정했을지 이유를 생각하고 적어 보자.

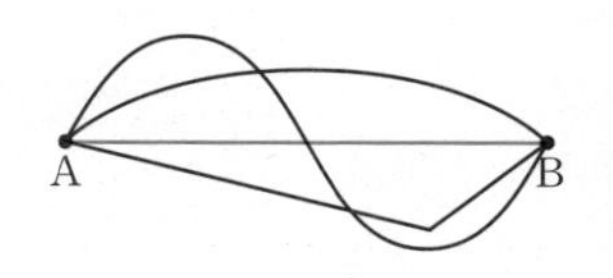

(2) 오른쪽 그림과 같이 모든 꼭짓점이 원 위에 있는 십이각형의 둘레와 원의 둘레 중 어느 것이 그 길이가 더 긴 지 판단하고, 그렇게 생각한 이유를 설명해 보자.

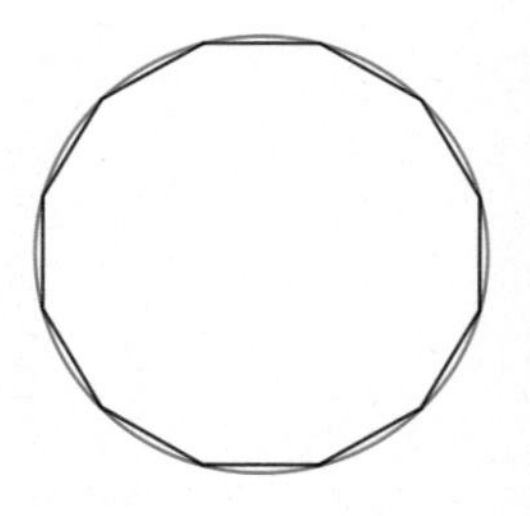

개념과 원리 탐구하기 5

그림과 같이 점과 직선의 위치 관계는 점 A와 같이 직선 위에 있을 때와 점 B와 같이 직선 위에 있지 않을 때의 두 가지 경우가 있습니다.

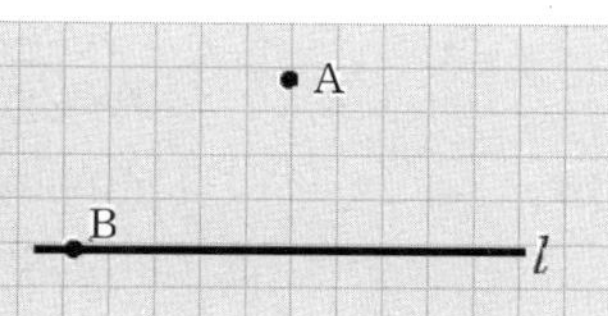

1 **탐구하기 4에서 미시령 터널을 뚫을 때, 비용을 고려하여 환풍구를 한 개만 만들려고 합니다. 어디에 환풍구를 만들면 좋을지 지도 위에 표시하고 그 이유를 적어 보자.**

2 **다음 조건에 맞도록 점 M과 점 N을 선분 AB 위에 찍고, 그림에 기호로 나타내 보자.**

(1) $\overline{AM}=\frac{1}{2}\overline{AB}$

A B

(2) $\overline{AB}=3\overline{MB}$

A B

(3) $2\overline{AM}=\overline{AB}$, $\overline{MN}=\frac{1}{2}\overline{MB}$

A B

(4) $\overline{AN}=2\overline{NB}$, $\overline{AM}=3\overline{MN}$

A B

오른쪽 그림과 같이 선분 AB 위의 점 M에 대하여

$$\overline{AM}=\overline{MB}$$

일 때, 점 M을 선분 AB의 **중점**이라고 합니다.

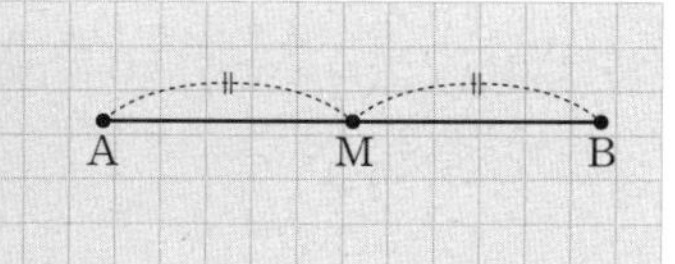

개념과 원리 탐구하기 6

두 직선이 서로 수직으로 만나면 한 직선을 다른 직선의 수선이라고 합니다. 이때 두 직선은 서로 **직교**한다고 하고, 기호로는 다음과 같이 나타냅니다.

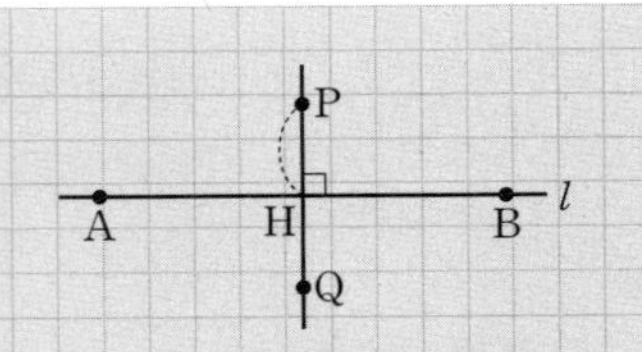

$\overleftrightarrow{AB} \perp \overleftrightarrow{PQ}$

직선 l 위에 있지 않은 점 P에서 직선 l에 수선을 그어 생기는 교점 H를 **수선의 발**이라고 합니다. 이때 선분 PH의 길이를 점 P와 직선 l 사이의 거리라고 합니다.

1 **아래 그림은 미시령 근처에 있는 어떤 산의 단면을 모눈종이에 표시한 것입니다. 그림에 표시된 점과 직선, 선분들에 대하여 다음 주어진 용어나 기호를 사용하여 설명해 보자.**

수선, 중점, 직교, ⊥, 수선의 발, 점과 직선 사이의 거리

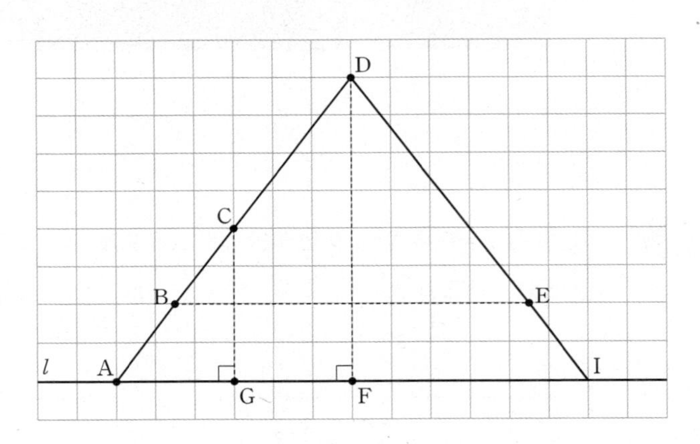

2 다음을 함께 탐구해 보자.

(1) 터널 붕괴 사고가 발생했습니다. 안에 갇힌 사람들의 위치는 점 P입니다. 산 표면에서 점 P까지 직선으로 구조용 터널을 뚫을 계획이라고 합니다. 사람들을 빨리 구조하기 위해 구조용 터널을 뚫어야 할 산 표면 위의 지점 H를 표시하고 그 이유를 설명해 보자.

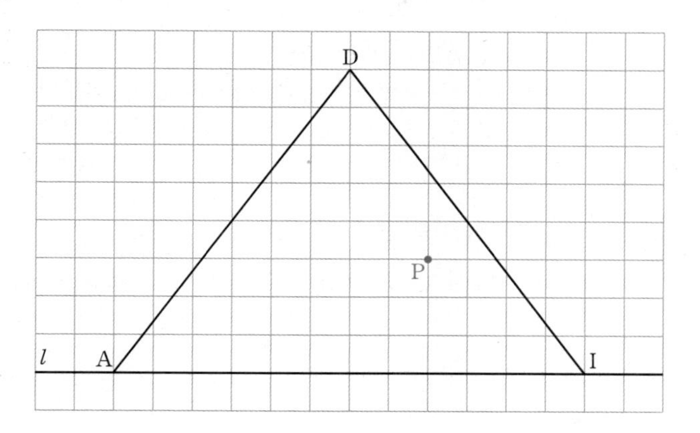

(2) 점과 직선 사이의 거리를 '점과 수선의 발 사이의 거리'로 정한 이유를 생각하여 발표해 보자.

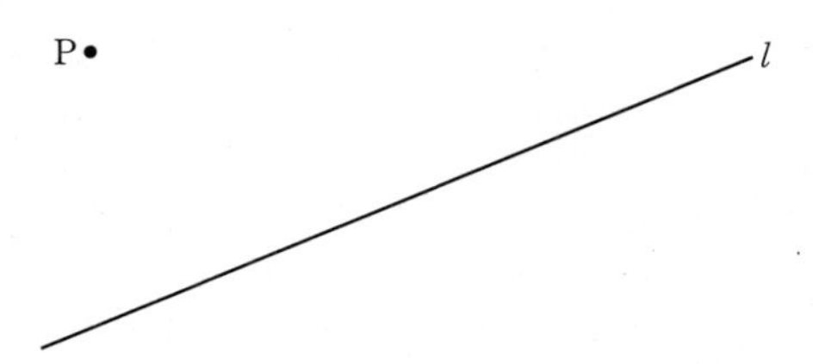

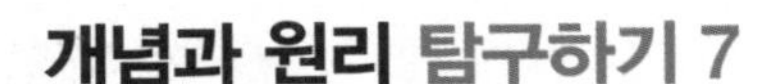

개념과 원리 탐구하기 7

직선 l이 선분 AB의 중점 M을 지나고 선분 AB에 수직일 때, 즉

$$l \perp \overline{AB}, \quad \overline{AM} = \overline{MB}$$

일 때, 직선 l을 선분 AB의 **수직이등분선**이라고 합니다.

l

A M B

1 **다음을 함께 탐구해 보자.**

(1) 직선 AB의 수선을 그려 보자.

(2) 선분 AB의 수직이등분선을 그려 보자.

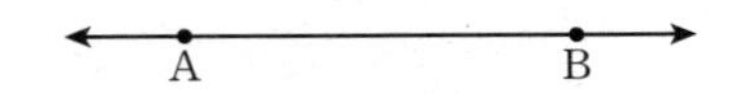

2 **1 의 (1)과 (2)의 활동을 하면서 모둠 친구들에게 다음 질문에 대하여 답해 보자.**

(1) 수선과 수직이등분선은 같은 거니?

(2) 어떤 직선에 대해 수선은 한 개 뿐일까?

/ 3 / 마을의 약도

준비물 : 각도기

개념과 원리 탐구하기 8

두 반직선 OA와 OB로 이루어진 도형을 **각 AOB**라 하고, 이것을 기호로

$\angle$**AOB** 또는 $\angle$**BOA**

와 같이 나타냅니다. 또, 간단히 $\angle$O 또는 $\angle a$와 같이 나타내기도 합니다.

(각의 변, 각의 크기, 각의 꼭짓점, 각의 변)

한편 $\angle$AOB에서 꼭짓점 O를 중심으로 반직선 OA가 반직선 OB까지 회전한 양을 $\angle$AOB의 크기라고 합니다. 예를 들어 $\angle$AOB의 크기가 50°이면 $\angle AOB=50^\circ$라고 나타냅니다.

$\angle$COD의 두 변 OC, OD가 한 직선을 이룰 때, 이 각을 **평각**이라고 합니다.

1 다음 주어진 각의 크기를 예각, 직각, 둔각, 평각인지 쓰고, 각의 크기의 범위를 부등호 또는 등호를 사용하여 나타내 보자.

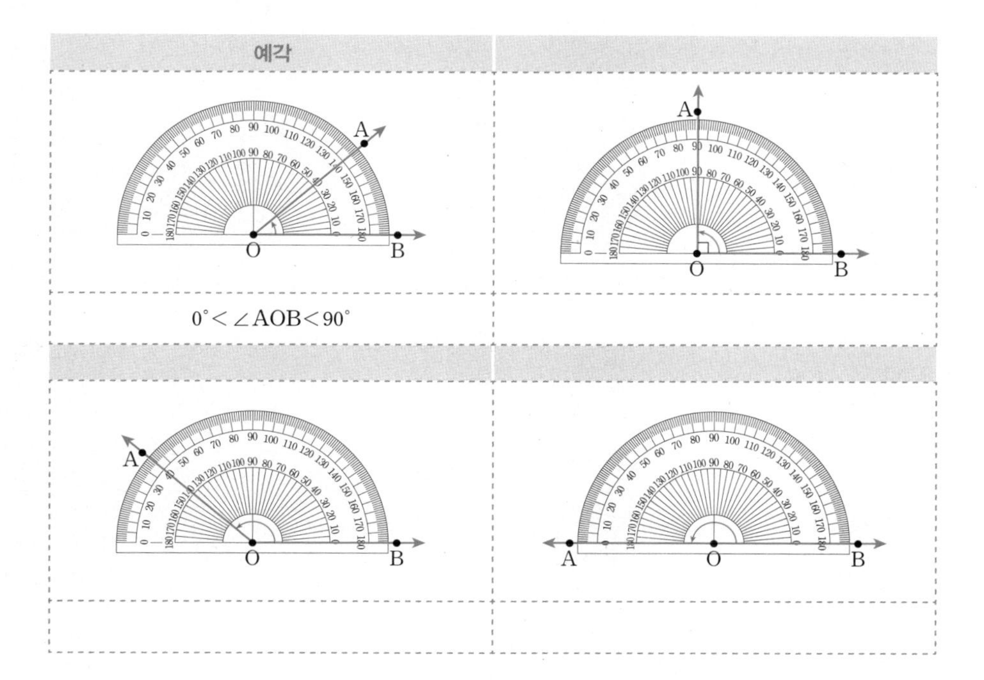

개념과 원리 탐구하기 9

두 직선이 한 점에서 만날 때 생기는 네 개의 각 $\angle a$, $\angle b$, $\angle c$, $\angle d$를 두 직선의 **교각**이라 하고, 특히 $\angle a$와 $\angle c$, $\angle b$와 $\angle d$와 같이 서로 마주보는 각을 각각 **맞꼭지각**이라고 합니다.

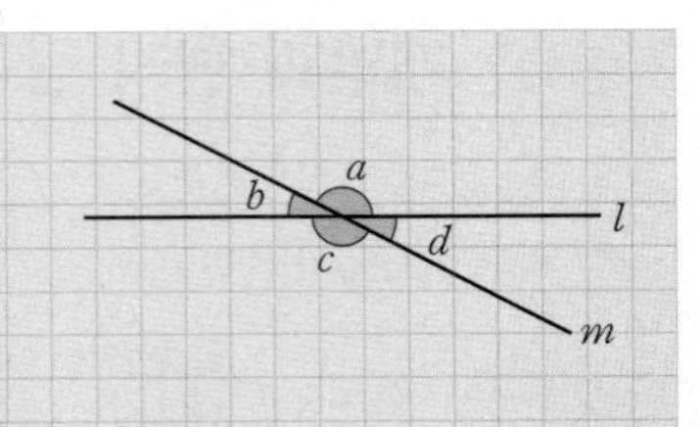

1 **다음을 함께 탐구해 보자.**

(1) 아래 그림에서 발견할 수 있는 성질을 있는 대로 찾아보자.

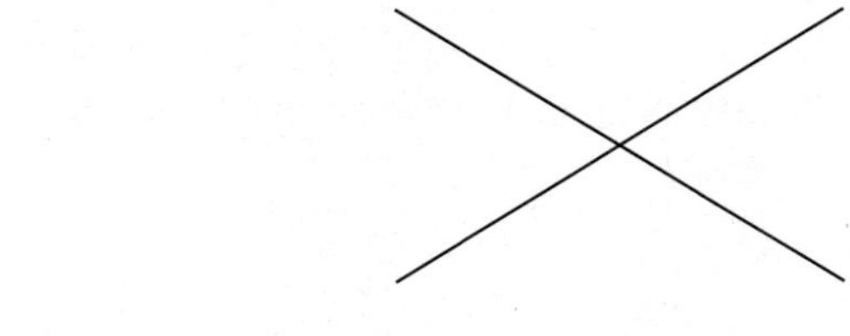

(2) (1)번에서 찾은 성질이 옳다고 생각한 이유를 설명해 보자.

2 다음 그림에서 $\angle AOB = \angle COD$일 때, $\angle AOB$와 $\angle COD$가 서로 맞꼭지각인지 아닌지를 판단하고, 그렇게 판단한 이유를 설명해 보자.

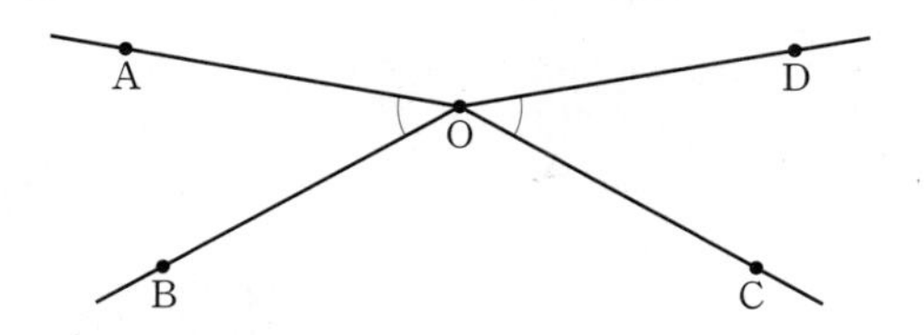

• 나의 판단:

• 판단한 이유:

개념과 원리 탐구하기 10

1 **다음은 수돌이네 마을의 약도입니다.**

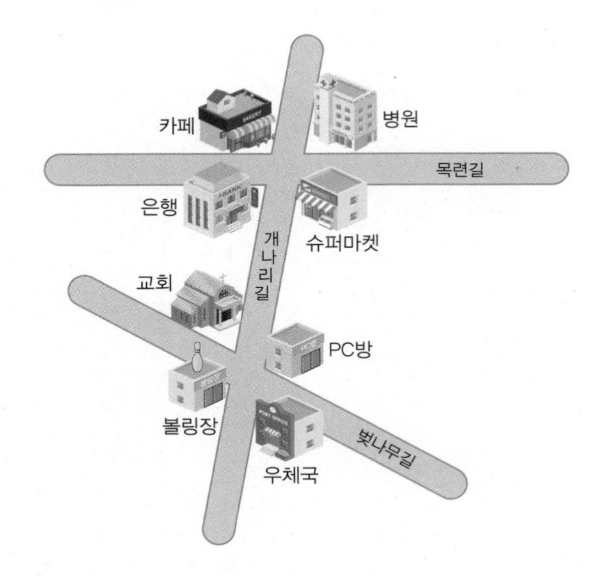

(1) 약도에서 건물들을 위치에 따라 분류하고 어떤 기준에 따라 건물들의 위치를 분류했는지 써보자.

(2) 카페와 교회가 같은 위치에 있다고 할 때, 같은 위치의 건물들을 모두 찾아보자.

(3) 은행과 PC방이 엇갈린 위치에 있다고 할 때, 엇갈린 위치의 건물들을 모두 찾아보자.

오른쪽 그림과 같이 평면 위에서 두 직선 l, m이 다른 한 직선 n과 만날 때 생기는 각 중에서

$\angle a$와 $\angle e$, $\angle b$와 $\angle f$

$\angle c$와 $\angle g$, $\angle d$와 $\angle h$

를 각각 서로 **동위각**이라고 합니다.

또 $\angle b$와 $\angle h$, $\angle c$와 $\angle e$를 각각 서로 **엇각**이라고 합니다.

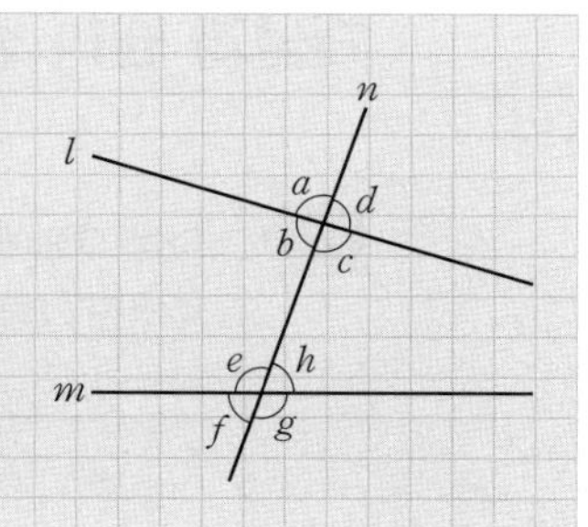

2 **다음을 함께 탐구해 보자.**

(1) 오른쪽 그림 위에 동위각끼리 같은 색으로 표시해 보자.

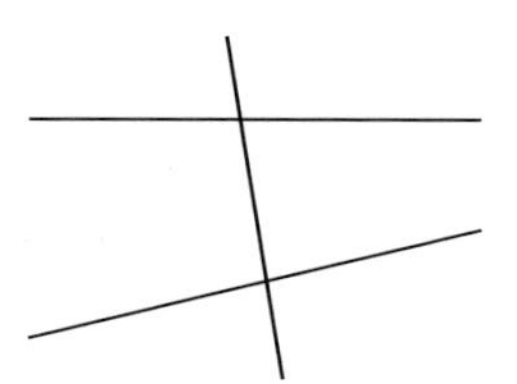

(2) 오른쪽 그림 위에 엇각끼리 같은 색으로 표시해 보자.

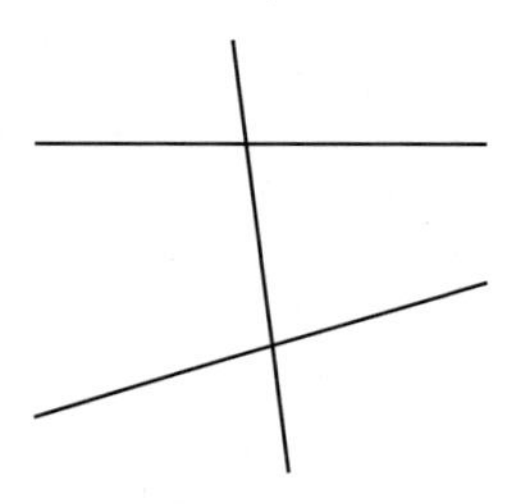

(3) 맞꼭지각, 동위각, 엇각이라는 용어를 사용하여 다음 그림을 설명하는 문장을 3가지 이상 만들어 보자.

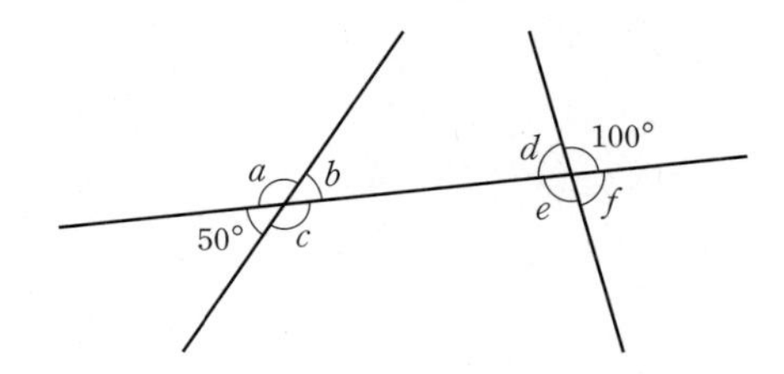

개념과 원리 탐구하기 11

▌준비물 : 각도기, 자

1 다음 그림에서 (가)의 두 직선은 서로 평행하고, (나)는 어느 두 직선도 서로 평행하지 않습니다. 주어진 그림에 있는 각들을 관찰하고 알 수 있는 성질들을 정리해 보자.

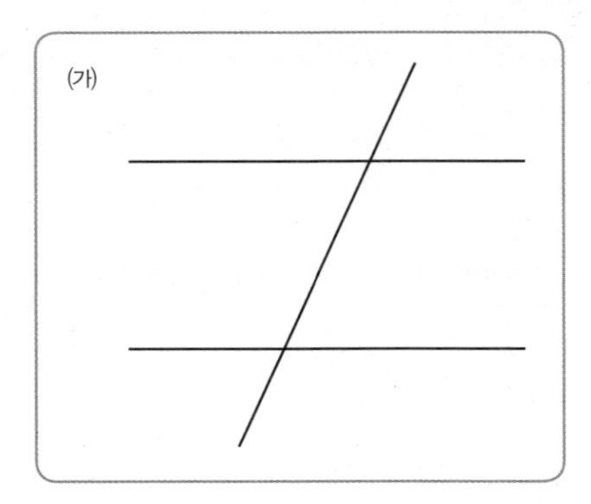

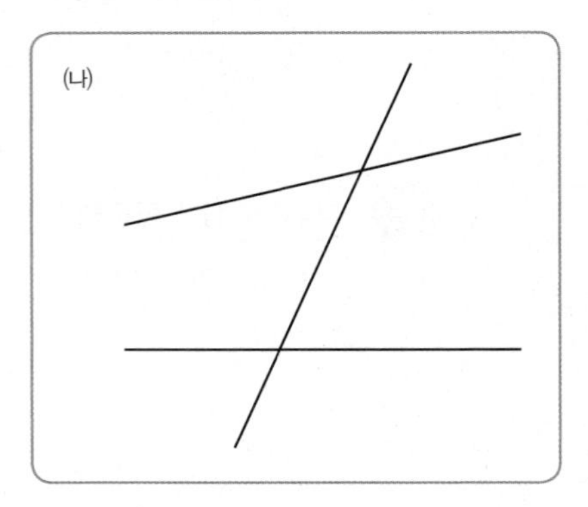

한 평면 위에 있는 두 직선 l, m이 만나지 않을 때 두 직선 l, m은 평행하다 하고, 이것을 기호로 다음과 같이 나타냅니다.

$$l \parallel m$$

2 다음 그림에서 서로 평행한 직선을 골라 기호로 나타내고, 그렇게 생각한 이유를 설명해 보자.

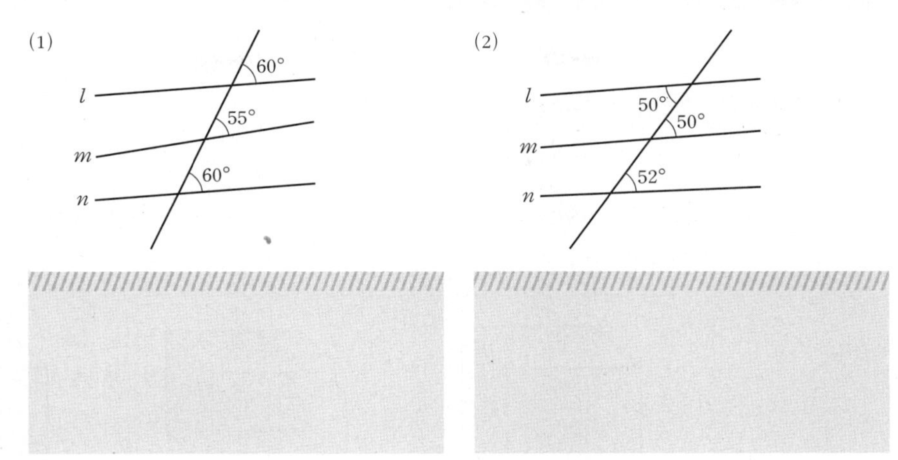

3 지하철, KTX, 새마을호, 무궁화호 등 기차는 우리의 교통수단으로 매우 중요한 역할을 하고 있습니다. 도로에서 자동차가 아무리 빠르게 달려도 시속 150 km를 넘기기가 쉽지 않지만 KTX의 경우 시속 300 km 이상이 될 때도 있습니다. 이처럼 기차는 매우 빠른 속도로 운행되기 때문에 안전 점검을 철저히 해야 합니다. 특히 기차가 달리는 철로의 안전 상태는 매우 중요하고 특히 철로가 평행하게 유지되어야 하는 것은 매우 중요합니다. 그렇다면 철로가 평행한지를 어떻게 점검할 수 있을지 친구들과 토론하고, 방법을 정리해 보자.

/ 4 / 공간 속의 직선과 평면

개념과 원리 탐구하기 12

1 다음은 직육면체에 두 개의 직선을 그린 그림입니다. 기준을 만들어 두 직선의 위치 관계를 분류해 보자.

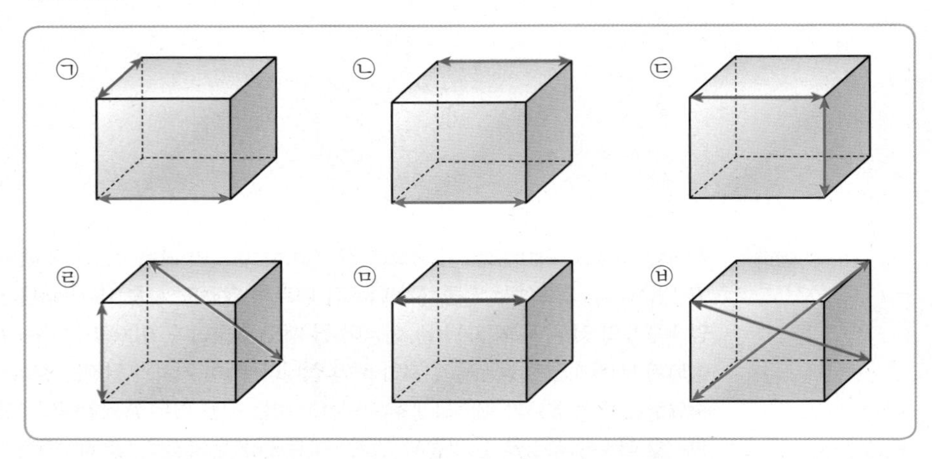

2 **다음은 각 면이 모두 합동인 정삼각형으로 이루어진 입체도형에 두 개의 직선을 그린 그림입니다.**

(1) 1 에서 만든 기준에 따라 두 직선의 위치 관계를 분류해 보자.

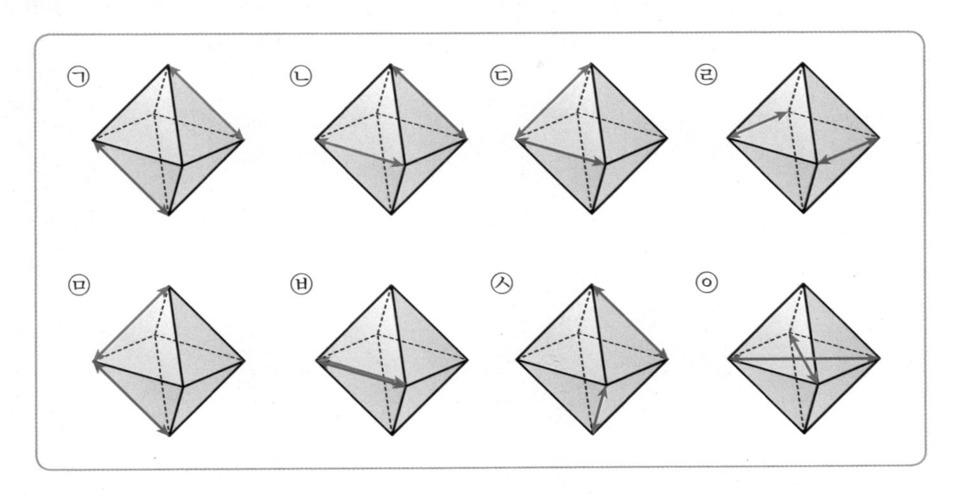

서로 만나지도 않고 평행하지도 않은 두 직선을 **꼬인 위치**에 있다고 합니다.
꼬인 위치에 있는 두 직선은 한 평면 위에 있지 않습니다.

(2) (1)의 그림에서 두 직선이 꼬인 위치에 있는 경우를 고르고, 그 이유를 설명해 보자.

개념과 원리 탐구하기 13

▌준비물 : 플라스틱 막대(또는 긴 빨대)와 두꺼운 종이

1 종이와 막대를 사용하여 직선과 평면의 다양한 위치 관계에 대해 관찰하고 그림으로 나타내 보자. 그리고 모둠별로 직선과 평면의 위치 관계를 분류해 보자.

2 직선이 평면과 만나서 생기는 교점은 모두 몇 개일까요? 그림으로 설명해 보자.

개념과 원리 탐구하기 14

▌준비물 : 두꺼운 종이 2장

1 두꺼운 종이 2장을 사용하여 두 평면의 다양한 위치 관계에 대해 관찰해 보자. 그리고 모둠별로 두 평면의 위치 관계를 분류해 보자.

2 오른쪽 그림을 보고 재현이는 두 평면이 한 점에서 만난다고 주장했습니다. 이 의견에 대한 자신의 생각을 설명해 보자.

3 면과 면이 만나서 생긴 선을 **교선**이라고 합니다. 두 평면이 만났을 때, 생기는 교선의 개수는 몇 개일까요? 그림으로 설명해 보자.

탐구 되돌아보기

1 다음 그림에서 점 M은 선분 AB의 중점이고, 점 N은 선분 MB의 중점입니다. □ 안에 알맞은 수를 써넣어 보자.

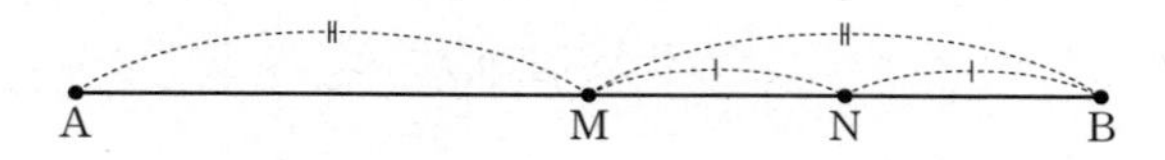

(1) $\overline{AM}=\square\overline{MN}$

(2) $\overline{MN}=\square\overline{AB}$

(3) $\overline{AB}=16$ cm일 때, $\overline{NB}=\square$ cm

(4) 위의 그림에서 추가로 알 수 있는 선분의 길이 사이의 관계를 3개 이상 찾아 써보자.

2 다음 주어진 시각에 맞는 시침과 분침을 시계에 그리고 두 바늘이 이루는 각을 평각, 직각, 예각, 둔각으로 구분해 보자.

(1) 2시

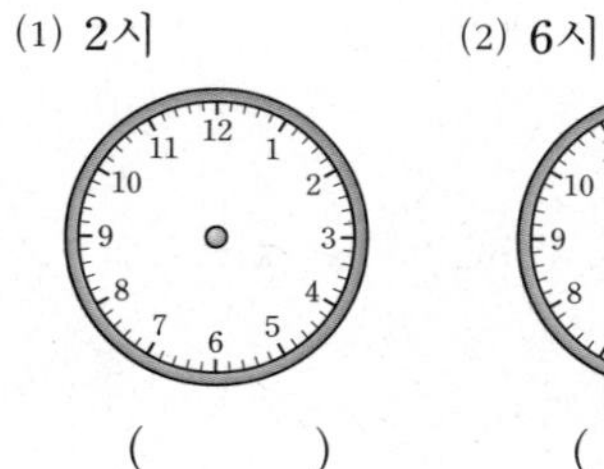

( )

(2) 6시

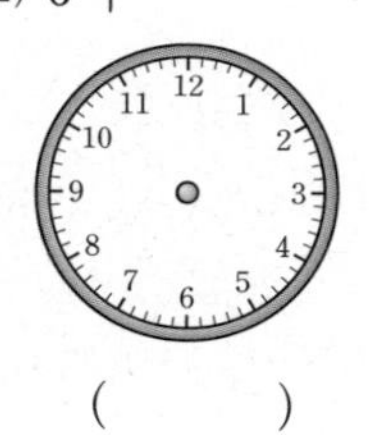

( )

(3) 8시

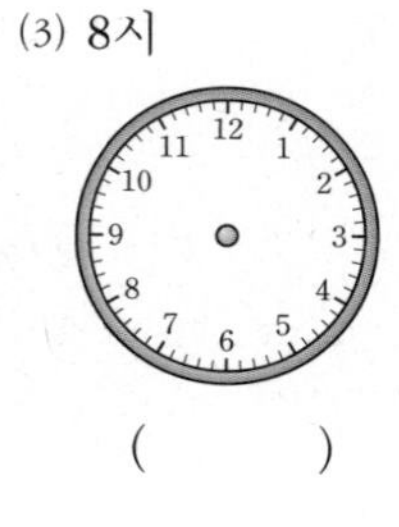

( )

(4) 9시

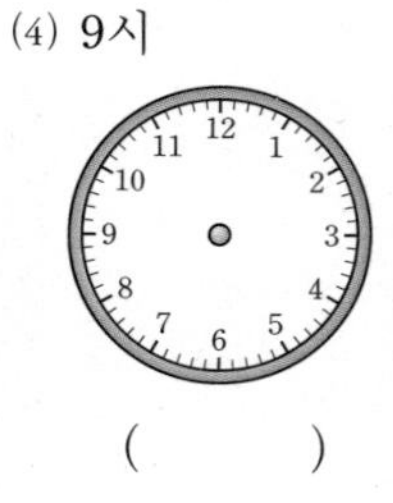

( )

3 다음을 함께 탐구해 보자.

(1) 서로 다른 두 직선 l, m이 그림과 같이 한 점에서 만날 때, $\angle a$의 크기를 구하고, 그 이유를 설명해 보자.

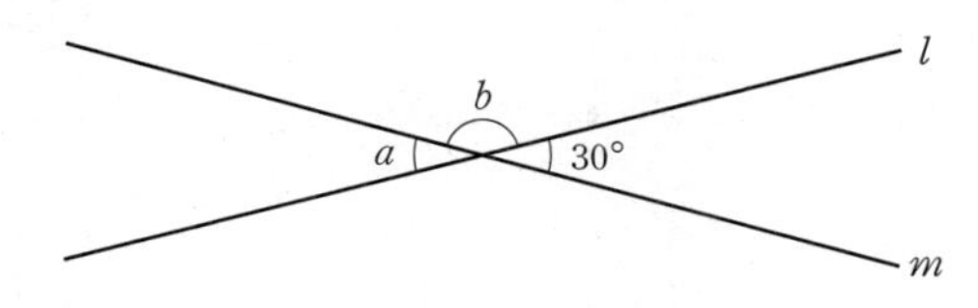

(2) 채희는 맞꼭지각의 크기가 항상 같은지를 물었다. 채희의 질문에 답해 보자.

4 잠망경은 내부에서 안쪽의 모습을 노출하지 않고 바깥을 정찰하는데 사용되는 관측 장비로 잠수함 등에서 주로 사용됩니다. 잠망경의 원리는 그림과 같이 위쪽 거울에 비친 물체의 모습을 아래쪽 거울을 통해 보게 되는 것입니다.

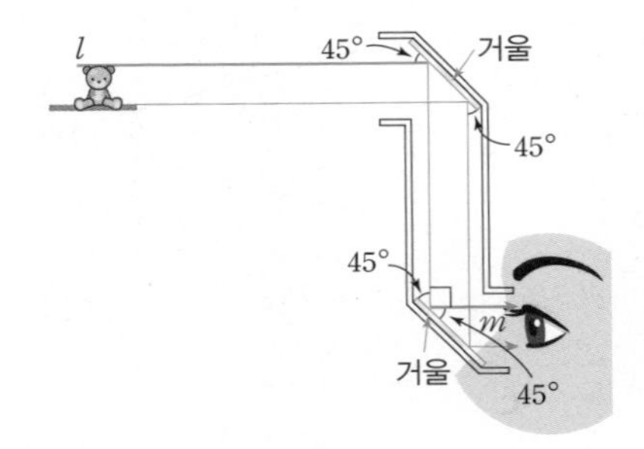

(1) 두 거울이 서로 평행임을 설명해 보자.

(2) 두 직선 l, m이 서로 평행임을 설명해 보자.

5 두 밑면이 사다리꼴인 사각기둥에 대하여 모서리 AB와 꼬인 위치에 있는 모서리를 모두 구해 보자.

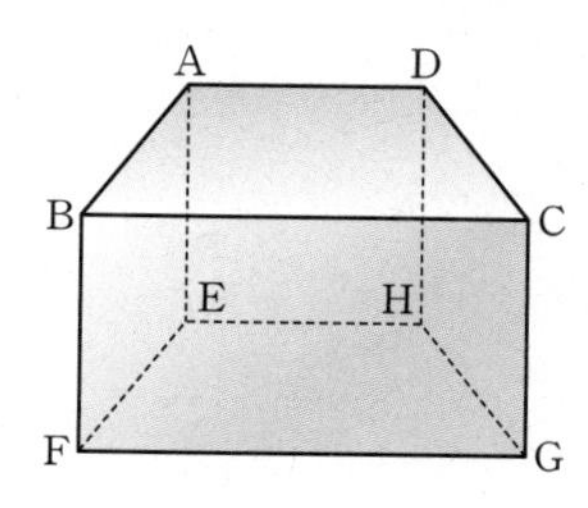

6 다음 그림에서 두 비행기가 서로 충돌하지 않은 이유를 설명해 보자.

7 다음 질문에 ○ 또는 ×로 답하고, 그렇게 생각한 이유를 그림으로 설명해 보자.

(1) 직선이 평면에 포함될 수 있다.

(2) 직선이 평면과 만나지 않을 수 있다.

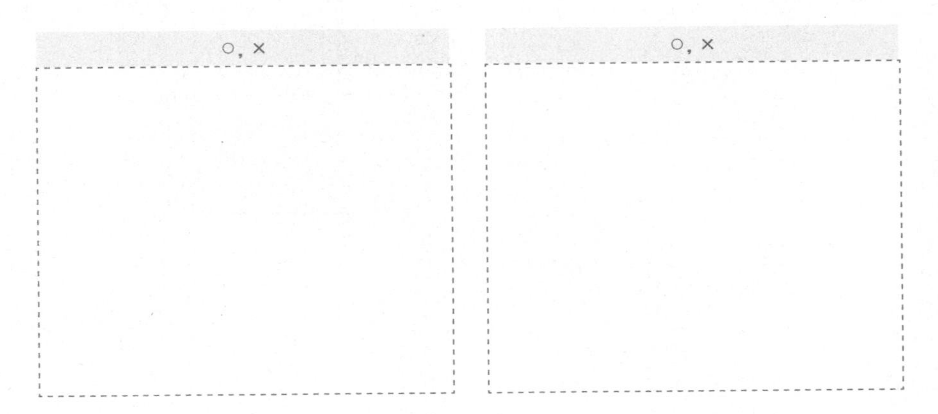

(3) 두 평면이 한 점에서 만날 수 있다.

(4) 두 평면이 만나지 않을 수 있다.

8 다음 그림은 나무에 박힌 못을 여러 각도에서 본 모습입니다. 이 못은 나무에 수직으로 박혀있다고 할 수 있는지에 대하여 설명해 보자.

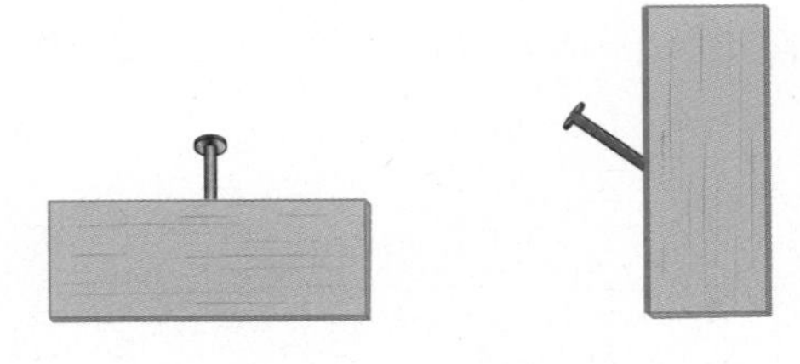

내가 만드는 수학 이야기

9 우리 주변에서 이번 단원에서 배운 내용들을 찾아보자. 다음 사진들은 평행하지도 않고, 만나지도 않는 꼬인 위치를 찾아본 것입니다. 어떤 이야기가 떠오르나요? 이와 같이 관심있는 내용을 찾아 다음 용어 중 몇 개를 포함하여 이야기를 만들어 보자.

용어

교점, 교선, 두 점 사이의 거리, 중점, 수직이등분선, 꼬인 위치, 교각, 맞꼭지각, 엇각, 동위각, 평각, 직교, 수선의 발, $\overline{AB}$, $\overrightarrow{AB}$, $\overleftrightarrow{AB}$, $/\!/$

제 목

개념과 원리 연결하기

1 직선과 평면, 평면과 평면은 언제 꼬인 위치가 되는지 설명해 보자.

나의 첫 생각

다른 친구들의 생각

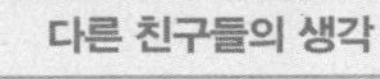

정리된 나의 생각

2 맞꼭지각에 대하여 정리해 보자.

(1) 이 단원에서 알게 된 맞꼭지각의 뜻, 성질, 법칙 등을 모두 정리해 보자.

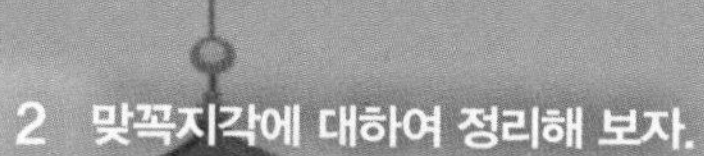

(2) 맞꼭지각과 연결된 개념을 복습해 보자. 그리고 제시된 개념과 맞꼭지각 사이의 연결성을 찾아 모둠에서 함께 정리해 보자.

맞꼭지각과 연결된 개념	각 개념의 뜻과 맞꼭지각의 연결성
• 평각 • A=B이고 B=C이면 A=C • 등식의 성질	

수학 학습원리 완성하기

수영이는 30쪽 1 탐구하기 13 1 을 해결하기 위한 자신의 사고 과정을 다음과 같은 방법으로 설명했습니다.

내가 선택한 문제

1 종이와 막대를 사용하여 직선과 평면의 다양한 위치 관계에 대해 관찰하고 그림으로 나타내 보자. 그리고 모둠별로 직선과 평면의 위치 관계를 분류해 보자.

수영이의 깨달음

두 직선 사이의 위치 관계는 한 점에서 만나거나 평행, 일치, 그리고 꼬인 위치 관계 이렇게 네 가지로 분류할 수 있습니다. 이를 바탕으로 직선과 평면 사이의 위치 관계를 분류하고자 하였습니다. 수돌이는 오른쪽 그림과 같은 경우에 대해 처음에는 직선과 평면이 평행한 경우라고 생각하였습니다. 그런데 직선은 양쪽 방향으로 무한히 뻗어나가지만 평면은 위, 아래, 오른쪽, 왼쪽 등 360도 모든 방향으로 뻗어나갈 수 있습니다. 주어진 그림에서 평면은 직사각형처럼 보이지만 위, 아래, 좌우로 확장이 가능하므로 직선이 평면에 포함된다는 것을 알게 되었습니다.

이러한 과정을 통해 구체적인 그림이나 현상 속에 들어 있는 추상적인 이미지에 대해 원래의 뜻에 따라 논리적으로 사고해야 한다는 것을 알았습니다. 또한 수학을 통해 이러한 사고 과정이 발전될 수 있다는 것을 알고 수학의 힘을 느낄 수 있었습니다.

수학 학습원리

학습원리 2. 관찰하는 습관을 통해 규칙성 찾아 표현하기

1 수영이의 설명에서 다른 수학 학습원리를 발견할 수 있는지 찾아보자.

2 수영이가 한 것처럼 이 단원의 다른 탐구 과제를 선택하여 해결하는 사고 과정을 설명하고 사용한 수학 학습 원리를 찾아보자.

내가 선택한 탐구 과제

나의 깨달음

수학 학습원리

수학 학습원리

1. 끈기 있는 태도와 자신감 기르기
2. 관찰하는 습관을 통해 규칙성 찾아 표현하기
3. 수학적 추론을 통해 자신의 생각 설명하기
4. 수학적 의사소통 능력 기르기
5. 여러 가지 수학 개념 연결하기

STAGE 8

쌍둥이 삼각형을 찾아보자

1 합동인 삼각형

item
inventory
Compass Ruler
아이템
퀘스트용
판매 불가
X
Y
그레이와 페름은 지저산 아래에서 페름에게 전해 받은 'The Worldscope'의 사용처를 그 자리에서 확인시켜 주었다. 자와 컴퍼스를 꺼내든 그는 석판 X와 Y를 서로 맞대 석판이 삼각형을 이루게 했다.
곧 태양과 석판, 지저산의 가장 높은 봉우리가 일직선으로 일치하도록 각도를 맞추었더니 놀라운 일이 일어났다.

1 합동인 삼각형

두 개의 삼각형이 똑같다는 것을 어떻게 알 수 있을까요? 포개어 보는 방법도 있지만 삼각형이 너무 커서 포갤 수 없다면 어떻게 해야 할까요? 눈금 없는 자와 컴퍼스만으로 크기가 같은 각을 그리려면 어떻게 해야 할까요? 누군가 알려주는 방법을 따라 하기보다 스스로 해 보는 것이 어떨까요? 고대 그리스 사람들은 직선과 원이 가장 기본적이고 완전한 도형이라고 생각했습니다. 이 단원에서는 직선과 원을 그릴 수 있는 두 가지 도구를 이용하여 두 삼각형이 똑같은지 알아보는 방법을 탐구합니다. 그리고 깨진 조각을 원래 삼각형 모양으로 복원하는 문제에 도전합니다. 또한 쌍둥이 삼각형을 만드는 나만의 방법을 발견해 보세요.

/ 1 / 합동인 삼각형

개념과 원리 탐구하기 1

▮ 준비물 : 자, 컴퍼스, 각도기

모양과 크기가 같아서 포개었을 때 완전히 겹쳐지는 도형을 합동이라 합니다. 주어진 삼각형과 합동인 삼각형을 그리는 방법을 탐구해 보자.

1 태윤이의 방법을 추측해보고, 태윤이의 방법대로 삼각형 ABC와 합동인 삼각형을 그려보자.

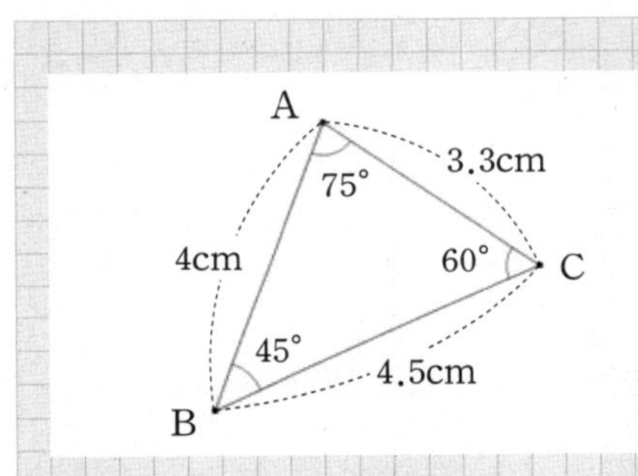

도윤: 이 책에 있는 삼각형과 모양과 크기가 같은 삼각형을 내 노트에 그려야 하는데. 어떻게 하지?
태윤: 그래? 나는 자와 컴퍼스로 합동인 삼각형을 그릴 수 있어.
승주: 어! 난 자와 각도기로 그릴 수 있다고 생각했어.

2 승주의 방법을 추측해보고, 승주의 방법대로 삼각형 ABC와 합동인 삼각형을 그려보자.

3 삼각형 ABC와 합동인 삼각형을 그리는 방법을 정리해 보자.

개념과 원리 탐구하기 2

다음 [보기]에 주어진 길이로 막대를 잘랐을 때 삼각형 모양을 만들 수 있는 것에는 ○표, 만들 수 없는 것에는 ×표를 하고 다음을 탐구해 보자.

[보기]

ㄱ. 3 cm, 4 cm, 3 cm
ㄴ. 3 cm, 3 cm, 6 cm
ㄷ. 4 cm, 7 cm, 8 cm
ㄹ. 4 cm, 5 cm, 10 cm

1 주어진 막대들 중 삼각형이 만들어지지 않는 경우에 대해 이유를 설명해 보자.

2 세 개의 막대로 삼각형을 만들 수 있으려면 어떤 조건을 만족해야 하는지 설명해 보자.

3 ○표한 경우 삼각형의 모양은 몇 가지가 나오는지 만들어 보자.

개념과 원리 탐구하기 3

▌준비물 : 자, 각도기

다음 그림은 깨진 접시의 조각입니다. 접시의 원래 모양은 삼각형으로 추정됩니다.

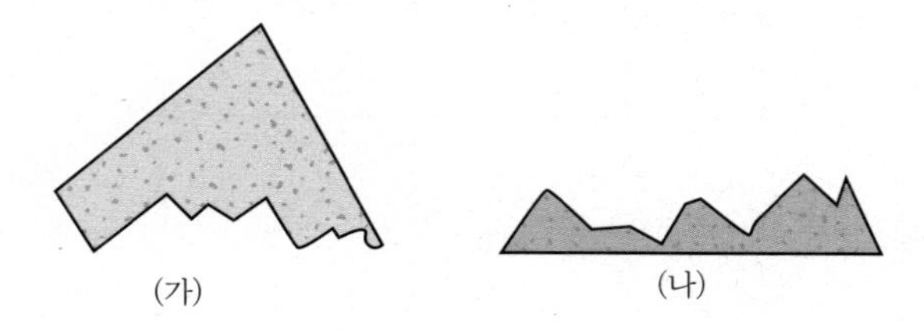

1 주어진 조각만을 이용하여 원래 삼각형 모양의 접시를 복원하려고 합니다. 접시를 정확히 복원할 수 있는 것은 (가)와 (나) 중 어느 것일까요? 또 그렇게 생각한 이유를 설명해 보자.

2 삼각형 모양의 접시를 정확히 복원하기 위해 삼각형의 세 각의 크기와 세 변의 길이 중 꼭 알아야 할 최소한의 정보는 무엇인지 써보자. 그렇게 생각한 이유도 설명해 보자.

개념과 원리 탐구하기 4

▌준비물 : 자, 각도기, 컴퍼스

1 자와 각도기와 컴퍼스를 이용하여 다음 조건에 맞는 삼각형을 최대한 많이 그려 보자.

❶ 세 변의 길이가 7 cm, 7 cm, 9 cm인 삼각형
❷ 두 변의 길이가 6 cm, 4 cm이고 그 사이에 끼인 각의 크기가 37°인 삼각형

❶

❷

2 자와 각도기와 컴퍼스를 이용하여 다음 조건에 맞는 삼각형을 최대한 많이 그려 보자.

❶ 한 변의 길이가 5 cm이고 그 양 끝각의 크기가 25°, 68°인 삼각형
❷ 세 각의 크기가 40°, 63°, 77°인 삼각형

세 꼭짓점이 A, B, C인 삼각형을 삼각형 ABC라 하고, 이것을 기호로 △**ABC**와 같이 나타냅니다.
모양과 크기가 같아서 포개었을 때 완전히 겹쳐지는 두 도형을 서로 합동이라고 합니다.
삼각형 ABC와 삼각형 DEF가 서로 합동일 때, 기호를 사용하여 △**ABC**≡△**DEF**와 같이 나타냅니다.

A B C D E F

3 **다음을 함께 탐구해 보자.**

(1) 1, 2의 결과를 모둠에서 친구들과 비교해 보자. 어떻게 그려도 합동인 경우는 어느 조건이었나요? 또 모양이 가장 다양하게 나온 경우는 어느 조건인가요?

(2) 삼각형의 합동 조건을 그림과 기호로 표현해 보자.

개념과 원리 탐구하기 5

변 BC와 마주 보는 ∠A를 변 BC의 **대각**이라 하고,
∠A와 마주 보는 변 BC를 ∠A의 **대변**이라고 합니다.

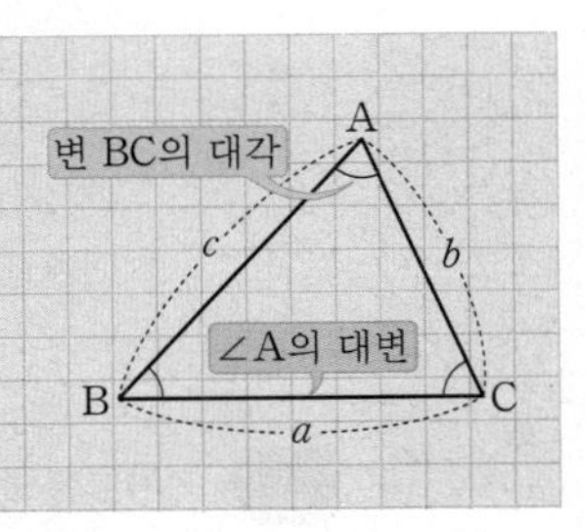

1 다음 그림에서 두 삼각형이 합동인 이유를 쓰고, 합동인 두 삼각형을 기호로 나타내 보자.

(1)

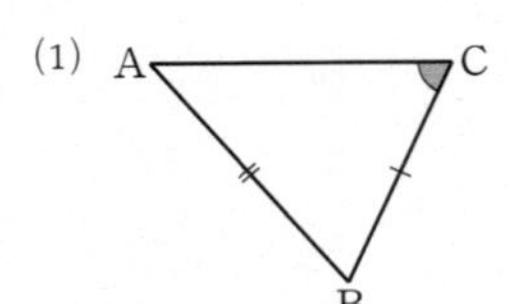

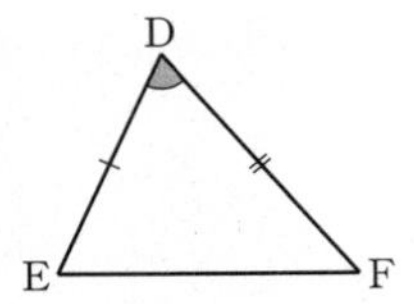

(2)

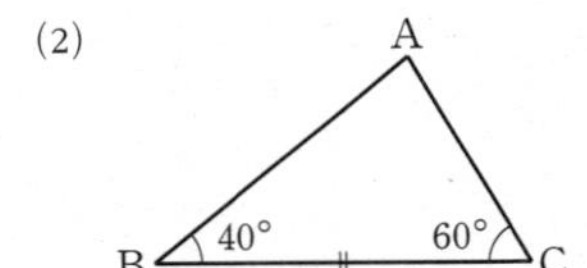

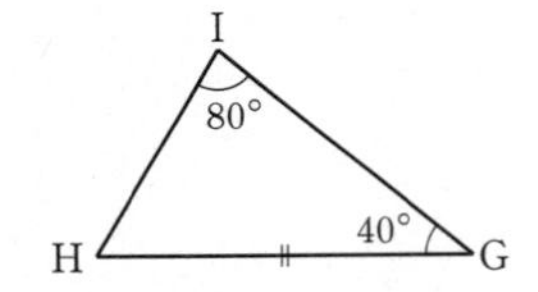

(3)

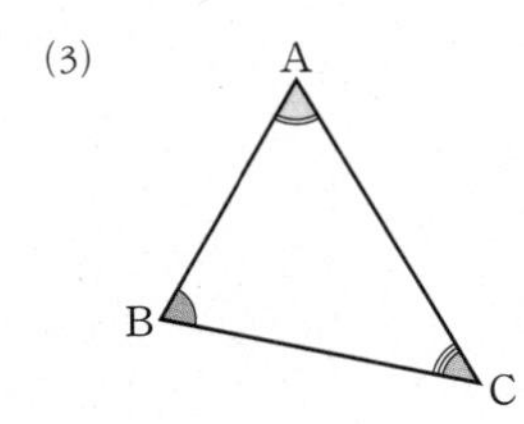

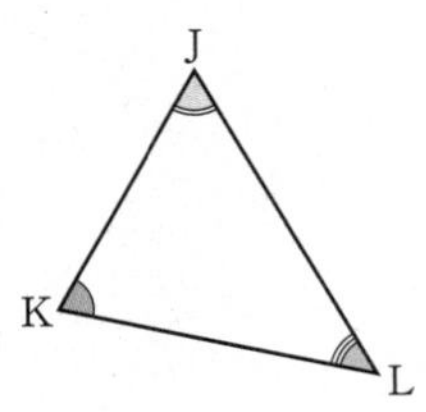

(4)

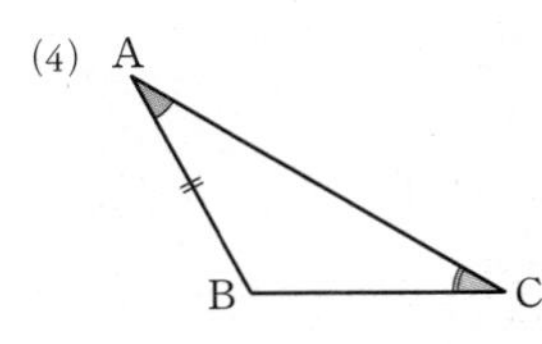

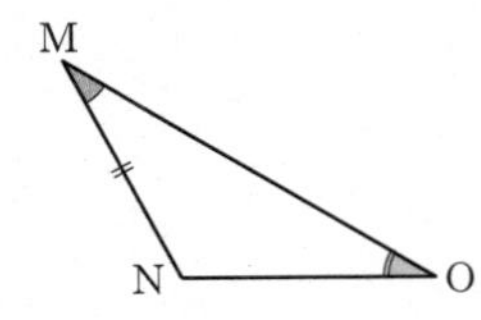

/ 2 / 눈금 없는 자와 컴퍼스로 할 수 있는 일

개념과 원리 탐구하기 6

주변에 보면 눈으로 보이는 것과 실제는 다른 경우가 많이 있는데 이것을 착시 현상이라고 합니다. 착시 현상을 일으키는 그림을 통해 눈금 없는 자와 컴퍼스를 사용하여 할 수 있는 일에 대해 알아보자.

1 **다음 그림에서 직선 ①과 ④는 각각 오른쪽에 주어진 두 선 중 어떤 것과 직선으로 연결될지를 예측하고 자를 이용하여 직접 확인해 보자.**

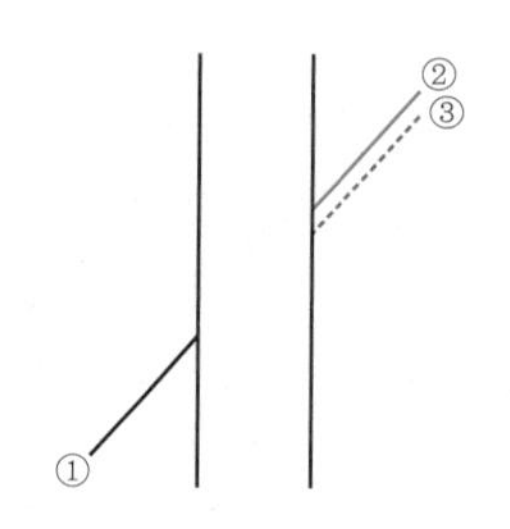

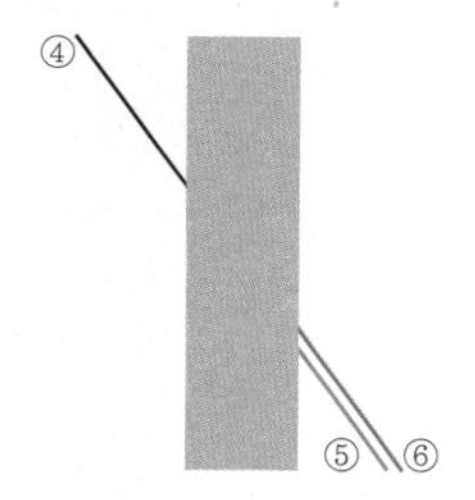

2 **다음 그림을 보고 함께 탐구해 보자.**

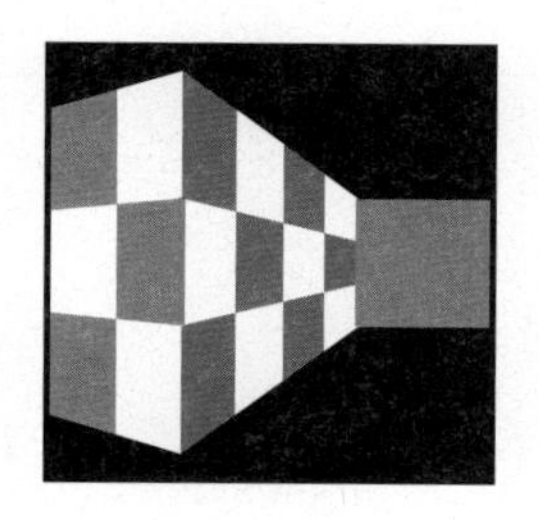

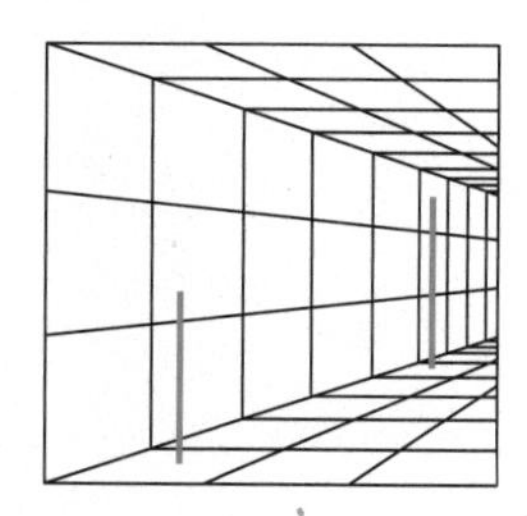

(1) 각 그림 안의 두 개의 빨간 선분 중 어느 선분의 길이가 더 길어 보이나요? 먼저 예측하고 나서 길이를 비교해 보자.

(2) 눈금 없는 자 또는 컴퍼스를 이용하여 두 선분의 길이를 직접 비교하려고 합니다. 비교하는 방법을 설명해 보자.

위의 활동을 통해 눈금 없는 자와 컴퍼스만을 사용하여 두 선분의 길이를 비교하는 방법을 알아보았습니다. 눈금 없는 자와 컴퍼스만을 사용하여 도형을 그리는 것을 **작도**라고 합니다.

3 **다음을 함께 탐구해 보자.**

(1) 작도를 할 때, 눈금 없는 자로 할 수 있는 일을 모두 써보자.

(2) 작도를 할 때, 컴퍼스로 할 수 있는 일을 모두 써보자.

개념과 원리 탐구하기 7

▌준비물 : 자, 컴퍼스

1 **다음을 함께 탐구해 보자.**

(1) 왼쪽에 주어진 각과 크기가 같은 각을 오른쪽에 작도해 보자.

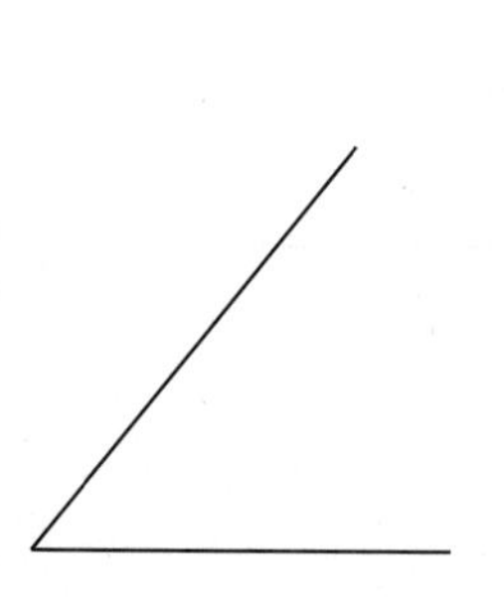

(2) 모둠 친구들이 작도한 방법을 비교해 보자. 작도한 각이 왼쪽에 주어진 각과 크기가 같다는 것을 어떻게 확신할 수 있는지 설명해 보자.

2 **왼쪽에 주어진 각과 크기가 같은 각을 오른쪽에 작도해 보자. 1 에서 예각을 작도할 때와 어떤 점이 달랐는지 설명해 보자.**

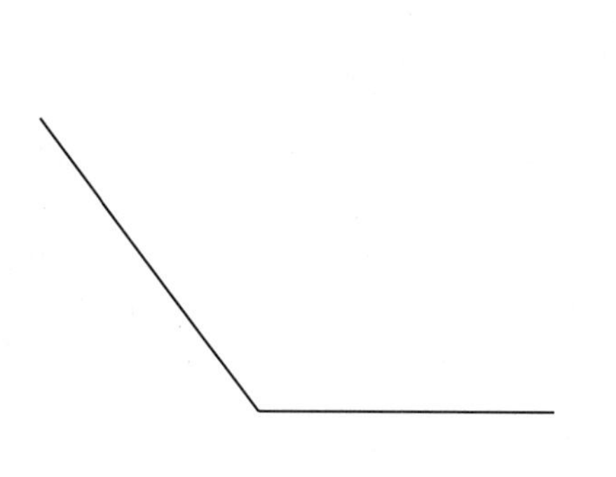

개념과 원리 탐구하기 8

다음 그림은 삼각형 ABC의 세 변의 길이와 세 각의 크기다. 이 조건을 이용하여 원래 삼각형 ABC와 합동인 삼각형을 작도하고 어떻게 작도했는지 설명해 보자.

(단, 모둠 친구들끼리 서로 다른 방법으로 작도한다.)

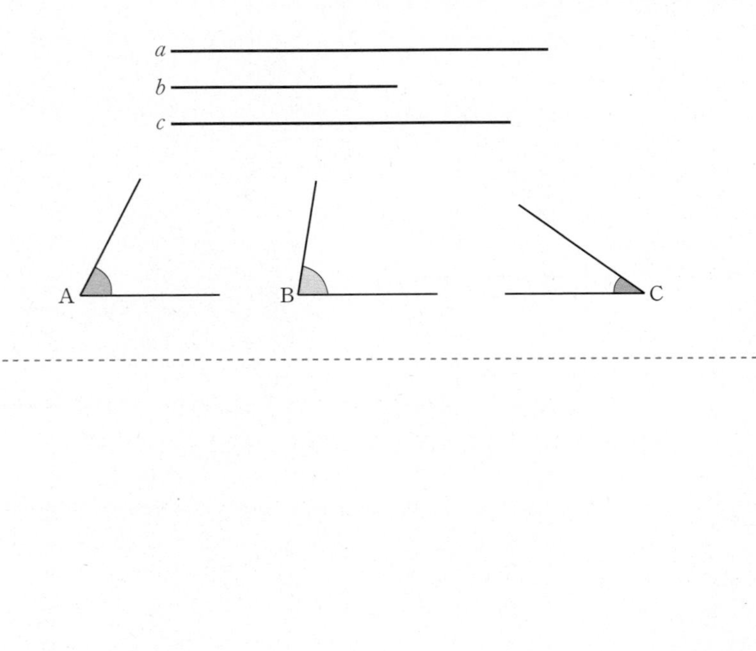

탐구 되돌아보기

1 하늘이와 마루는 다음 표와 같이 길이가 다른 6개의 종이 테이프 중에서 세 개를 각각 골라 삼각형을 만드는 작업을 했습니다. 삼각형을 만들 수 없는 사람이 누구인지 말하고, 그 이유를 설명해 보자.

	7 cm	하늘
	6 cm	마루
	5 cm	하늘
	4 cm	마루
	3 cm	하늘
	2 cm	마루

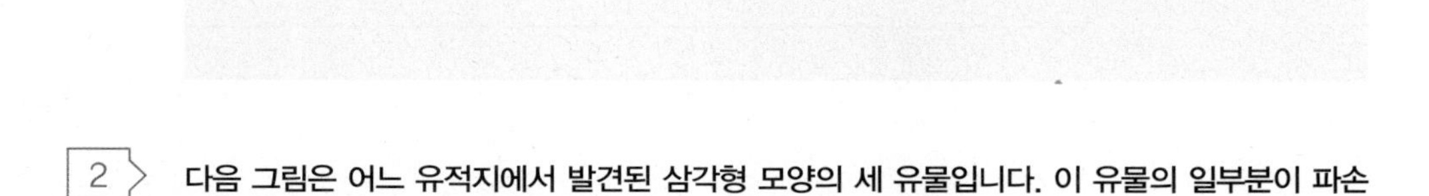

2 다음 그림은 어느 유적지에서 발견된 삼각형 모양의 세 유물입니다. 이 유물의 일부분이 파손되어 복원하려고 합니다. 다음을 함께 탐구해 보자.

(1) 세 유물에 남아 있는 변 또는 각을 사용하여 파손되기 전의 삼각형의 모양을 추측하여 각각 그려 보자.

㉠  ㉡  ㉢ 

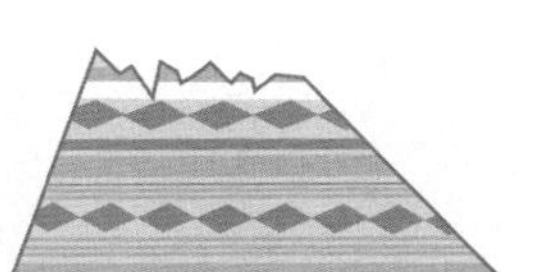

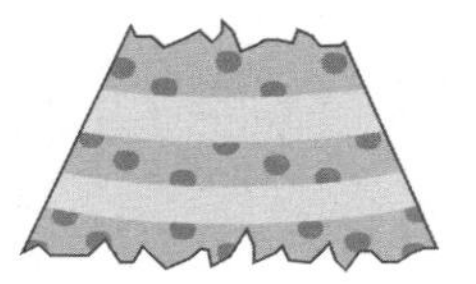

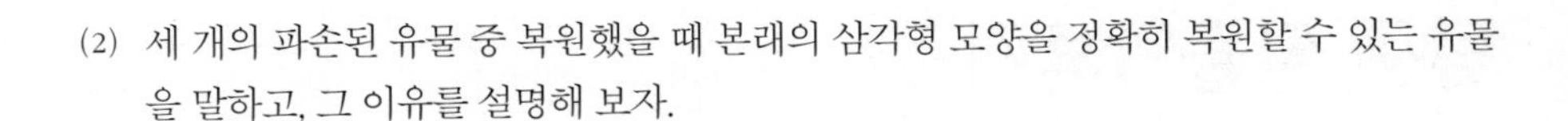

(2) 세 개의 파손된 유물 중 복원했을 때 본래의 삼각형 모양을 정확히 복원할 수 있는 유물을 말하고, 그 이유를 설명해 보자.

(3) 위 활동에서 친구들이 만들어낸 다음 주장에 대하여 옳은지 판단해 보고, 그 이유를 설명해 보자.

> 삼각형 모양의 유물은 삼각형을 이루는 세 각의 크기와 세 변의 길이 등 총 6개의 요소 중 세 가지 요소만 파악할 수 있으면 반드시 본래의 삼각형 모양으로 정확하게 복원하는 것이 가능하다.

3 다음 그림에서 세 직선 AC, BD, EF가 한 점 O에서 만난다. $\overline{OA}=\overline{OC}$와 $\overline{OB}=\overline{OD}$일 때, 서로 합동이라고 생각되는 두 삼각형을 찾고, 그 이유를 설명해 보자.

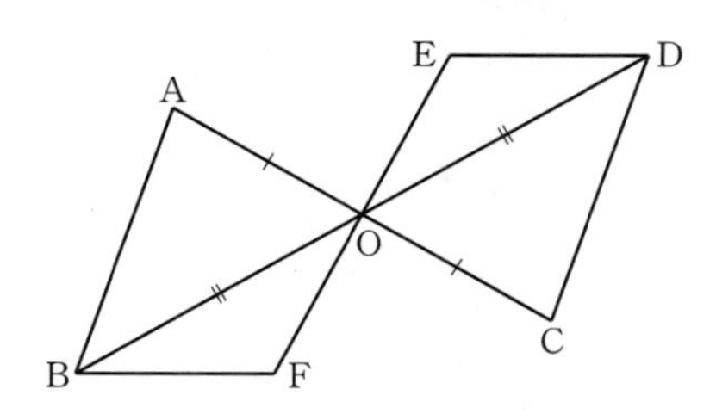

4 그림과 같이 정오각형의 한 꼭짓점에서 두 대각선을 그으면 정오각형은 세 개의 삼각형으로 나누어진다. 이들 세 삼각형 중 이등변삼각형을 모두 찾고 그 이유를 설명해 보자.

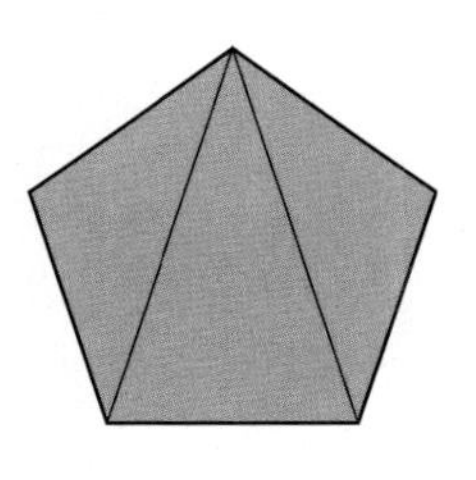

5 다음 문장은 한 학생이 삼각형의 합동 조건을 배운 후 생각해 낸 결론입니다. 이 학생의 주장이 옳은지 판단하고, 그렇게 판단한 이유를 설명해 보자.

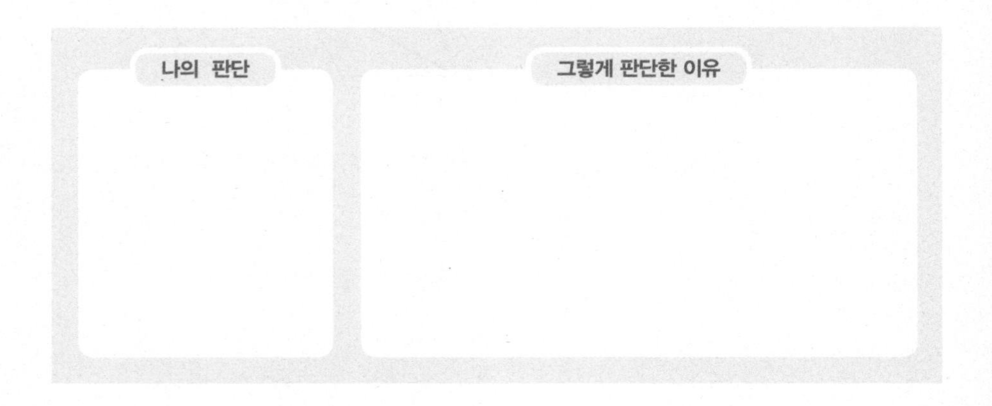

6 북쪽 밤하늘에서 볼 수 있는 국자 모양의 북두칠성을 이용하면 북극성을 찾을 수 있습니다. 아래 그림에서 선분 AB를 B방향으로 연장하여 점 B로부터 선분 AB의 길이의 5배를 간 자리에 북극성이 있다고 합니다. 작도를 이용하여 북극성의 위치를 표시하고, 그 과정을 설명해 보자.

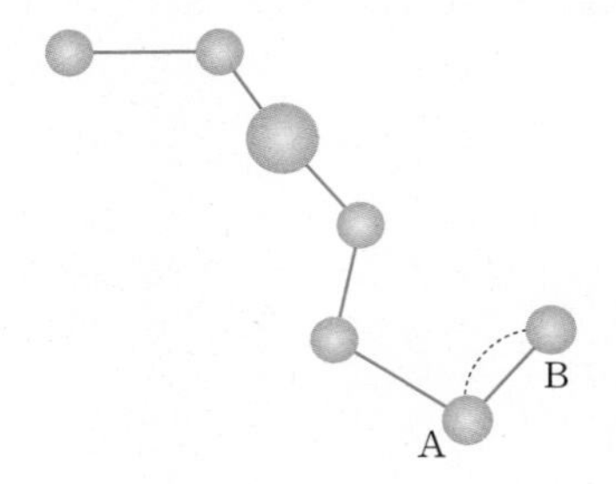

7 다음 그림은 민지네 집을 중심으로 동네 여러 건물의 위치를 간략히 나타낸 그림입니다.

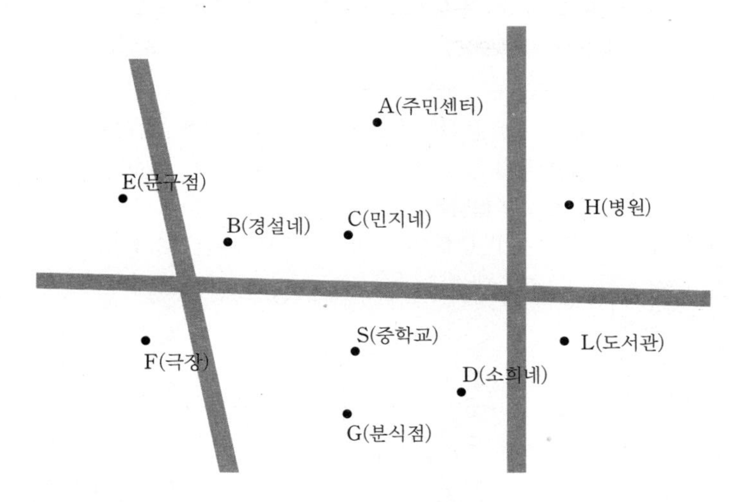

(1) 주민센터(점 A), 경설네(점 B), 중학교(점 S) 중 민지네(점 C)에서 거리가 가장 먼 곳은 어디일까요? 이때 가장 먼 곳을 어떻게 확인할 수 있을지 설명해 보자.

(2) 편의점은 소희네 집에서 중학교와 같은 거리만큼 떨어져 있고 소희네 집을 중심으로 중학교와 정반대편에 있습니다. 편의점의 위치를 그림 위에 표시하고, 그 방법을 설명해 보자.

8 선분의 수직이등분선을 작도하는 방법은 건축을 비롯한 다양한 곳에서 사용됩니다. 주어진 선분의 수직이등분선의 작도는 다음과 같은 방법으로 합니다. 이 작도 방법에 대한 다음 물음에 답해 보자.

▌준비물 : 눈금 없는 자, 컴퍼스

❶ 점 A를 중심으로 하고, 반지름의 길이가 $\overline{AB}$의 길이의 반보다 큰 원을 그립니다.

❷ 점 B를 중심으로 하고, 반지름의 길이가 ❶과 같은 원을 그려 두 원이 만나는 점을 P, Q라고 합니다.

❸ 두 점 P, Q를 잇는 직선을 그으면 직선 PQ가 선분 AB의 수직이등분선입니다.

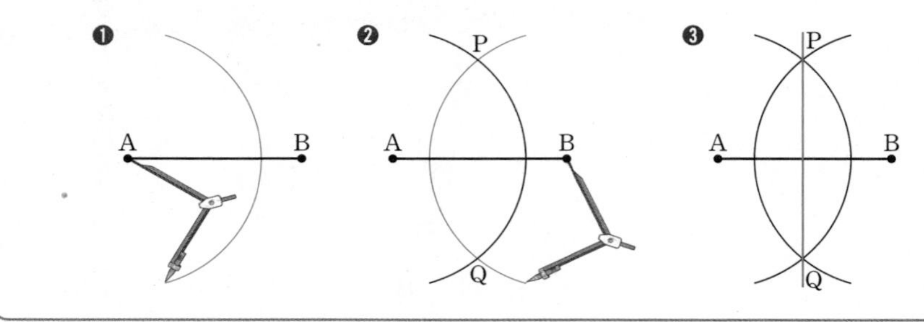

(1) 위 그림 ③에서 오른쪽 그림과 같이 그리면 △PAQ≡△PBQ입니다. 두 삼각형의 합동 조건을 설명해 보자.

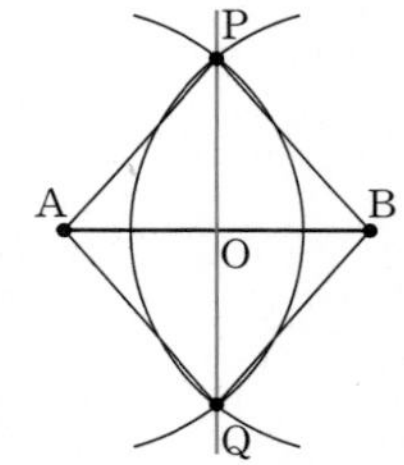

(2) △PAO≡△PBO임을 설명해 보자.

(3) 직선 PQ가 선분 AB의 수직이등분선임을 설명해 보자.

9 정민이는 친구에게 그림과 같이 정사각형 모양의 색종이를 하트 모양으로 오려서 편지를 쓰려고 합니다. 어떻게 작도만으로 하트 모양을 만들 수 있는지 다음 주어진 초록색 종이 위에 직접 작도해 보고, 작도하는 방법을 순서대로 정리해 보자.

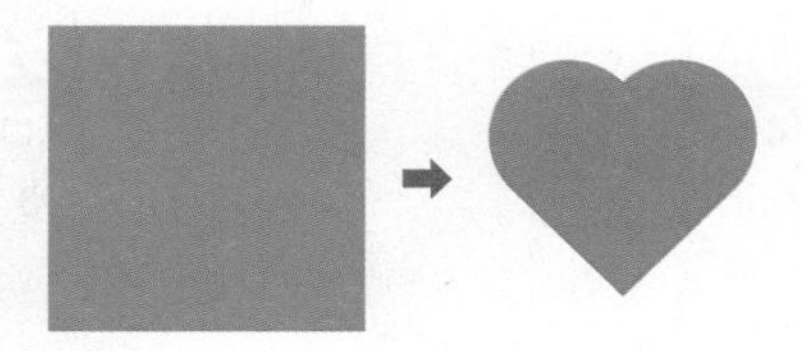

내가 만드는 수학 이야기

10 다음 용어 중 몇 개를 포함하여 쌍둥이 삼각형에 대한 이야기를 만들어 보자.

용어
합동, 작도, 대변, 대각

제 목

개념과 원리 연결하기

1 초등학교에서는 눈금이 있는 자와 컴퍼스, 그리고 각도기를 이용하여 합동인 삼각형을 그리는 방법을 배웠습니다. 그런데 중학교에서 배우는 작도는 눈금 없는 자와 컴퍼스만 사용하여 도형을 그리도록 하고 있습니다. 눈금이 없는 자를 사용해도 합동인 삼각형을 그리는데 별 문제가 없는 이유는 무엇일까요?

나의 첫 생각

다른 친구들의 생각

정리된 나의 생각

2 삼각형의 합동 조건의 개념을 정리해 보자.

(1) 이 단원에서 알게 된 삼각형의 합동 조건의 뜻, 성질, 법칙 등을 모두 정리해 보자.

(2) 삼각형의 합동 조건과 연결된 개념을 복습해 보자. 그리고 제시된 개념과 삼각형의 합동 조건 사이의 연결성을 찾아 모둠에서 함께 정리해 보자.

삼각형의 합동 조건과 연결된 개념	각 개념의 뜻과 삼각형의 합동 조건의 연결성
• 도형의 이동 • 도형의 합동 • 대응점, 대응변, 대응각 • 합동인 도형의 성질	

수학 학습원리 완성하기

승훈이는 51쪽 1 **탐구하기 3** 3 을 해결하기 위한 자신의 사고 과정을 다음과 같은 방법으로 설명했습니다.

내가 선택한 문제

3 다음을 함께 탐구해 보자.

(1) 1, 2 의 결과를 모둠에서 친구들과 비교해 보자. 어떻게 그려도 합동인 경우는 어느 조건이었나요? 또 모양이 가장 다양하게 나온 경우는 어느 조건인가요?

승훈이의 깨달음

두 삼각형이 합동인지 알아보려면 대응하는 세 변의 길이와 대응하는 세 각의 크기가 각각 같은지 확인해야 합니다. 그런데 여섯 가지를 모두 비교할 필요는 없고, 그 중에 몇 가지만 확인하면 합동이 됨을 알았습니다. 예를 들어, 처음에는 SSA합동을 생각했는데 그렇게 되지 않은 경우를 발견할 수 있었습니다. 이와 같은 다양한 조건에 대해 논리적인 과정을 통해 보다 간편하게 합동임을 판별할 수 있는 삼각형의 세 합동 조건(SSS합동, SAS합동, ASA합동)을 찾을 수 있었습니다. 또한 수학은 논리적이고 합리적인 의사결정에 큰 힘을 가지고 있음을 깨닫게 되었습니다.

수학 학습원리

학습원리 3. 수학적 추론을 통해 자신의 생각 설명하기

1 승훈이의 설명에서 다른 수학 학습원리를 발견할 수 있는지 찾아보자.

2 승훈이가 한 것처럼 이 단원의 다른 탐구 과제를 선택하여 해결하는 사고 과정을 설명하고 사용한 수학 학습 원리를 찾아보자.

내가 선택한 탐구 과제

나의 깨달음
수학 학습원리

수학 학습원리

1. 끈기 있는 태도와 자신감 기르기
2. 관찰하는 습관을 통해 규칙성 찾아 표현하기
3. 수학적 추론을 통해 자신의 생각 설명하기
4. 수학적 의사소통 능력 기르기
5. 여러 가지 수학 개념 연결하기

STAGE 9

그림 속에서 약속을 찾아보자

1 딱딱한 도형

/1/ 모양 관찰
/2/ 도형 속의 도형

2 부드러운 도형

/1/ 원주율
/2/ 원에서 찾을 수 있는 도형들

item
inventory
Runestone
아이템
소비용
모든 직업
그레이가 놓아둔 석판에선 가느다란 빛이 흘러나왔다. 'The Worldscope'를 통해 빛의 끝을 따라가 본 페름은 신비한 현상을 목격했다. 지저산 봉우리의 한 지점에서 다각형과 부채꼴로 이루어진 그림이 빛을 발하며 어른거리고 있었다. 둘은 그곳을 향해 나아가기 시작했고 지저산 고원지대에서 한 동굴을 발견할 수 있었다.

1 딱딱한 도형

미래 도시 디자이너가 된다면 어떤 도형을 핵심 주인공으로 설정하여 디자인을 하고 싶나요? 아름다운 건축물, 조형물들을 자세히 관찰해 보면 우리가 알고 있는 다양한 도형들을 찾아볼 수 있습니다. 이러한 도형들의 성질을 이용하면 더 편리하고 아름다운 디자인을 하는데 도움이 됩니다.
이 단원에서는 특별히 삼각형과 사각형처럼 각이 있는 도형을 탐구해 보면서 그 안에 숨겨진 변하는 성질과 변하지 않는 성질의 비밀을 찾아보세요.

/1/ 모양 관찰

개념과 원리 탐구하기 1

성수와 민서는 미래 도시에 관심이 많습니다. 서로 생각하는 멋진 기술과 건물들을 이야기하면서 성수와 민서는 친구들과 함께 가상과 현실 공간을 융합하는 기술을 이용한 스마트 시티를 만들어 보기로 했습니다. 스마트 시티를 만들기 위한 프로젝트에 함께 참여해 여러 가지 도형의 성질을 탐구해 볼까요?

1 다음을 함께 탐구해 보자.

(1) 미래의 나의 집을 상상하여 그려 보자.

(2) 모둠 친구들과 서로 그린 그림을 모아 보자. 그리고 그 속에서 찾을 수 있는 다양한 도형을 아래에 그려 보자.

2 **다음을 함께 탐구해 보자.**

(1) 다음은 성수가 '다각형'이라는 기준을 가지고 친구들의 그림에서 찾은 도형을 분류한 것입니다. '다각형'의 뜻은 무엇이었을지 아래 분류를 보고 추측해 보자.

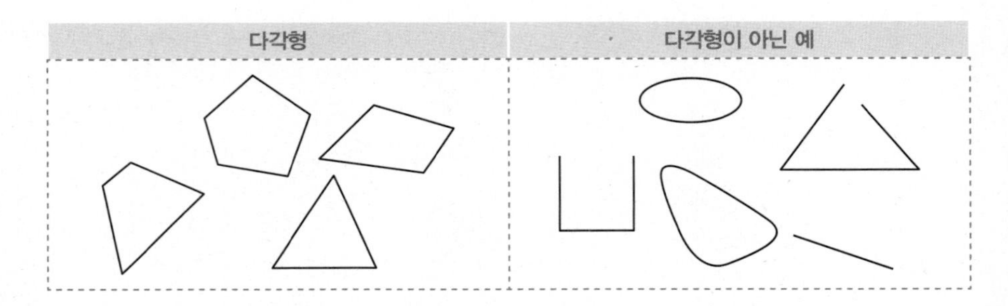

다각형이란?

(2) 1 (2)의 친구들의 그림에서 찾은 도형을 위의 (1)과 같이 분류해 보자.

다각형	다각형이 아닌 예

3 민서는 미래 도시에 필요한 도로 표지판을 새롭게 디자인하기 위해서 우리 주변에 있는 표지판을 먼저 조사해 보았습니다. 다음 표지판 중 정다각형을 모두 찾아 그 도형의 이름을 적어 보자.

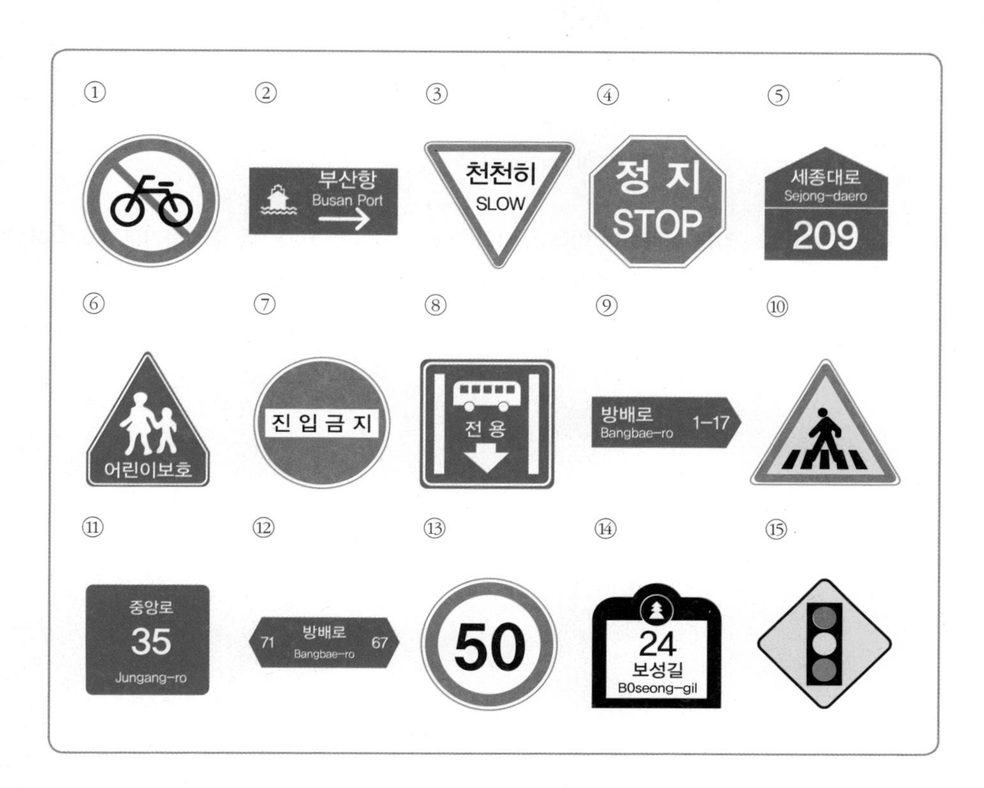

4 미래 도시에 필요하다고 생각하는 표지판을 도형으로 그려 보자.

개념과 원리 탐구하기 2

성수와 민서는 친구들과 함께 멋진 도시를 완성하였습니다. 이제 네 개의 도시를 연결하는 도로를 설계하려고 합니다. 도로를 선으로 표현한 아래 설계도를 통해 각을 탐구해 봅시다.

1 **각을 이용하여 미래 도시의 주소에 사용할 번지수를 결정하기로 했습니다. 주어진 각에 대해 발견할 수 있는 성질을 모두 찾고, 그 이유를 설명해 보자.**

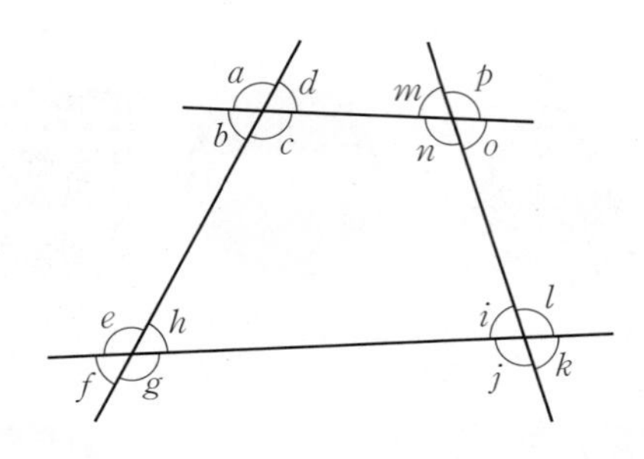

다각형에서 이웃하는 두 변으로 이루어진 각을 그 다각형의 **내각**이라고 합니다.
또 다각형의 한 꼭짓점에서 한 변과 그 변에 이웃한 변의 연장선이 이루는 각을 그 내각에 대한 **외각**이라고 합니다.

2 다음 사각형을 함께 탐구해 보자.

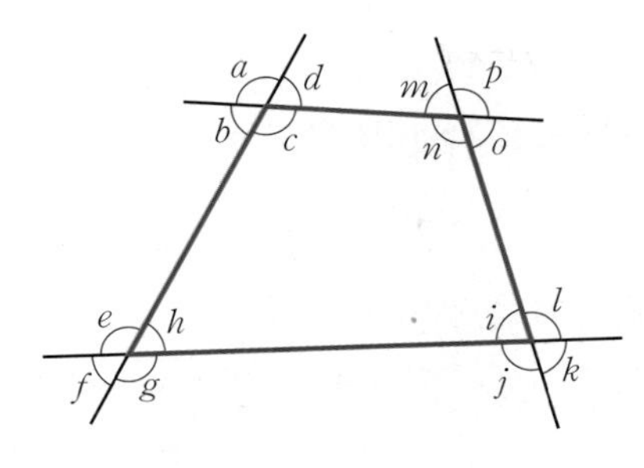

(1) 위의 사각형에서 내각을 찾아 표시해 보자.

(2) 위의 사각형에서 외각을 찾아 표시해 보자.

3 네 개의 도시 A, B, C, D 지점을 선분으로 이은 사각형에서 외각의 크기를 그 도시의 주소 번지로 정하려고 할 때, 각 도시의 번지를 찾아 써보자.

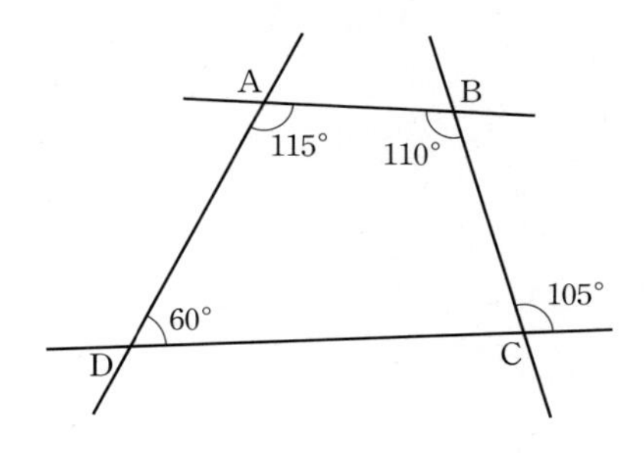

/ 2 / 도형 속의 도형

개념과 원리 탐구하기 3

▌준비물 : 각도기

 다음을 함께 탐구해 보자.

(1) 다음은 정삼각형, 정사각형, 정오각형, 정육각형 모양입니다. 각도기를 이용하여 아래 표의 빈칸을 채워 보자.

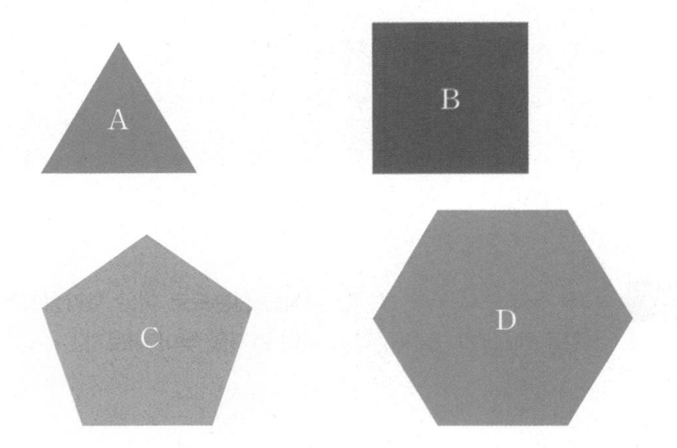

	한 내각의 크기	한 외각의 크기	내각의 크기의 합	외각의 크기의 합
정삼각형 A	60°		180°	
정사각형 B	90°		360°	
정오각형 C				
정육각형 D				

(2) (1)에서 변의 개수, 내각의 크기의 합, 외각의 크기의 합은 어떤 규칙이 있는지 찾아보자.

(3) (2)에서 찾은 규칙을 이용하여 정십칠각형의 내각의 크기의 합과 외각의 크기의 합을 구해 보자.

2 **변의 개수가 n인 다각형을 n각형이라 하고, 변의 개수가 n인 정다각형은 정n각형이라고 합니다.**

(1) 1 에서 알아낸 정다각형에서 내각의 크기의 합을 문자 n을 사용한 식으로 나타내 보자.

(2) (1)의 결과를 이용하여 정다각형에서 한 내각의 크기를 문자 n을 사용한 식으로 나타내 보자.

개념과 원리 탐구하기 4

1 다음은 삼각형의 세 내각의 크기의 합이 180°임을 설명하는 그림입니다. 그림과 같이 설명하였을 때 어떤 문제점이 있을지 토론해 보자.

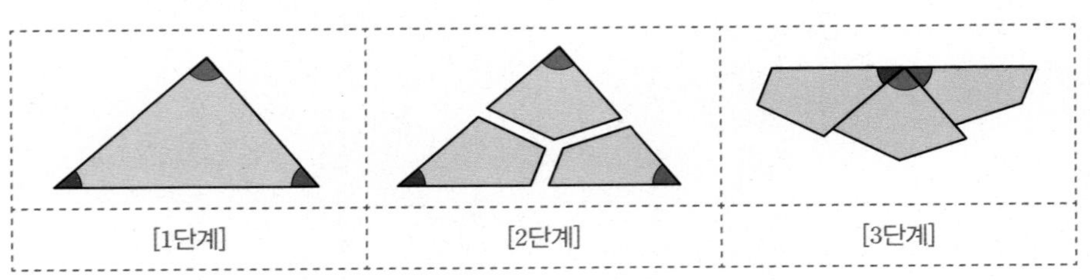

[1단계]	[2단계]	[3단계]

2 오른쪽 그림을 이용하여 삼각형의 세 내각의 크기의 합이 180°임을 논리적으로 설명해 보자. (단, 같은 색으로 표시된 각의 크기는 서로 같습니다.)

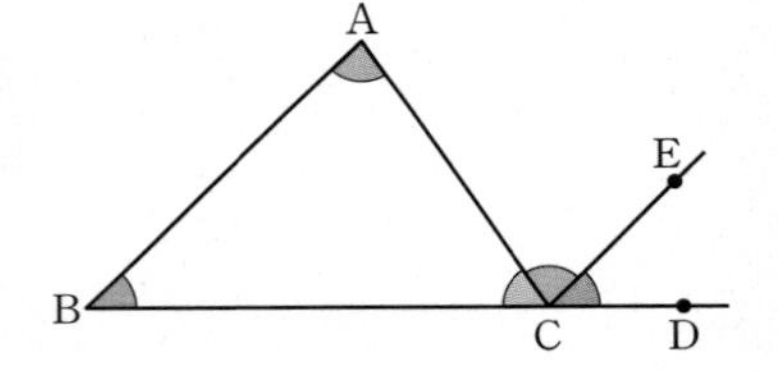

3 삼각형의 한 외각의 크기는 그와 이웃하지 않는 다른 두 내각의 크기의 합과 같음을 설명해 보자.

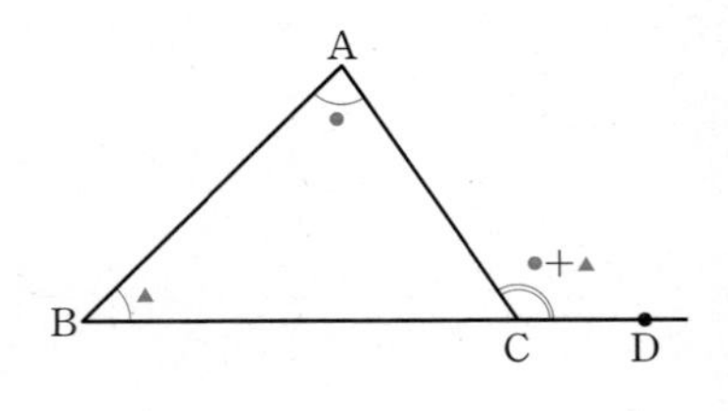

개념과 원리 탐구하기 5

1 다음을 함께 탐구해 보자.

(1) 오른쪽 그림과 같은 오각형에서 내각의 크기의 합을 구하는 방법을 찾고, 그 과정을 설명해 보자.

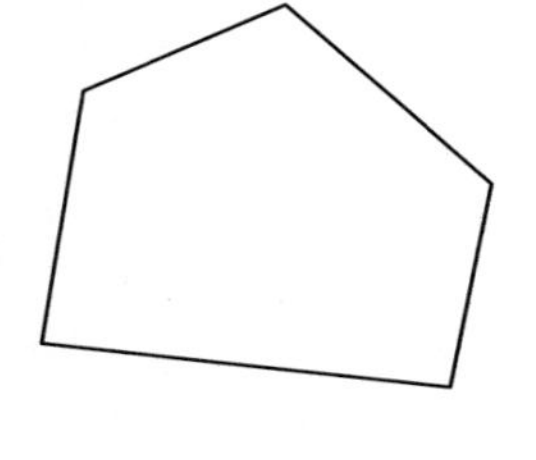

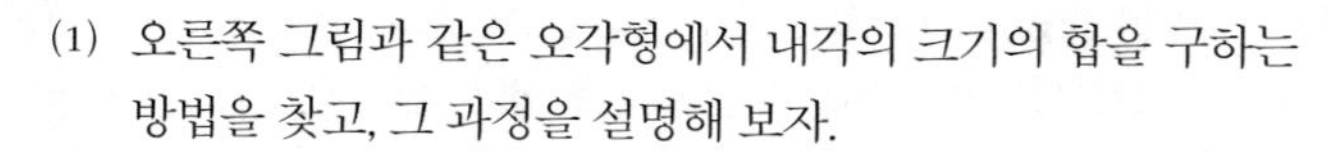

(2) (1)에서 찾은 나의 방법으로 모든 다각형의 내각의 크기의 합을 구할 수 있는지 모둠 친구들과 정리해 보자.

(3) n각형에서 내각의 크기의 합을 문자 n을 사용한 식으로 나타내면 ㉠~㉢과 같다. 모둠에서 정리한 방법을 표현하는 식을 ㉠~㉢ 중에서 고르고, 그 이유를 설명해 보자.

㉠ $180^\circ \times n - 360^\circ$ ㉡ $180^\circ \times (n-2)$ ㉢ $180^\circ \times (n-1) - 180^\circ$

(4) ㉠~㉢의 결과는 모두 같은지 판단하고, 그 이유를 식으로 설명해 보자.

(5) (1)을 참고하여 ㉠ $180^\circ \times n - 360^\circ$에서 180°와 360°는 무엇을 뜻하는지 써보자.

개념과 원리 탐구하기 6

1 미래 도시는 대부분 무인자동차로 운행합니다. 성수는 무인 자동차가 오른쪽 삼각형 모양의 도로를 따라 움직이도록 프로그래밍을 하려고 합니다. 출발 지점에서 한 바퀴 돌아서 제자리로 돌아올 때, 이 자동차는 몇 도만큼 회전한 것인지 생각해 보자.

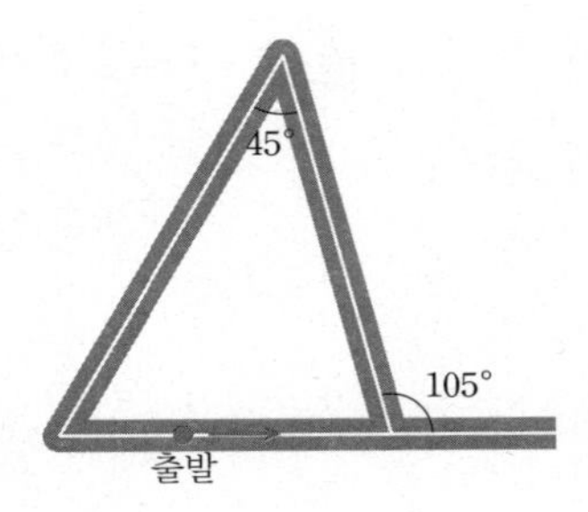

2 다음 다각형의 모든 외각의 크기의 합을 구해 보자.

(1)

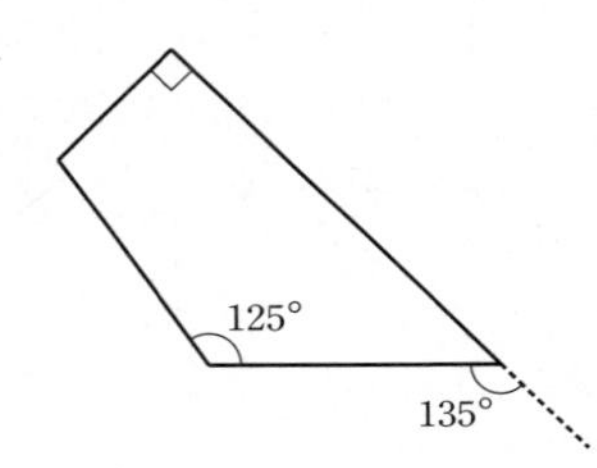

(2)

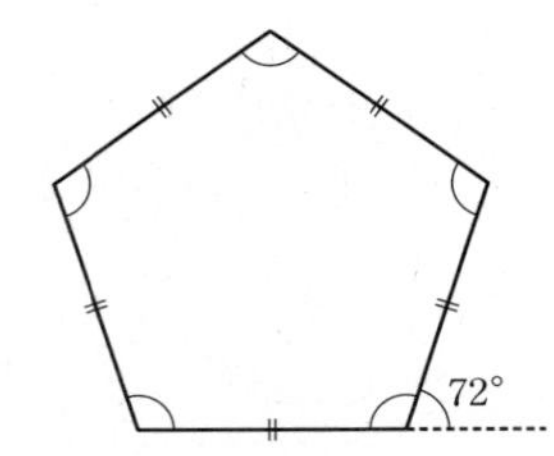

3 다각형에서 발견할 수 있는 외각의 특징을 정리해 보자.

개념과 원리 탐구하기 7

미래 도시의 축제 기간에는 아래 그림과 같은 칠각형의 방에 귀중품을 보관합니다. 이 방은 보안을 위해 꼭짓점에서 다른 꼭짓점으로 레이저를 쏩니다. 레이저 광선의 개수는 어떻게 구할 수 있을까요?

1 **다각형에서 이웃하지 않은 두 꼭짓점을 이은 선분을 대각선이라고 하므로 성수는 레이저 광선의 개수를 대각선의 개수를 이용해서 구하려고 합니다.**

(1) 삼각형의 대각선은 몇 개일까요?

(2) 오른쪽 그림의 칠각형에 모든 대각선을 그리고, 그 개수를 구해 보자.

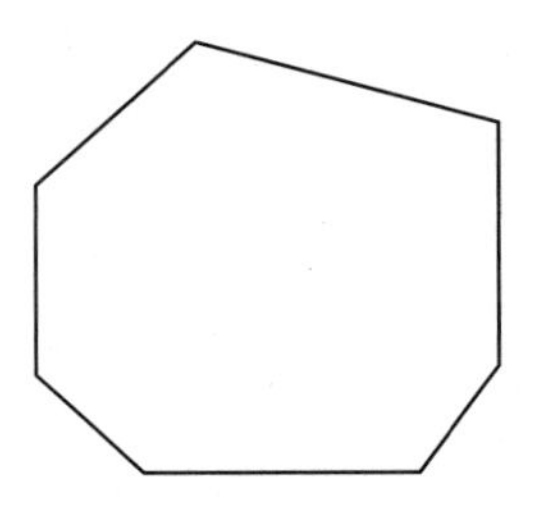

(3) 성수는 (2)와 같이 대각선을 모두 그리지 않고 다음과 같이 식으로 풀었습니다. 성수가 한 말이 옳은지 판단해 보고, 그렇게 생각한 이유를 써보자.

> 성수 : 나는 $\frac{4\times7}{2}$로 구했어. 이렇게 하니까 그냥 답이 나오던데?

2 **1 을 참고하여 n각형의 대각선의 총 개수를 문자 n을 사용하여 식으로 나타내 보자.**

탐구 되돌아보기

1 다음 주어진 도형이 다각형인지 아닌지 ○, ×에 표시하고, 그렇게 생각한 이유를 적어 보자.

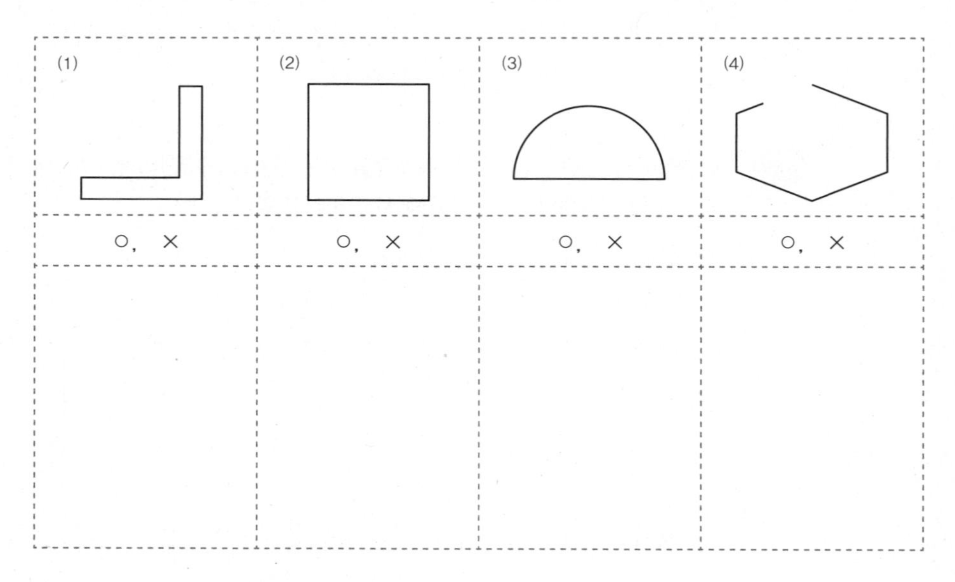

2 오른쪽 그림은 정십각형이고 정십각형의 한 내각의 크기는 144°입니다. 이를 구하는 방법을 설명해 보자.

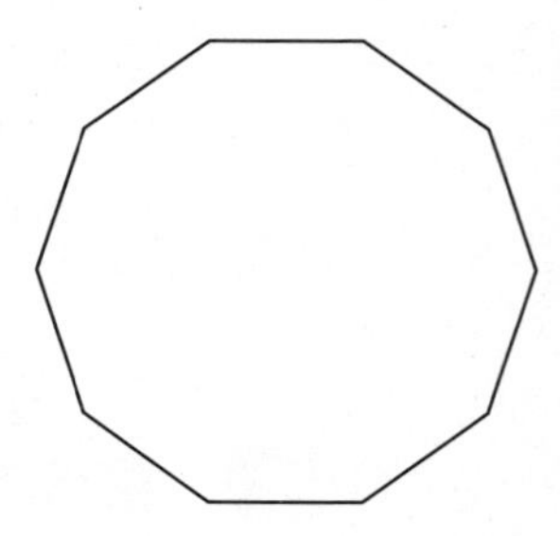

3 다음 주어진 도형의 내각의 크기의 합을 구해 보자.

(1)

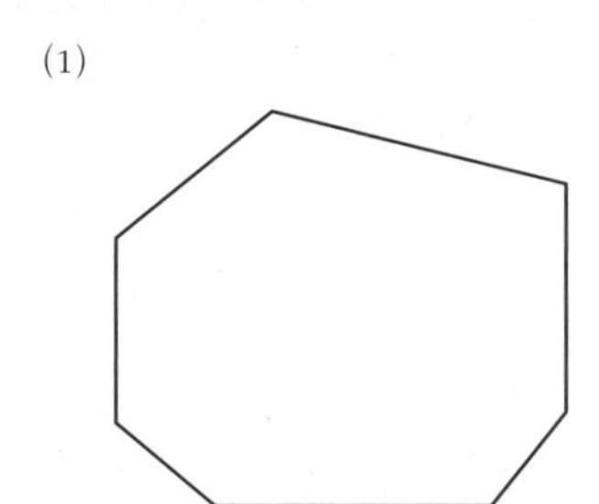

(2)

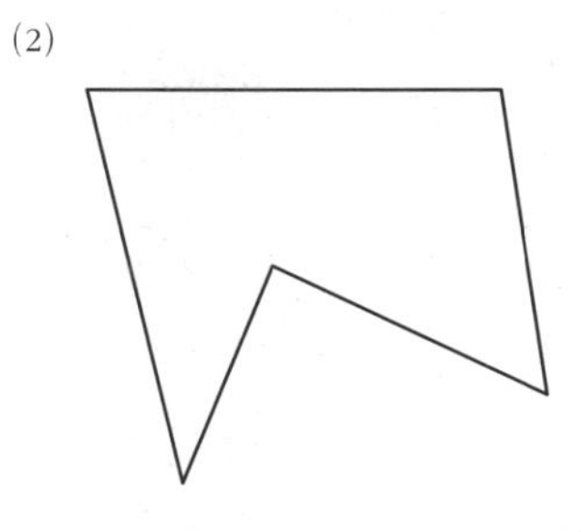

4 다음 그림은 카메라 조리개가 열렸다가 완전히 닫히는 현상을 나타낸 것입니다. 이 현상으로부터 정육각형의 외각에 대해 알 수 있는 사실을 말해 보자.

5 **변의 개수의 차가 2인 두 다각형에 대한 다음 설명에 대하여 옳고 그름을 판단하고, 그 이유를 설명해 보자.**

(1) 두 다각형의 내각의 크기의 합은 360° 차이가 납니다. (○, ×)

(2) 두 다각형의 외각의 크기의 합은 360° 차이가 납니다. (○, ×)

6 **다음은 결이가 삼각형, 사각형, 오각형의 외각의 크기의 합을 구하는 과정입니다. 이 내용을 참고로 하여 n각형의 외각의 크기의 합은 항상 360°인지 문자식을 이용하여 설명해 보자.**

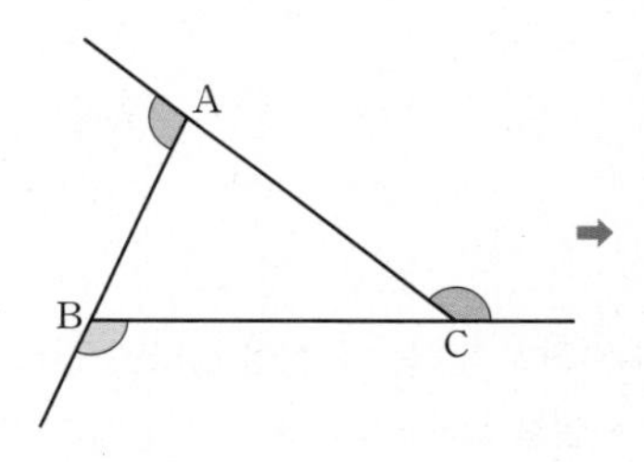

➡

꼭짓점 A에서 (내각의 크기)+(외각의 크기)$=180^\circ$이고 꼭짓점 B, C에서도 (내각의 크기)+(외각의 크기)$=180^\circ$이므로
(삼각형의 외각의 크기의 합)
$=180^\circ\times3-$(삼각형의 내각의 크기의 합)
$=540^\circ-180^\circ$
$=360^\circ$

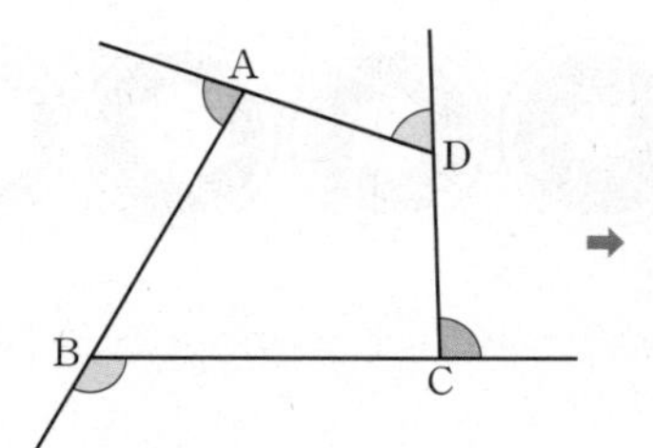

➡

각 꼭짓점에서 (내각의 크기)+(외각의 크기)$=180^\circ$이므로
(사각형의 외각의 크기의 합)
$=180^\circ\times4-$(사각형의 내각의 크기의 합)
$=720^\circ-360^\circ$
$=360^\circ$

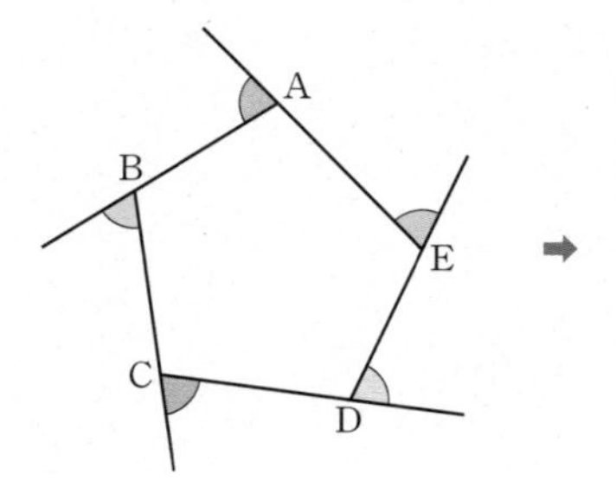

➡

각 꼭짓점에서 (내각의 크기)+(외각의 크기)$=180^\circ$이므로
(오각형의 외각의 크기의 합)
$=180^\circ\times5-$(오각형의 내각의 크기의 합)
$=900^\circ-540^\circ$
$=360^\circ$

7 n각형의 외각의 크기의 합이 $360°$임을 이용하여 n각형의 내각의 크기의 합이 $180°\times(n-2)$임을 설명해 보자 .

8 오른쪽 그림은 오각형의 대각선을 모두 그린 것입니다. 여기에 꼭짓점을 하나 추가하여 육각형이 될 때 늘어나는 대각선의 개수를 그림을 그려서 설명해 보자.

내가 만드는 수학 이야기

9 다음 용어 중 몇 개를 포함하여 다각형에 대한 이야기를 만들어 보자.

용어

다각형, 내각, 외각, 정다각형, n각형, 정n각형,
내각의 크기의 합, 외각의 크기의 합, 대각선, 대각선의 개수

제 목

2 부드러운 도형

여러분은 3월 14일을 어떤 날로 기억하고 있나요? 매년 3월 14일에는 파이데이라는 이름으로 세계 여러 나라에서 원주율을 기념하는 다양한 행사가 열립니다. 2009년 미국 하원은 3월 14일을 파이데이로 공식 지정하는 결의안을 통과시키기도 했다고 합니다. 원주율 속에는 과연 어떤 비밀이 숨겨져 있길래 이렇게 기념일로 정하게 되었을까요? 3.141592....라는 숫자만 기억하는 것이 아니라 그 속에 숨겨진 의미와 개념이 무엇인지 정확하게 안다면 원을 이해하는 데 아주 큰 도움이 될 것입니다. 원을 쪼개서 관찰하면 다양한 도형들을 발견할 수 있게 되고 이 도형들은 특별한 성질을 가지고 있습니다.

이 단원을 통해 원과 원에서 발견할 수 있는 도형들을 탐구하며 새로운 수학 원리를 발견해 보세요.

/1/ 원주율

개념과 원리 탐구하기 1

▮ 준비물 : 계산기

다음 글을 읽고 함께 탐구해 보자.

지름에 대한 원둘레 길이의 비(원둘레÷지름)인 원주율의 값을 정확히 구하려는 노력은 고대부터 지금까지 계속되고 있습니다. 고대 바빌로니아와 성경에는 원주율을 약 3으로 사용하였고, 고대 이집트에서는 원주율을 3.1604⋯로 사용하였습니다.
이 원주율을 과학적으로 계산한 최초의 사람은 고대 그리스의 수학자 아르키메데스(Archimedes : B.C.287~212)로 알려져 있습니다. 그는 원의 안과 밖에 접하는 정96각형의 둘레를 계산하여 원주율이 $\frac{223}{71}$과 $\frac{22}{7}$ 사이에 있다는 것을 발견하였습니다.

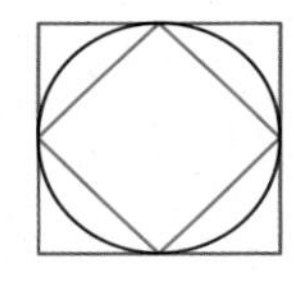
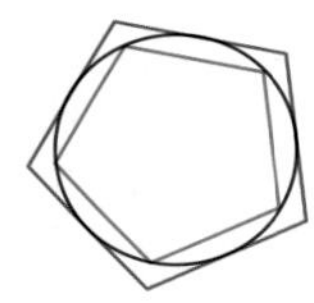
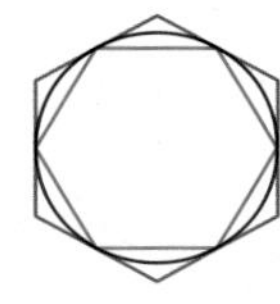
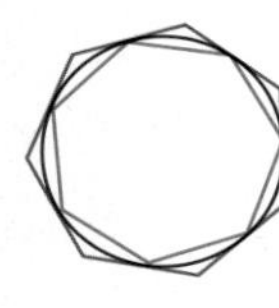
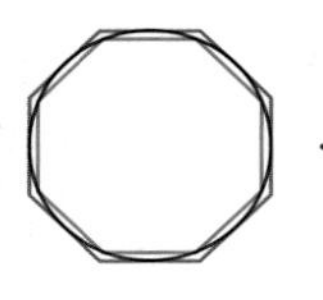
⋯

480년 경에 중국의 학자 조충지(祖沖之 : 429~500)는 원주율을 $\frac{355}{113}$로 나타내었습니다. 1600년대 독일의 루돌프 판 쾰런은 소수점 아래 35자리까지 계산하였습니다. 전자계산기가 발명되었을 때 수학자들은 가장 먼저 원주율의 값을 구했습니다. 1949년 전자계산기 에니악(ENIAC)으로 원주율을 소수점 아래 2037째 자리까지 구하였고, 2005년 일본 도쿄 대학의 가네다 야스마사 교수는 컴퓨터를 사용하여 소수점 아래 1,241,100,000,000자리까지 구하였습니다. 2010년 일본의 한 회사원은 소수점 아래 5조 자리까지 컴퓨터를 사용하여 약 90일에 걸쳐 계산하였습니다.

(1) 아르키메데스와 조충지가 발견한 원주율을 비교해 보자.

인물	발견 시기	사용한 원주율의 값	계산기로 구한 값과 소수점 아래 몇 째 자리까지 같은가?
아르키메데스			
조충지			

(2) 고대부터 시작되어 아르키메데스, 중국의 수학자 유휘, 조충지 그리고 현대에는 슈퍼컴퓨터를 이용하여 원주율의 값을 구하기 위해 노력해 오고 있습니다. 이들은 모두 원주율을 정확히 계산하려고 많은 시간을 보냈지만 지금까지도 원주율의 정확한 값을 구하지 못하였습니다. 그 이유는 무엇일지 생각해 보고 토론해 보자.

(3) 원주율은 기호 π로 나타내고, 이것을 '파이'라고 읽습니다. 공학용 계산기 앱을 설치하고, 원주율 π의 값을 확인해 보자.

2 **원주율 π의 정확한 값은 3.141592653⋯과 같이 한없이 계속되는 소수임이 알려져 있습니다.**

(1) 반지름의 길이가 r인 원주의 길이를 l, 넓이를 S라고 할 때, 원주의 길이와 원의 넓이를 기호 π를 사용하여 나타내 보자.

(2) 반지름의 길이가 10 cm인 원주의 길이와 원의 넓이를 기호 π를 사용하여 나타내 보자.

개념과 원리 탐구하기 2

1 **다음 학생들이 설명하는 도형을 주어진 원에 그려 보자.**

태윤 : 중심이 O인 원 위에 두 점 A, B를 잡으면 원이 두 부분으로 나누어지는데 이 두 부분을 각각 **호**라고 합니다. 호 AB는 보통 작은 쪽을 나타내고, 이를 기호로는 $\widehat{AB}$로 표기합니다.

도윤 : 원 위의 두 점 A, B를 지나는 직선 l을 **할선**이라 하고, 선분 AB를 **현**이라고 합니다. 현을 기호로는 $\overline{AB}$로 표기합니다.

지호 : 중심이 O인 원의 두 반지름 OA, OB와 $\widehat{AB}$로 이루어진 도형을 **부채꼴** OAB라고 합니다.

상훈 : 두 반지름 OA, OB로 이루어진 $\angle AOB$를 $\widehat{AB}$ 또는 부채꼴 OAB의 **중심각**이라고 합니다.

연재 : 중심이 O인 원에서 현 CD와 $\widehat{CD}$로 이루어진 도형을 **활꼴**이라고 합니다.

태윤	도윤	지호	상훈	연재
O	O	O	O	O

2 **다음 용어와 수학 기호를 사용하여 아래 그림을 설명하는 문장을 만들어 보자.**

호, 현, 부채꼴, 중심각, 활꼴

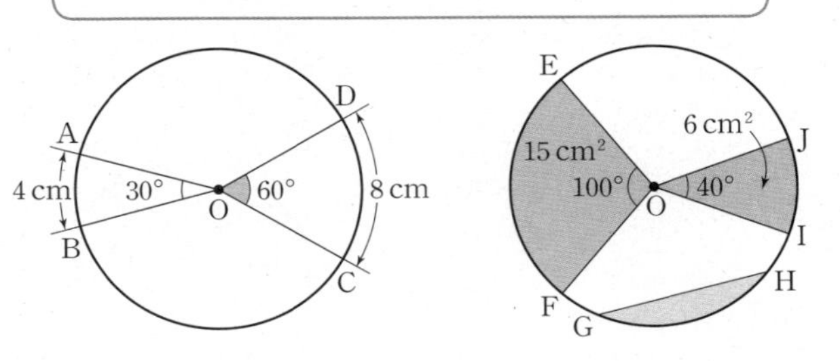

/ 2 / 원에서 찾을 수 있는 도형들

개념과 원리 탐구하기 3

1 다음 원 안의 도형은 정다각형입니다. (1)~(3)에서 색칠한 부채꼴의 넓이와 호의 길이를 어떻게 구할 수 있을지 설명해 보자.

(1)
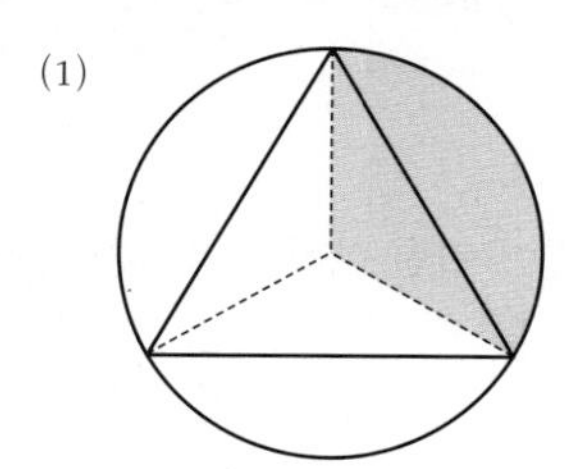

(2)
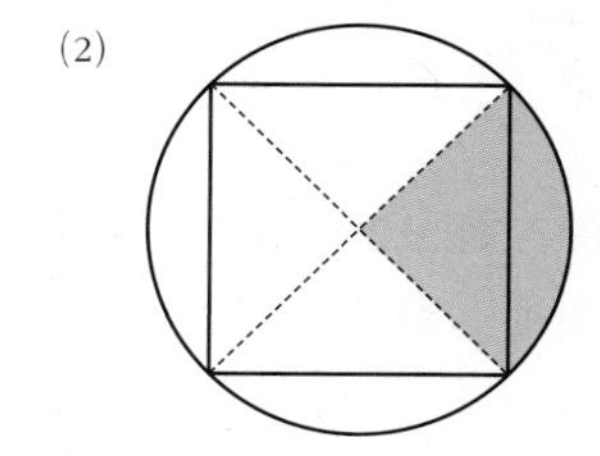

(3)
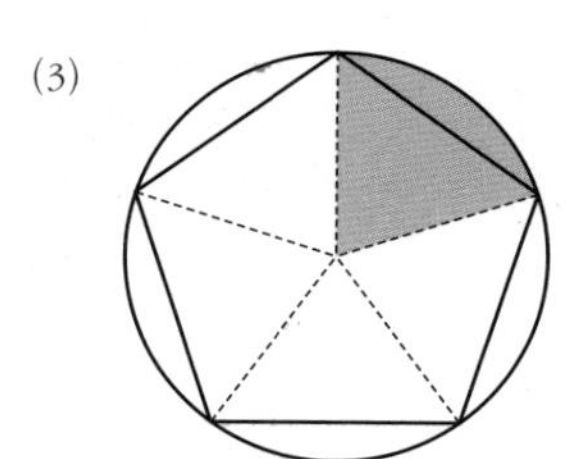

(1)

(2)

(3)

2 **1**에서 원의 반지름의 길이가 3 cm일 때, 색칠한 부채꼴의 넓이와 호의 길이를 각각 구하고 풀이 과정을 써보자.

(1)

(2)

(3)

개념과 원리 탐구하기 4

1 원 모양의 색종이를 그림과 같이 정확히 반씩 3번 접은 후 다시 펼치면 여러 개의 부채꼴 모양이 생깁니다.

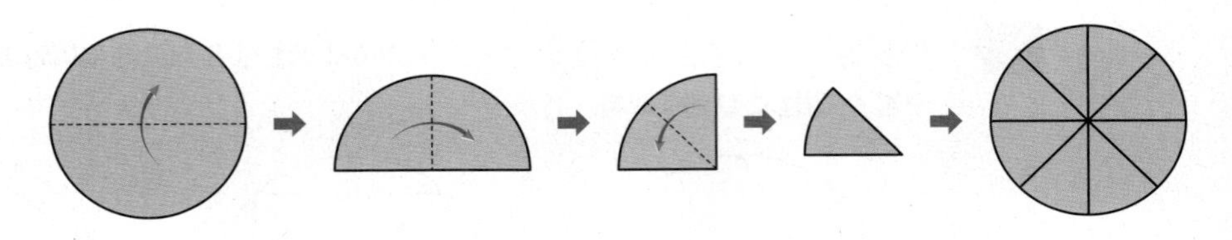

(1) 다음 그림은 원 모양의 색종이를 3번 접어 펼친 마지막 그림을 확대한 것입니다. 그림과 같이 원에서 생기는 부채꼴에 대해 발견할 수 있는 특징을 모두 찾아 설명해 보자.

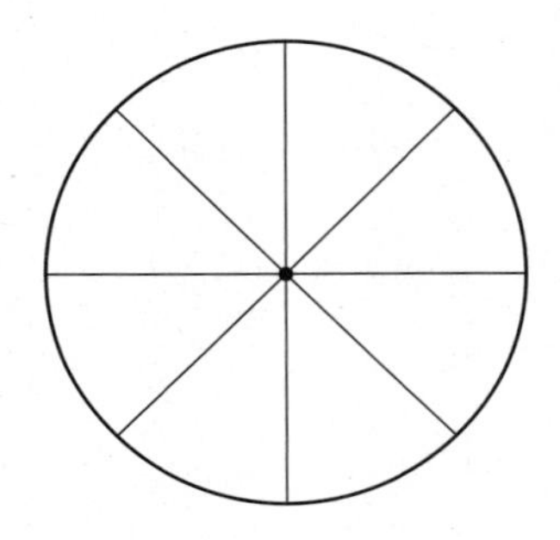

(2) 부채꼴의 성질을 탐구하기 위해서는 부채꼴에서 무엇을 관찰해야 하는지 써보자.

개념과 원리 탐구하기 5

1 **오른쪽 그림을 보고 다음 질문에 대하여 ○, ×를 표시하고, 그렇게 생각한 이유를 예를 들어 설명해 보자.**

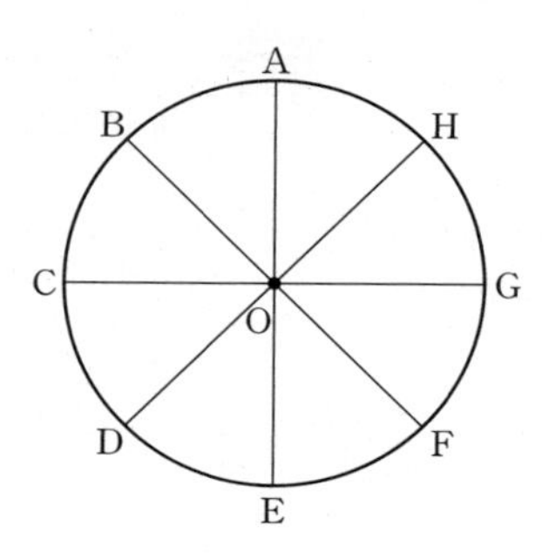

(1) 한 원에서 부채꼴의 넓이는 중심각의 크기에 정비례한다. (○, ×)

---

(2) 한 원에서 호의 길이는 중심각의 크기에 정비례한다. (○, ×)

---

(3) 한 원에서 현의 길이는 중심각의 크기에 정비례한다. (○, ×)

---

2 **중심각의 크기가 $a°$인 부채꼴의 호의 길이와 넓이를 각각 l과 S라고 할 때, 중심각의 크기가 $\frac{5}{2}a°$인 부채꼴의 호의 길이와 넓이를 각각 l과 S를 이용하여 나타내 보자.**

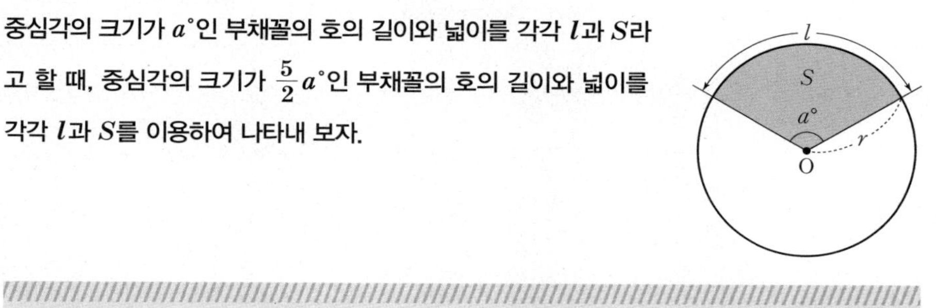

개념과 원리 탐구하기 6

1 다음은 재현이가 반지름의 길이가 r인 원의 넓이를 구하는 과정을 나타낸 그림입니다. 어떤 방법인지 설명해 보자.

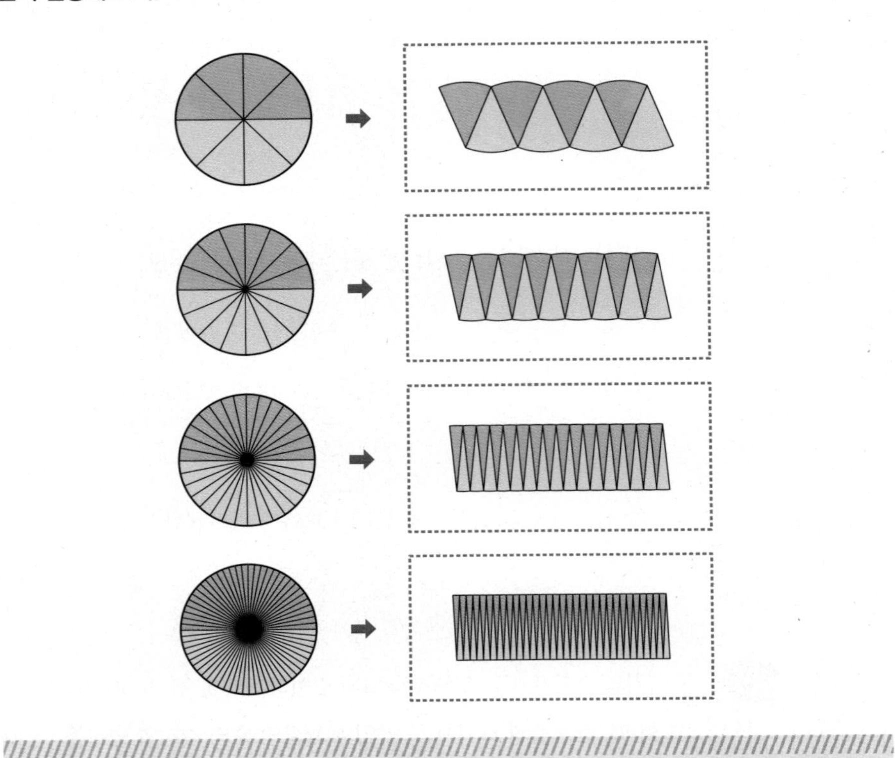

2 다음은 반지름의 길이가 r이고, 호의 길이가 l인 부채꼴의 넓이를 구하는 과정을 나타내는 그림입니다. 부채꼴의 넓이를 S라고 할 때, 빈칸에 알맞은 것을 써넣고 $S=\frac{1}{2}rl$임을 설명해 보자.

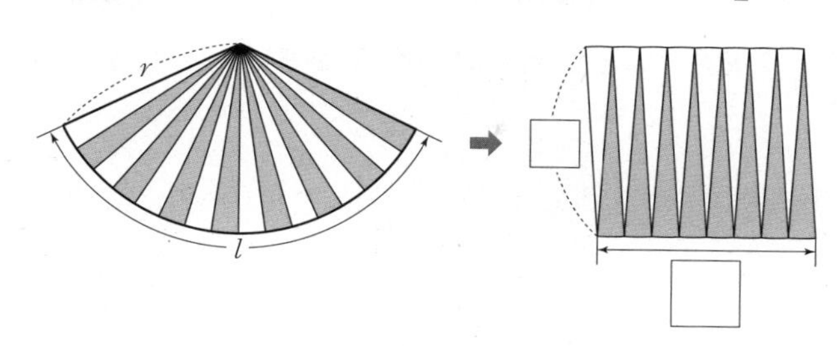

탐구 되돌아보기

1 **오른쪽 그림은 원을 12등분한 것입니다.**

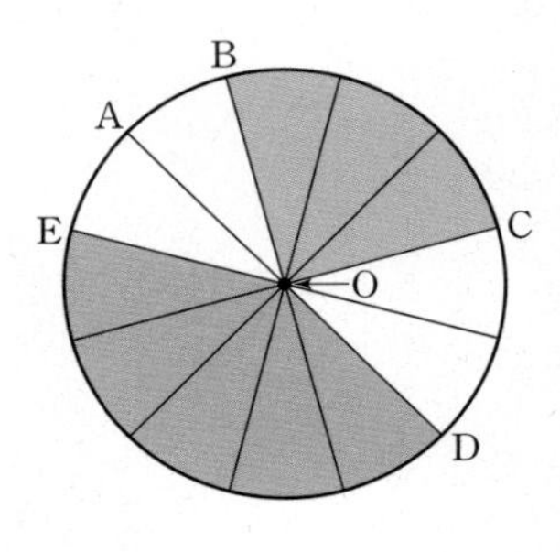

(1) 다음 각의 크기를 구하고 어떻게 구했는지 설명해 보자.

각	∠AOB	∠BOC	∠DOE	∠DOA	원 O
각의 크기 (°)					

(2) 위의 그림에서 원의 반지름의 길이를 10 cm라고 할 때, 다음 표의 빈칸을 채우고 부채꼴의 특징을 말해 보자.

중심각	∠AOB	∠BOC	∠DOE	∠DOA	원 O
호의 길이 (cm)					
넓이 (cm^2)					

2 다음 원 O에서 $\overset{\frown}{AB}:\overset{\frown}{BC}:\overset{\frown}{CA}=4:5:3$일 때, 호 AB의 중심각의 크기를 구해 보자.

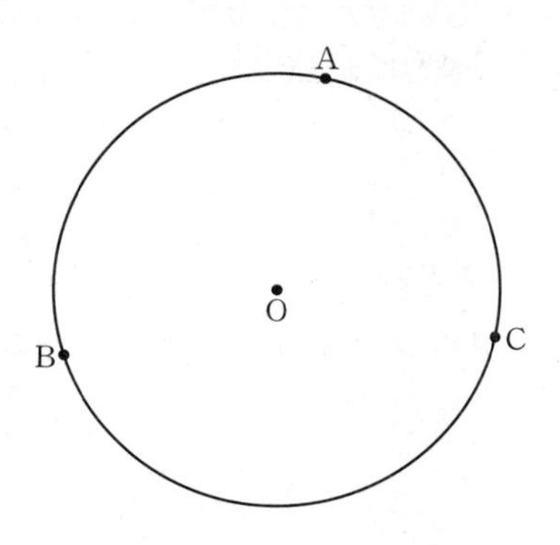

3 다음을 함께 탐구해 보자.

(1) 오른쪽 부채꼴은 원의 일부를 잘라낸 것입니다.
부채꼴 위에 원래의 원을 복원해 보자.

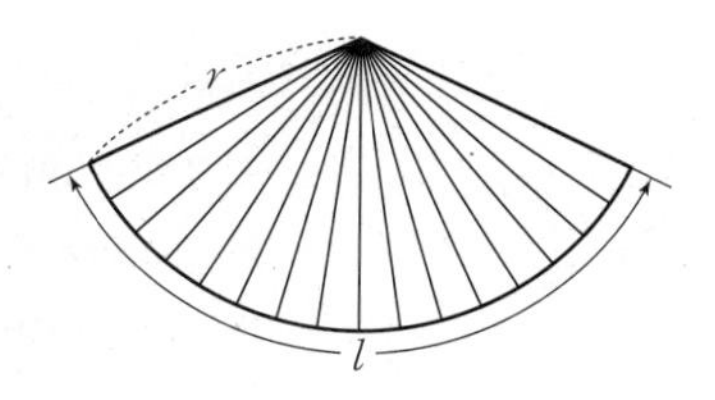

(2) (1)의 그림에서 작은 부채꼴 한 조각의 넓이는 3π cm^{2}이고, 주어진 부채꼴의 넓이는 원의 넓이의 $\frac{1}{3}$입니다. 이 원의 반지름의 길이를 구해 보자.

4

오른쪽 그림은 슬기가 한 달 동안 사용한 용돈 내역을 나타낸 원그래프입니다. 교통비가 4,000원일 때, 도서 구입에 사용한 비용을 구해 보자.

5

전체 길이가 45 cm이고, 자동차의 유리창을 닦아주는 부분의 길이는 30 cm이며 좌우로 150°의 각도로 움직이는 자동차 와이퍼가 있습니다. 이 와이퍼가 지나가며 유리창을 닦는 부분의 넓이를 구해 보자.

6 원 O에 중심각의 크기가 100°인 부채꼴을 그리기 위해서는 원을 몇 등분해야 되는지 구하고, 그렇게 생각한 이유를 써 보자.

O

7 부록에 있는 원주율의 근삿값을 참고하여 생일, 주민등록번호, 전화번호 등 자신과 관련된 숫자 배열을 찾아 표시해 보자. 예를 들어 이 원주율의 값 중에서 자신의 생일이 5월 5일이면 0505와 같이 자신의 생일이 나타난 부분을 찾아 표시하면 됩니다.
(웹사이트 http://www.facade.com/legacy/amiinpi/에 접속해도 됩니다.)

내가 만드는 수학 이야기

8 다음 용어 중 몇 개를 포함하여 부채꼴에 대한 이야기를 만들어 보자.

용어

부채꼴, 중심각, 호, 현, 활꼴, 할선

제 목

개념과 원리 연결하기

1 다각형의 내각의 크기의 합을 알면 그 다각형의 이름을 알 수 있을까요? 다각형의 외각의 크기의 합을 알면 그 다각형의 이름을 알 수 있을지 생각해 보자.

나의 첫 생각

다른 친구들의 생각

정리된 나의 생각

2 부채꼴의 개념을 정리해 보자.

(1) 이 단원에서 알게 된 부채꼴의 뜻과 성질 등을 모두 정리해 보자.

(2) 부채꼴과 연결된 개념을 복습해 보자. 그리고 제시된 개념과 부채꼴 사이의 연결성을 찾아 모둠에서 함께 정리해 보자.

부채꼴과 연결된 개념	각 개념의 뜻과 부채꼴의 연결성
• 비례식의 성질 • 정비례 • 원주와 원의 넓이	

수학 학습원리 완성하기

희승이는 92쪽 2 탐구하기 4 1 을 해결하기 위한 자기 사고 과정을 다음과 같은 방법으로 설명했습니다.

내가 선택한 문제

(1) 다음 그림은 원모양의 색종이를 3번 접어 펼친 마지막 그림을 확대한 것입니다. 그림과 같이 원에서 생기는 부채꼴에 대해 발견할 수 있는 특징을 모두 찾아 설명해 보자.

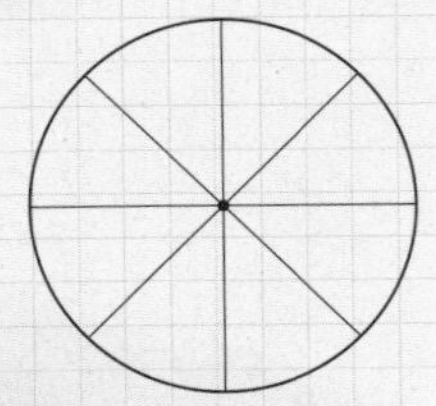

희승이의 깨달음

원을 그려서 오린 후 원의 중심을 지나도록 3번 접었다가 펼쳤을 때 나타나는 합동인 8개의 작은 부채꼴의 중심각의 크기가 45° 가 되었습니다. 이를 이용하면 중심각의 크기와 호의 길이, 중심각의 크기와 부채꼴의 넓이가 정비례한다는 것을 알 수 있었습니다. 그러므로 원주를 이용하여 호의 길이를 구할 수 있고, 원의 넓이를 이용하여 부채꼴의 넓이를 구할 수 있습니다. 이는 초등학교에서 배운 원주의 길이, 원의 넓이에 대한 개념과 중학교 때 배운 정비례 개념이 그대로 적용된다는 것을 알았고 신기했습니다.

수학 학습원리

학습원리 5. 여러 가지 수학 개념 연결하기

1 희승이의 설명에서 다른 수학 학습원리를 발견할 수 있는지 찾아보자.

2 희승이가 한 것처럼 이 단원의 다른 탐구 과제를 선택하여 해결하는 사고 과정을 설명하고 사용한 수학 학습원리를 찾아보자.

내가 선택한 탐구 과제

나의 깨달음

수학 학습원리

수학 학습원리

1. 끈기 있는 태도와 자신감 기르기
2. 관찰하는 습관을 통해 규칙성 찾아 표현하기
3. 수학적 추론을 통해 자신의 생각 설명하기
4. 수학적 의사소통 능력 기르기
5. 여러 가지 수학 개념 연결하기

STAGE 10

튀어나온 물체를 찾아보자

1 우리 주변의 입체도형

/1/ 다각형으로 둘러싸인 도형
/2/ 회전문이 만드는 도형

2 겉넓이와 부피

/1/ 기둥과 뿔의 겉넓이
/2/ 기둥과 뿔의 부피
/3/ 구의 겉넓이와 부피

item
inventory
Polyhedron
정이십면체 보석
퀘스트용
파괴 불가
라사의 도서관에서 찾은 '샴발라 외경'에 따르면 이곳은 '정이십면체'가 보관된 곳이었다. 판테이온 교단의 마법책은 이곳에서 만들어져 세상에 흩어졌지만 책에 담긴 암호를 풀기 위해서는 다면체를 찾아야 했다. 그레이와 페름은 이 고대 샴발라 유물에 새겨진 마법책의 암호를 천천히 읽어나가기 시작했다.

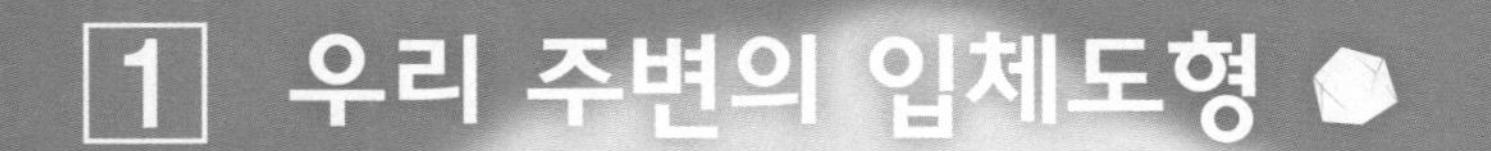

1 우리 주변의 입체도형

마트에 가면 상품들을 찾기 편리하도록 용도가 같은 종류끼리 모아 큰 팻말과 함께 진열해 놓은 모습을 보게 됩니다.
만약에 그 많은 상품들을 수학적인 기준으로 분류한다면 어떻게 분류할 수 있을까요? 또 그 분류된 상품들이 모아진 곳에는 어떤 이름으로 팻말을 만들까요?
우리 주변에서 볼 수 있는 다양한 물건들의 모양을 관찰하고 이를 통해 각각의 입체도형을 분류하는 기준을 찾아보세요. 그리고 분류한 도형의 특징을 설명할 때 관찰해야 하는 요소가 무엇인지 고민하는 과정을 통해 입체도형을 더 깊이 이해해 보세요.

/1/ 다각형으로 둘러싸인 도형

개념과 원리 탐구하기 1

1 위에 있는 물건들을 기준을 세워 분류해 보자.

2 **1** 에서 분류한 물건의 형태를 간단히 그리고, 그 특징을 써 보자.
(예) 캔 음료수는 와 같이 그릴 수 있습니다.)

3 **다음 입체도형의 특징을 설명하는 문장을 써보자.**

(1)

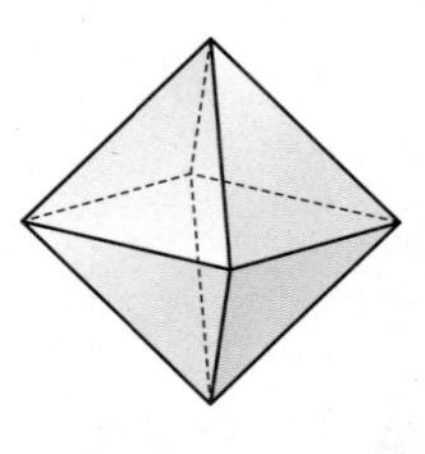

면이 8개인데, 모두 정삼각형으로 보인다.

(2)

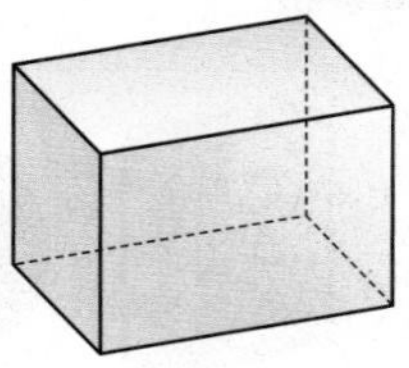

(3)

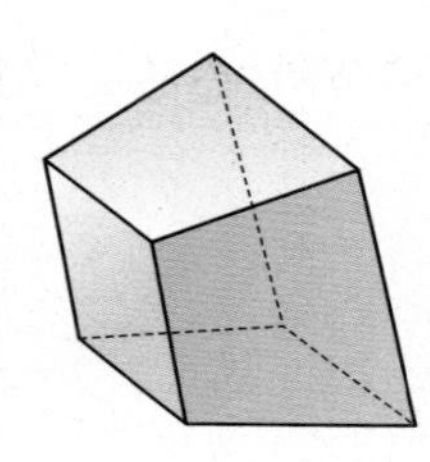

(4)

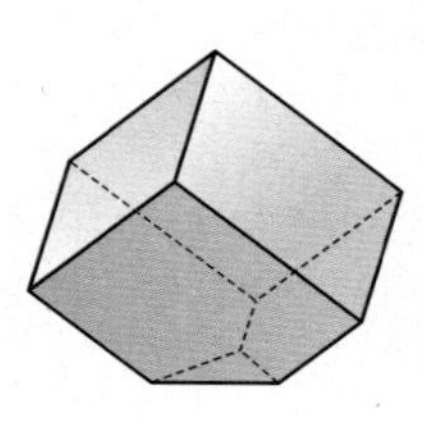

(5)

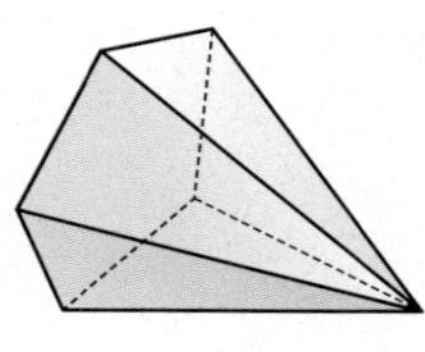

4 입체도형의 특징을 설명하기 위해서는 무엇을 관찰해야 하는지 써보자.

다각형인 면으로만 둘러싸인 입체도형을 **다면체**라 하고, 면의 개수가 4, 5, 6, …인 다면체를 각각 사면체, 오면체, 육면체, …라고 합니다.

5 다음 다면체의 공통점을 찾아보자.

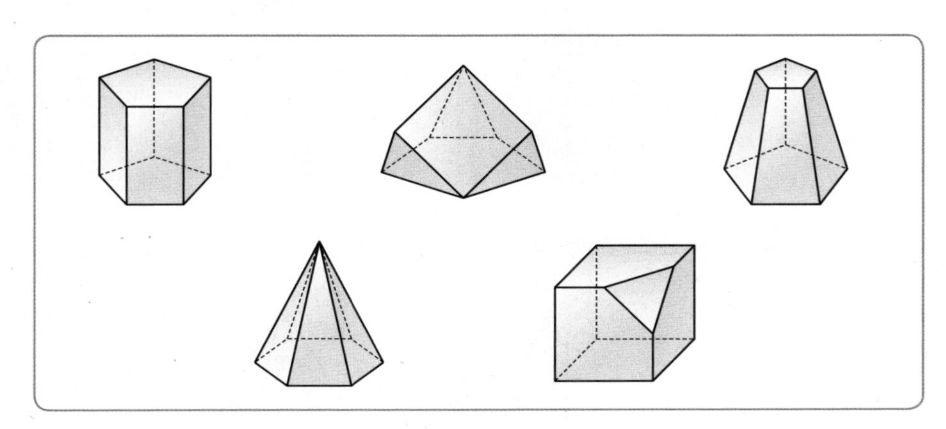

개념과 원리 탐구하기 2

1 오른쪽 그림에서 트로피를 올려놓은 받침대를 관찰해 보면 육면체이지만 우리가 알고 있는 직육면체와 모양이 다릅니다. 받침대는 뭔가를 잘라서 만든 것으로 보이는데, 받침대의 본래 모양은 무엇이었을까를 추측해서 그려 보자.

각뿔을 그 밑면에 평행한 평면으로 잘라서 생기는 두 입체도형 중 각뿔이 아닌 쪽의 다면체를 **각뿔대**라고 합니다.

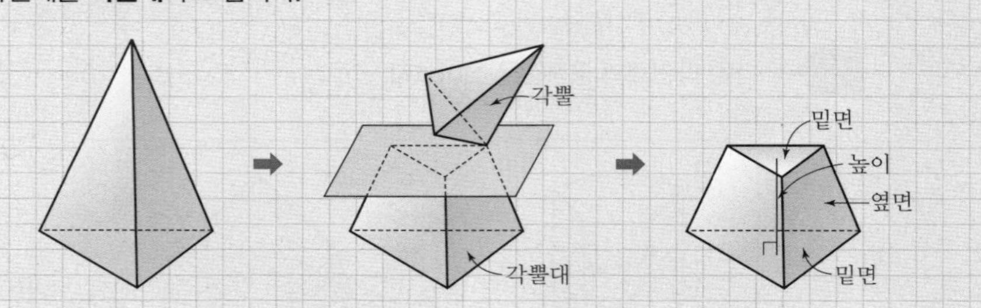

2 다음은 오각기둥, 오각뿔, 오각뿔대입니다. 세 다면체의 공통점과 차이점을 찾아 설명해 보자.

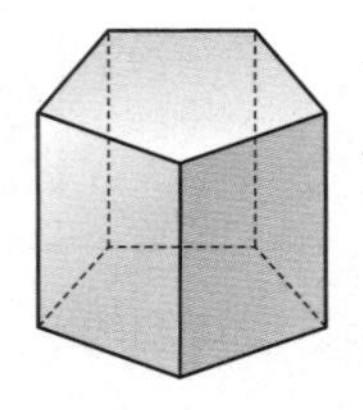 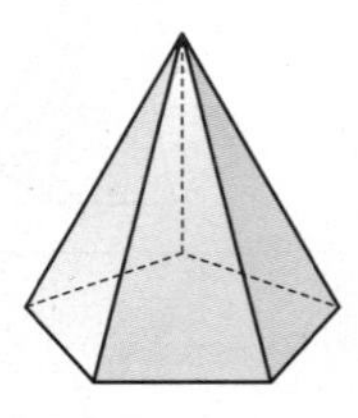 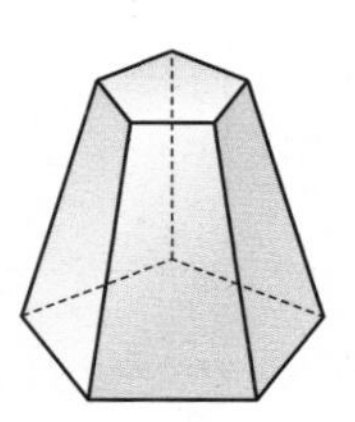

공통점	차이점

개념과 원리 탐구하기 3

황철석은 비료를 만드는데 필요한 물질인 황을 만들 수 있는 재료입니다. 아파트나 집을 짓는데 꼭 필요한 시멘트의 원료는 놀랍게도 아름다운 결정을 이루고 있는 방해석입니다. 1월에 태어난 사람들의 탄생석인 석류석은 진실과 우정을 뜻하는 보석류입니다. 이와 같이 쓰임새도 다양하고 모양도 아름다운 광물의 결정은 다면체로 이루어져 있다고 볼 수 있습니다.

1 **다음은 광물의 결정 모양을 다면체로 나타낸 것입니다. 각 면을 이루는 다각형들의 변의 길이가 모두 같다고 할 때, 다음을 함께 탐구해 보자.**

황철석	방해석	석류석
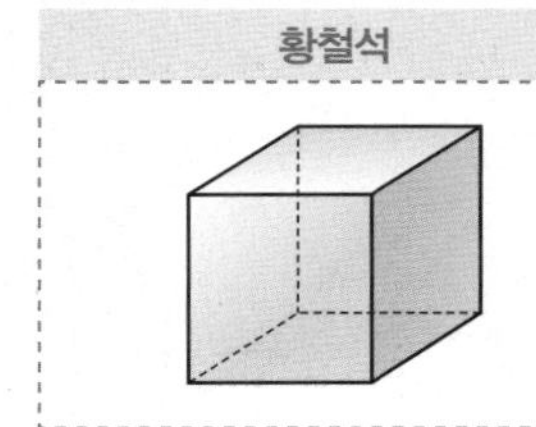	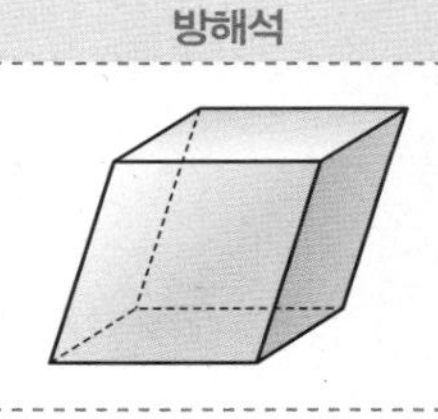	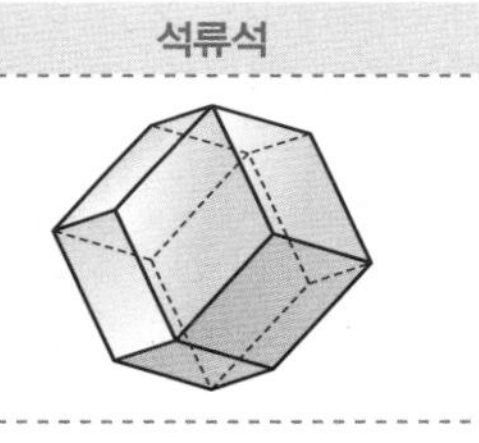

(1) 석류석 결정이 황철석과 방해석의 결정과 다른 특징을 두 가지 이상 찾아보자.

(2) 황철석 결정이 방해석 결정과 다른 특징을 찾아보자.

각 면이 모두 합동인 정다각형이고, 각 꼭짓점에 모인 면의 개수가 모두 같은 다면체를 **정다면체**라고 합니다.

2 **다음을 함께 탐구해 보자.**

▌ 준비물 : 정삼각형 모양 40개, 정사각형, 정오각형, 정육각형, 정팔각형 모양은 각각 20개 이상

(1) 다음 주어진 다각형을 이용하여 모둠별로 입체 도형을 최대한 많이 만들어 보자.

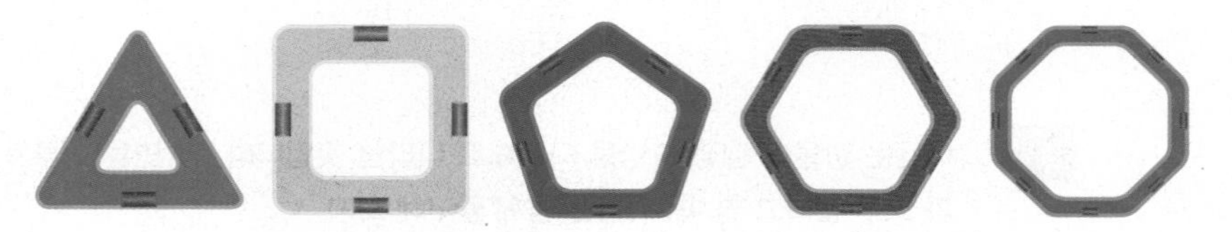

(2) 각 모둠별로 만든 입체 도형을 모두 모아서 종류별로 분류하고, 정다면체가 아닌 것을 찾아 그 이유를 설명해 보자.

(3) 정다면체는 모두 몇 종류인가요? 왜 그렇게 생각하는지 이유를 설명해 보자.

3 나는 누구일까요? 다음 조건을 모두 만족시키는 입체도형을 생각해 보자.

[조건]

❶ 나는 모든 면이 합동입니다. ❷ 나는 꼭짓점이 8개입니다.

4 다음은 친구들이 만든 입체도형입니다. 각 입체도형이 정다면체인지 판단해 보고, 그렇게 판단한 이유를 설명해 보자.

(1)

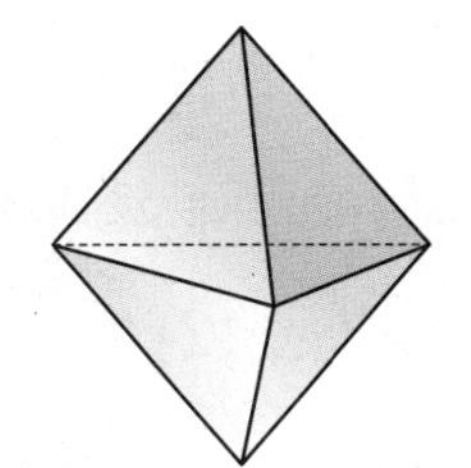

(2)

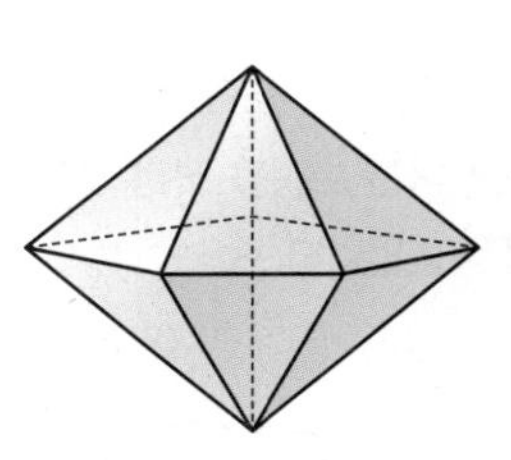

(3)

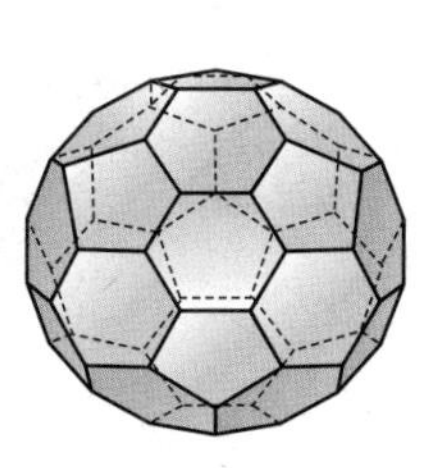

	판단	그렇게 판단한 이유
(1)		
(2)		
(3)		

/ 2 / 회전문이 만드는 도형

개념과 원리 탐구하기 4

1 판 위에 직사각형을 올려 놓고 축을 중심으로 1회전 시킬 때 보이는 입체도형을 그려 보자.

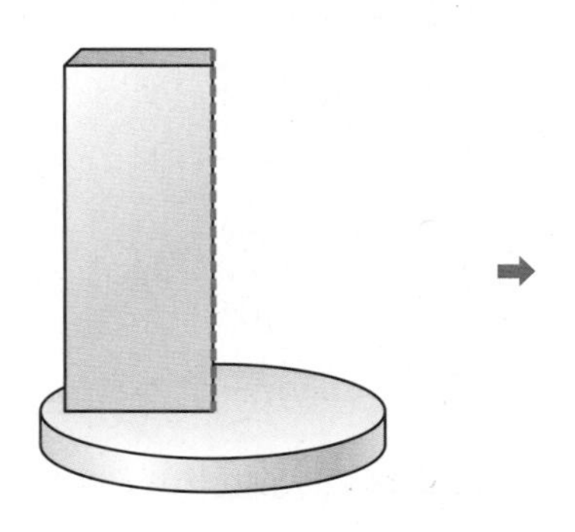

2 다음 물체들은 어떤 도형을 회전 시킨 것인지 각각 물체의 아래 그림에 그려 보자. (단, 주어진 직선은 회전의 중심입니다.)

평면 도형을 한 직선을 축으로 하여 1회전하여 만든 입체도형을 **회전체**라 하고, 이때 축으로 사용한 직선을 **회전축**이라고 합니다.

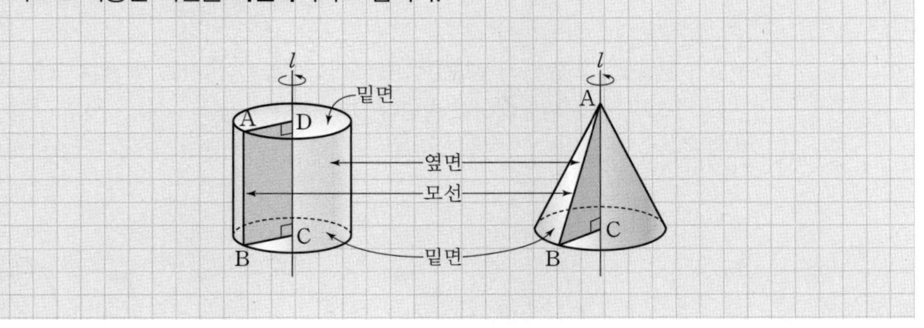

3 다음 물건은 회전체인지 판단해 보고, 그렇게 생각한 이유를 설명해 보자.

4 다음 빈칸에 나만의 회전체를 그려 보자.

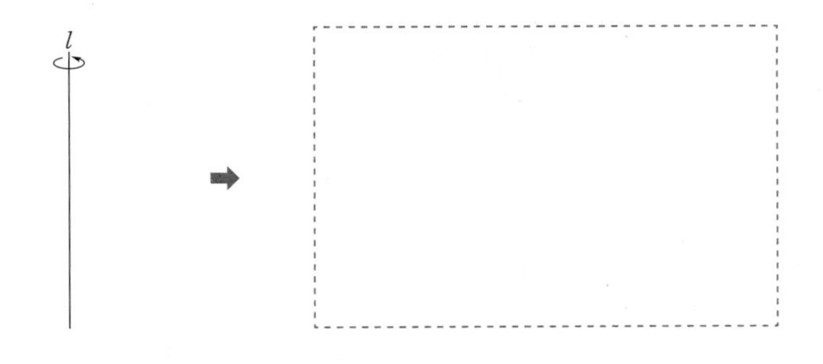

개념과 원리 탐구하기 5

원뿔을 그 밑면에 평행한 평면으로 잘라서 생기는 두 입체도형 중 원뿔이 아닌 쪽의 입체도형을 **원뿔대**라고 합니다.

원뿔
원뿔대
밑면
높이
옆면
밑면

1 원뿔대는 회전체인지 판단하고 그렇게 생각한 이유를 설명해 보자.

2 다음 평면도형을 직선 l을 회전축으로 하여 1회전 시킨 입체도형이 원뿔대인지 각각 판단하고 그 이유를 써보자.

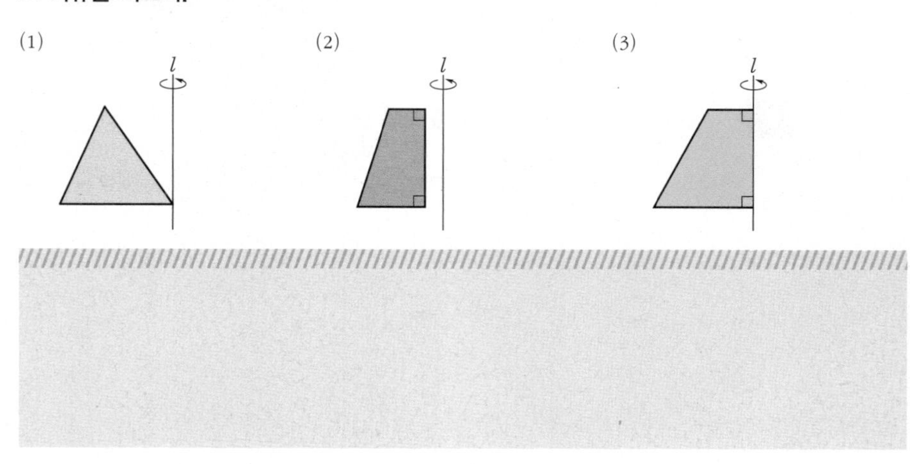

탐구 되돌아보기

1 다음 그림은 어떤 입체도형을 위에서 바라본 것을 그린 것입니다. 각 그림에 알맞은 입체도형을 그려 보자.

(1)

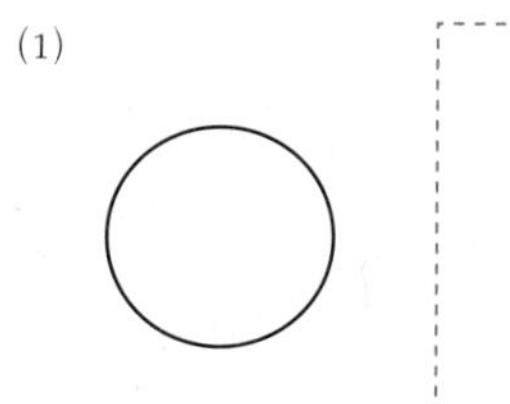

(2)

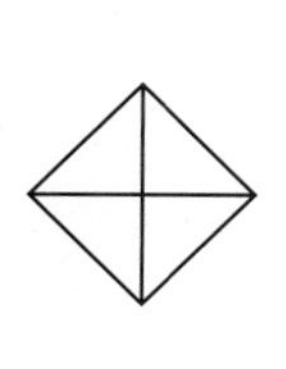

(3)

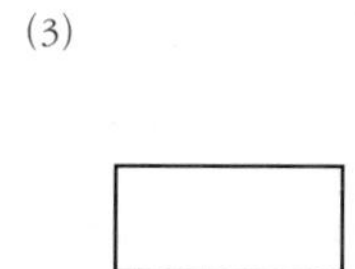

(4)

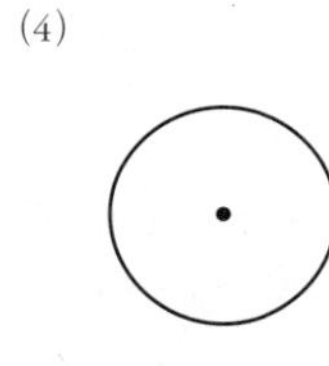

2 다음 조건을 모두 만족하는 입체도형의 이름을 써보자.

(1)

[조건]

❶ 다면체입니다.
❷ 평행인 네 쌍의 면이 존재합니다.
❸ 각 면은 정삼각형입니다.

(2)

[조건]

❶ 나는 위에서 보면 삼각형 모양입니다.
❷ 나는 꼭짓점이 6개입니다.

3 오른쪽 그림과 같은 포장 상자에 대하여 다음 물음에 답해 보자.

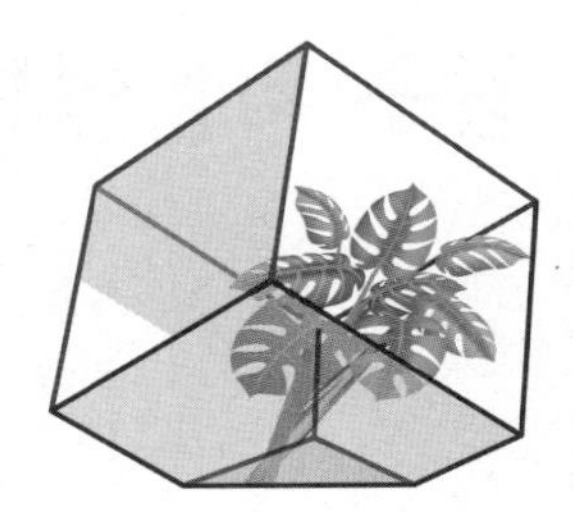

(1) 포장 상자 모양의 입체도형의 이름은 무엇이라고 할 수 있을까요?

(2) 이 입체도형의 꼭짓점, 모서리, 면의 개수를 구해 보자.

4 오른쪽 그림과 같이 정사면체 두 개의 한 면을 맞대어 만들어지는 입체도형의 면의 개수를 구해 보고, 그렇게 구한 이유를 설명해 보자.

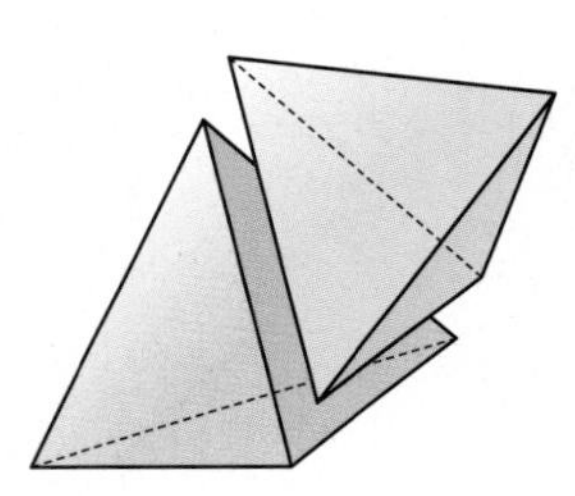

5 정육면체를 오른쪽 그림과 같이 세 꼭짓점을 지나는 평면으로 자를 때 생기는 입체도형 중 삼각뿔은 정사면체인지 판단해 보고, 그렇게 생각한 이유를 설명해 보자.

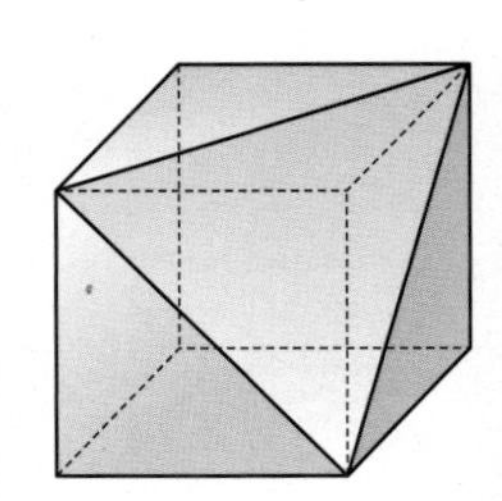

6 면의 모양에 따라 정다면체를 분류하면 다음과 같습니다. 면의 모양이 정삼각형인 정다면체는 3개, 정사각형인 정다면체는 1개, 정오각형인 정다면체는 1개입니다.

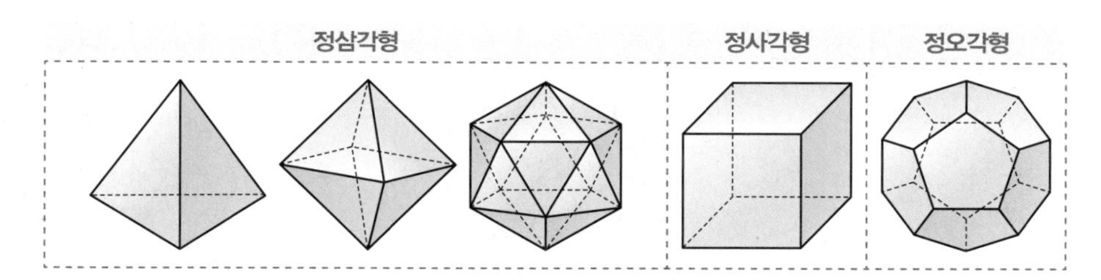

그 중 면의 모양이 정삼각형인 정다면체는 정사면체, 정팔면체, 정이십면체가 있습니다. 이 밖에 면의 모양이 정삼각형인 정다면체가 더 있을지 판단해 보고, 그렇게 생각한 이유를 설명해 보자.

7 정다면체를 이루는 면의 모양은 정삼각형, 정사각형, 정오각형뿐입니다. 정다면체를 이루는 면의 모양에 정육각형이 없는 이유를 생각해 보고 설명해 보자.

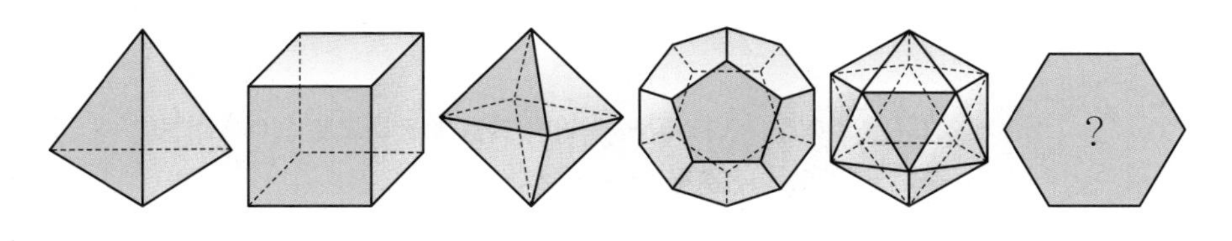

8 축구공을 관찰해 보면 정오각형과 정육각형 모양의 가죽을 서로 이어서 만든 것임을 발견할 수 있습니다. 다음 그림과 같이 정이십면체의 각 꼭짓점에서, 각 모서리를 삼등분한 점을 지나는 평면으로 자르면 축구공 모양의 다면체를 얻습니다. 다음 물음에 답해 보자.

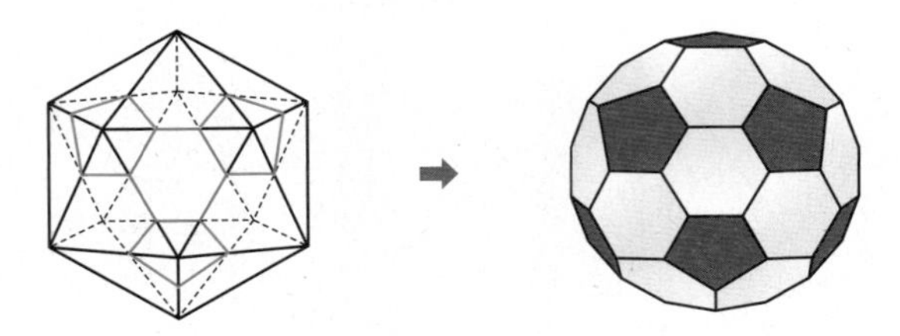

(1) 정이십면체의 한 꼭짓점에서 각 모서리를 삼등분한 점을 지나는 평면으로 잘랐을 때 생기는 단면의 모양과 잘려나가는 각뿔의 이름을 말해 보자.

단면의 모양	각뿔의 이름

(2) (1)에서 구한 단면의 모양은 몇 개 생기는지 구해 보자.

(3) 잘려 나가지 않고 남아 있는 면의 모양의 이름과 그 면의 개수를 구해 보자.

면의 모양	개수

9 다음은 주어진 사다리꼴에서 어떤 축을 회전축으로 하여 1회전할 때 생긴 회전체인지 사다리꼴 ABCD에 회전축을 나타내 보자.

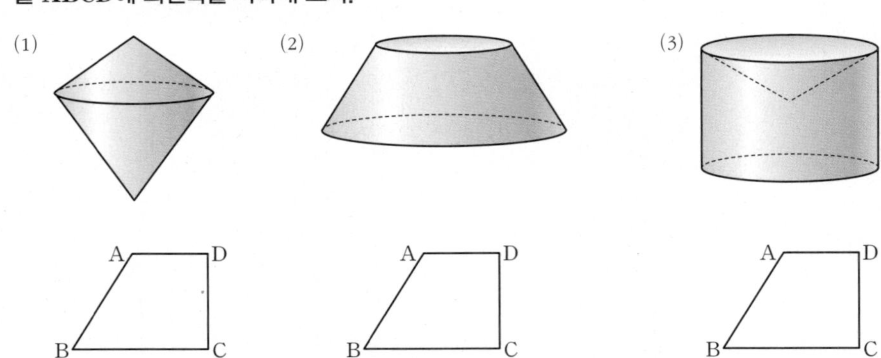

2 겉넓이와 부피

기둥과 뿔과 구는 생긴 모양이 다른 것처럼 겉을 싸고 있는 면의 넓이 또한 다릅니다. 입체도형의 겉넓이는 우리가 알고 있는 평면도형의 넓이를 이용해서 모두 구할 수 있을까요? 기둥과 뿔과 구는 서로 어떤 특별한 관계를 가지고 있을까요? 눈으로 관찰하고 상상하는 과정을 통해 예상되는 답들을 직접 만들어 보고 실험을 하는 과정에서 어떻게 달라지는지 확인해 보세요. 그리고 공간을 차지하는 양은 또 어떤 차이가 있을지도 함께 고민하면서 입체도형을 더 깊게 이해해 보세요.

/1/ 기둥과 뿔의 겉넓이

개념과 원리 탐구하기 1

1 다음 입체도형의 겉넓이를 구하기 위해 넓이를 알아야 하는 평면도형을 그려 보자.

(1)

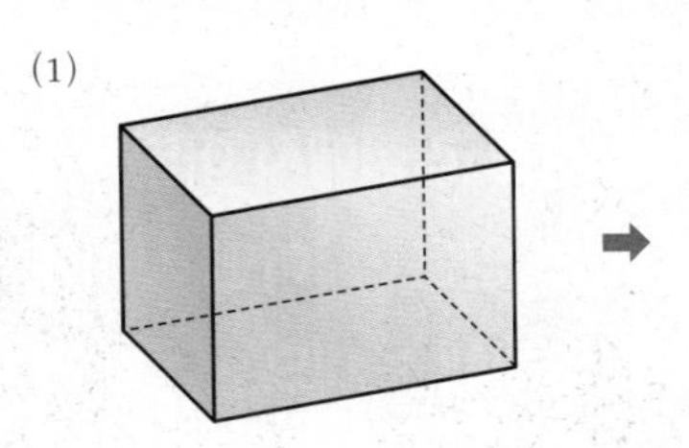

(2)

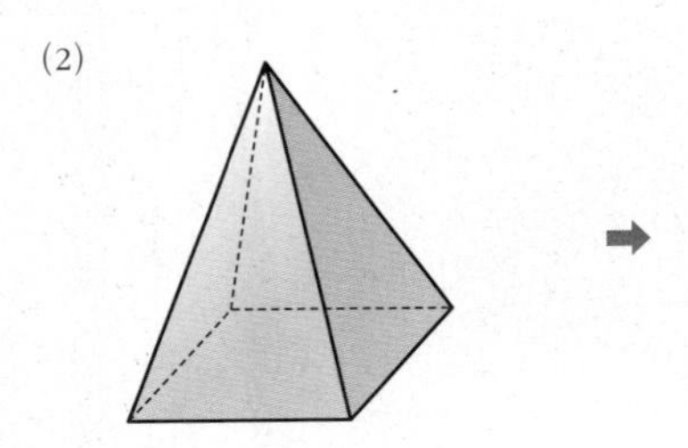

(3)

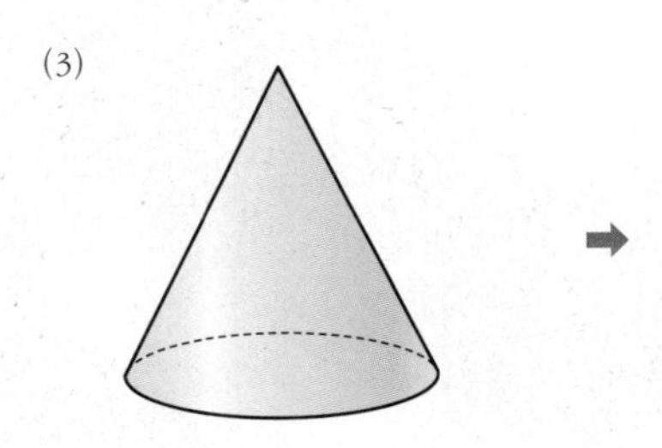

(4)

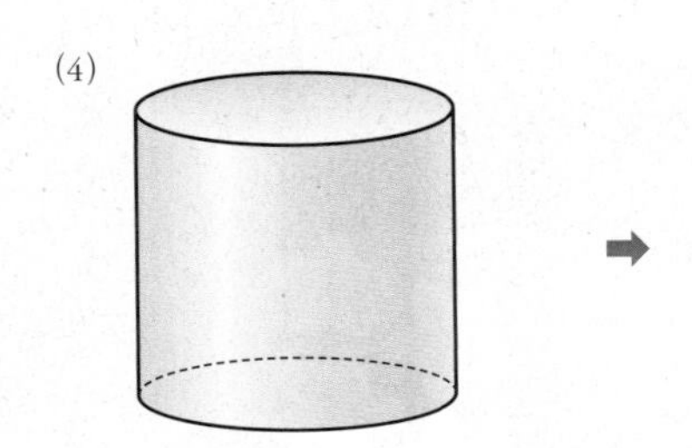

2 다음 각기둥과 각뿔의 겉넓이를 구하고 어떻게 구했는지, 그 방법을 설명해 보자.

(1)

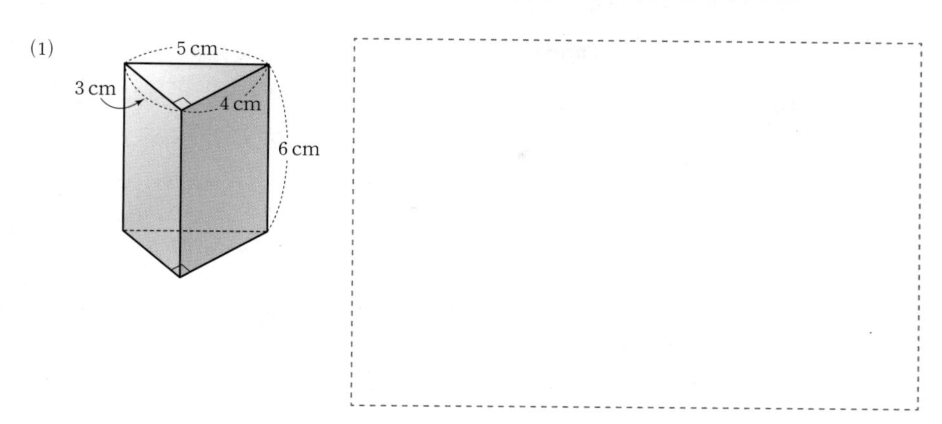

(2)

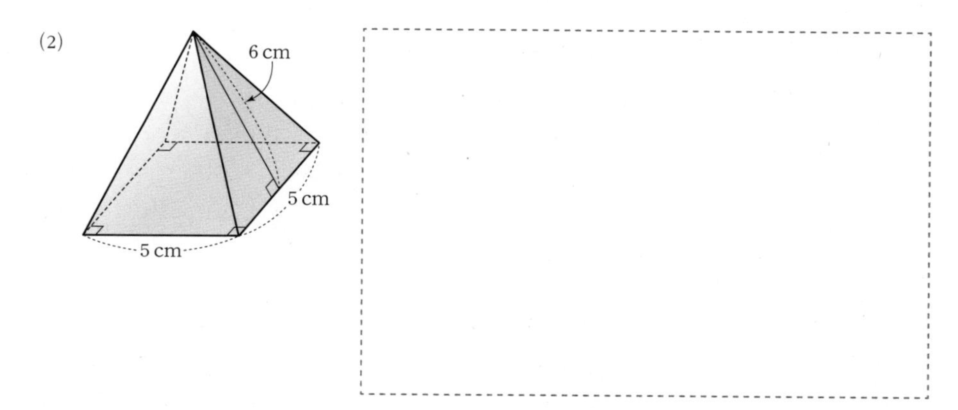

3 각기둥이나 각뿔의 겉넓이를 효율적으로 구할 수 있는 방법에 대해 친구들과 이야기해 보자.

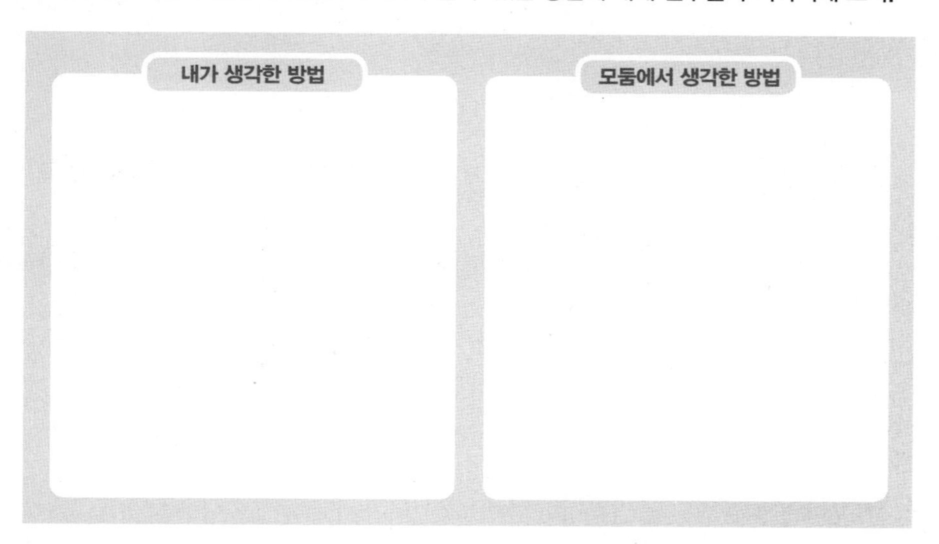

개념과 원리 탐구하기 2

191쪽 [부록 2]의 전개도를 오려서 직접 확인해 보세요.

1 다음은 친구들이 오른쪽 그림과 같은 원기둥의 전개도를 그린 것입니다. 전개도를 오려서 원기둥을 만들 때, 각 전개도에 대한 나의 생각을 정리해 보자.

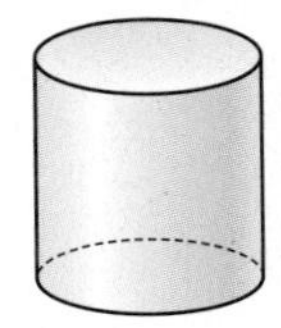

(1)

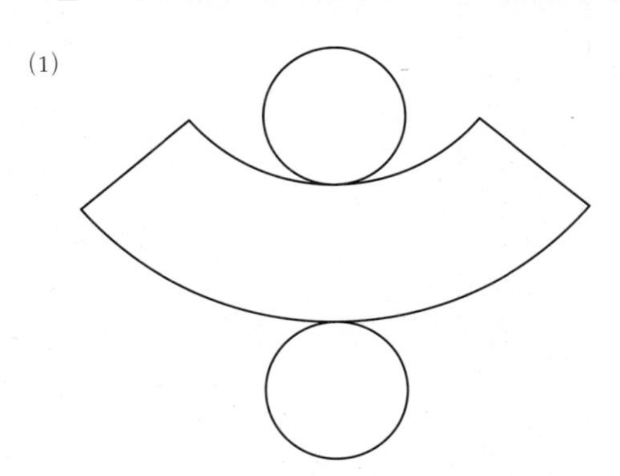

(2)

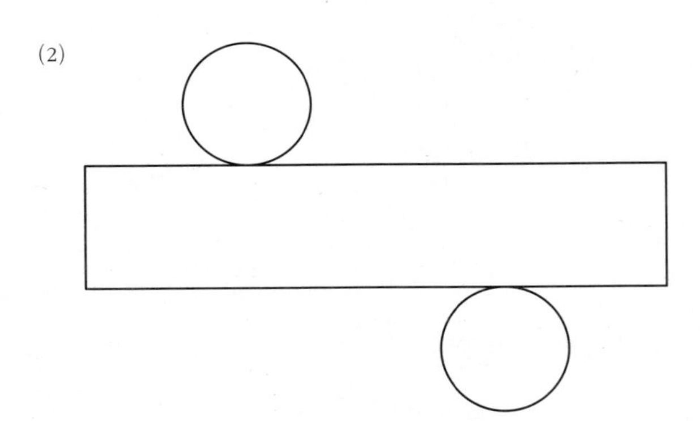

2 원기둥의 전개도를 바르게 그리는 방법을 생각해 보고 친구들과 의견을 나눠 보자.

내가 생각한 방법	모둠에서 생각한 방법

개념과 원리 탐구하기 3

▌준비물 : 자, 컴퍼스, 원뿔 모양 종이컵, 가위, 풀
193쪽 [부록 3]의 전개도를 오려서 직접 확인해 보세요.

1 다음은 친구들이 오른쪽 그림과 같은 원뿔의 전개도를 그린 것입니다. 전개도를 오려서 원뿔을 만들 때, 각 전개도에 대한 나의 생각을 정리해 보자.

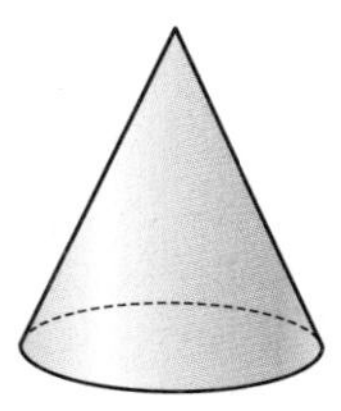

(1)

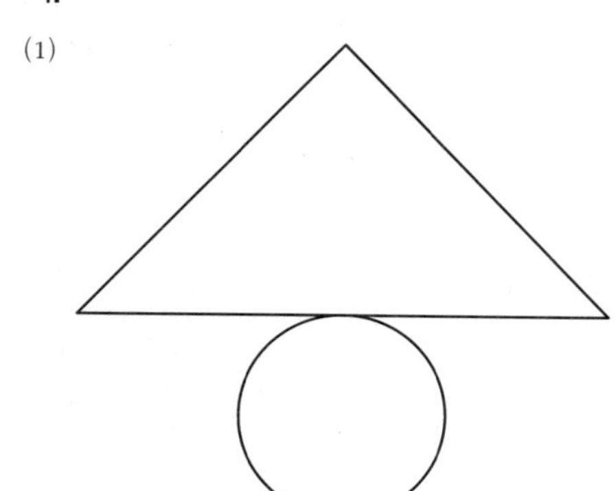

(2)

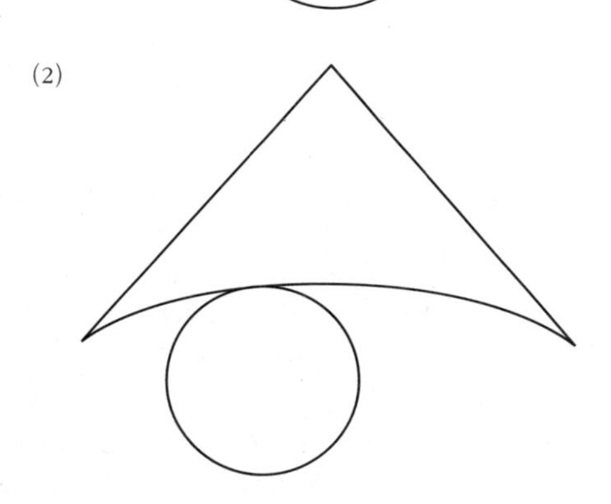

2 오른쪽 그림과 같은 원뿔 모양의 종이컵을 이용하여 원뿔의 전개도를 그려 보자.

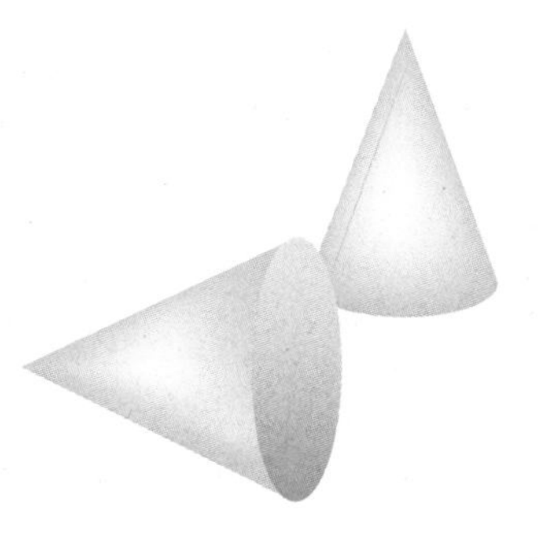

개념과 원리 탐구하기 4

▌ 준비물 : 각도기, 컴퍼스, 자, 계산기, 단 주어진 모눈종이 한 칸의 가로와 세로의 길이는 각각 1 cm라고 생각하자.

다음 그림은 원뿔 모양의 고깔모자입니다. 짝과 서로 다른 고깔모자를 택하여 모눈종이에 전개도를 하나씩 그리고 가위로 잘라서 원뿔 모양이 만들어지는지 확인해 봅시다. 원뿔이 만들어지지 않는다면 문제점을 보완하여 다시 한번 전개도를 수정하고 원뿔을 만들어 봅시다.

고깔 A	고깔 B
 밑면의 반지름의 길이는 4 cm, 모선의 길이는 6 cm	 밑면의 반지름의 길이는 3 cm, 모선의 길이는 6 cm

1 **위의 원뿔 모양의 고깔모자의 전개도를 각각 모눈종이에 그려 보자.**

고깔 A

고깔 B

2 위와 같이 전개도를 그린 이유를 설명해 보자. 그리고 원뿔의 전개도를 그릴 때 중요한 요소가 무엇인지 친구들과 이야기해 보자.

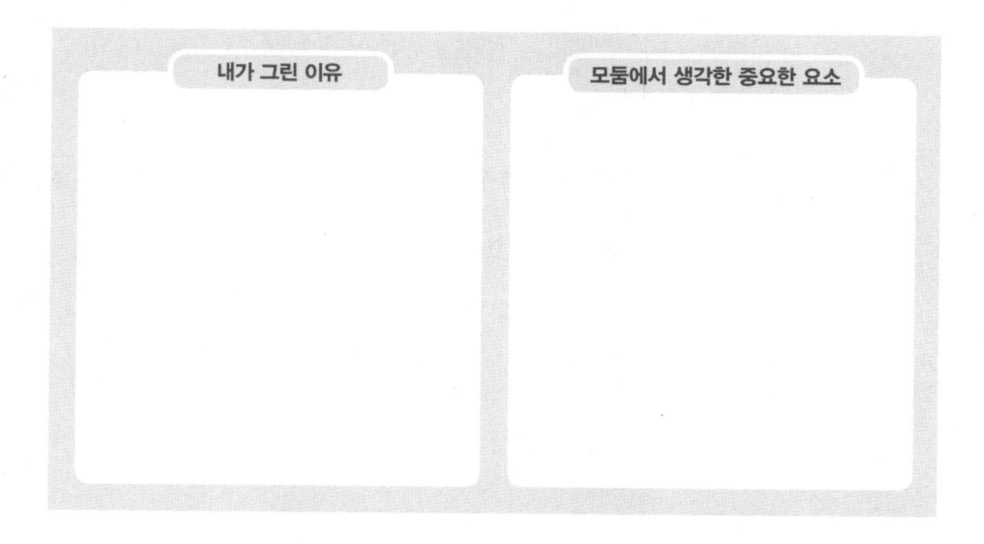

개념과 원리 탐구하기 5

입체도형을 일정한 방향으로 바라본 것을 실선과 점선으로 나타낸 그림을 겨냥도라고 합니다. 이때 보이는 모서리는 실선으로, 보이지 않는 모서리는 점선으로 그립니다.

1 원기둥의 겨냥도를 그려 보자.

2 **1** 에서 원기둥의 겉넓이를 구하기 위해 필요한 정보를 정리해 보자.

3 **2** 에서 정리한 정보대로 원기둥의 각 부분의 수치를 정하여, 원기둥의 겉넓이를 구해 보자.

개념과 원리 탐구하기 6

1 원뿔의 겨냥도를 그려 보자.

2 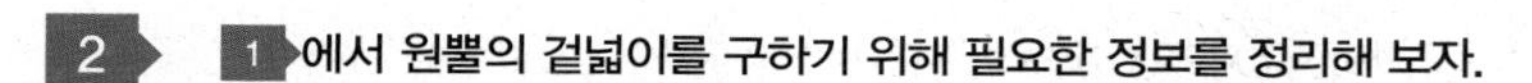
1 에서 원뿔의 겉넓이를 구하기 위해 필요한 정보를 정리해 보자.

3 2 에서 정리한 정보대로 원뿔의 각 부분의 수치를 정하여, 원뿔의 겉넓이를 구해 보자.

/ 2 / 기둥과 뿔의 부피

▌준비물 : 계산기

개념과 원리 탐구하기 7

1 한 모서리의 길이가 1 cm인 정육면체의 부피는 $1\ cm^3$입니다. 이를 이용하여 아래 직육면체의 부피를 구하는 과정을 식으로 나타내어 보자. 그리고 각 수가 의미하는 것을 써보자.

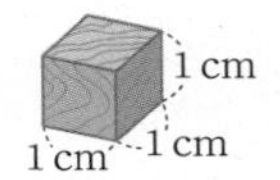

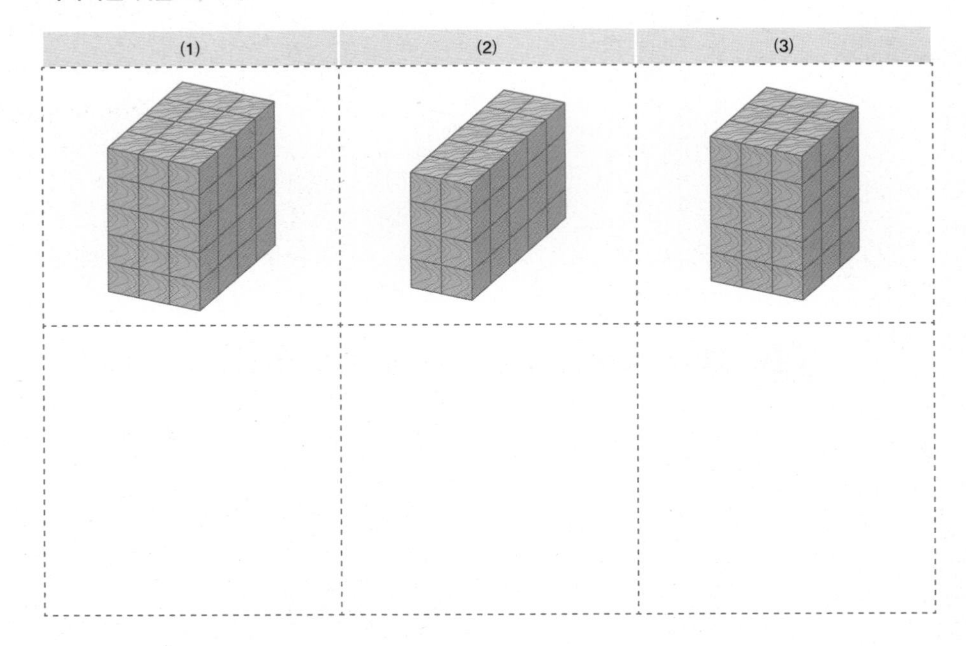

2 직육면체의 부피를 구할 때 (가로)×(세로)가 한 밑면의 넓이와 같다면 이를 이용하여 직육면체의 부피는 어떻게 나타낼 수 있는지 정리해 보자.

3 다음 기둥의 부피를 구해 보자. (계산기 사용)

(1)

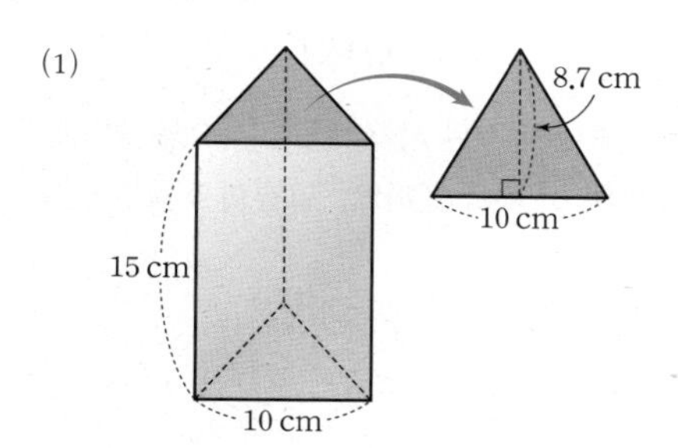

(2)

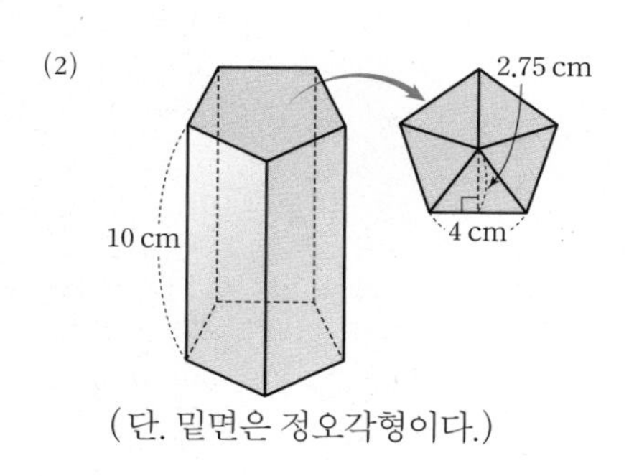

(단, 밑면은 정오각형이다.)

(3)

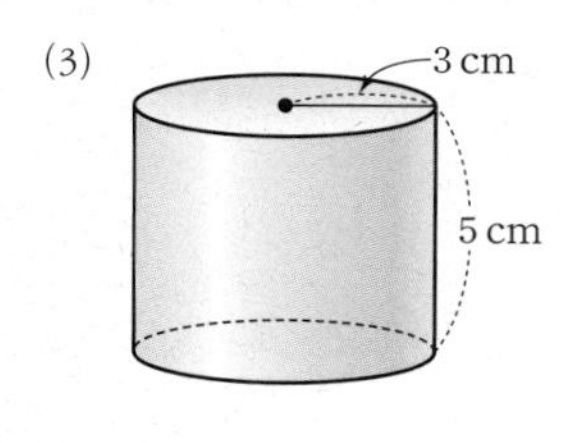

(4)

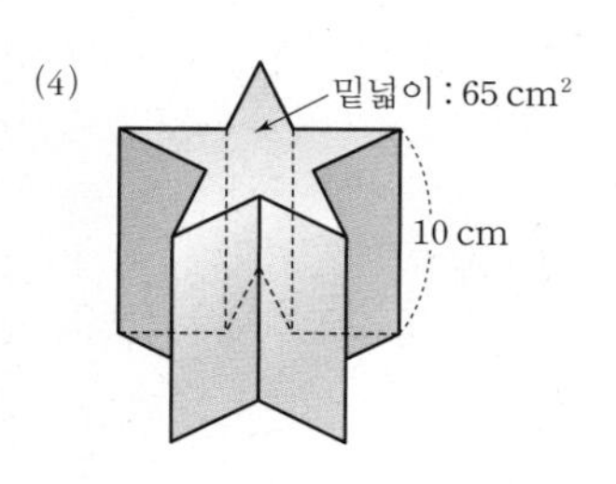

개념과 원리 탐구하기 8

▌준비물 : 아크릴 사각뿔 모형, 사각기둥 모형, 종이, 풀, 가위, 자

그림과 같이 밑면의 넓이가 같고, 높이가 같은 사각기둥과 사각뿔 모양의 용기가 있습니다. 사각기둥의 부피는 사각뿔의 부피의 몇 배쯤 될까요? 그렇게 추측한 이유를 설명해 보자.

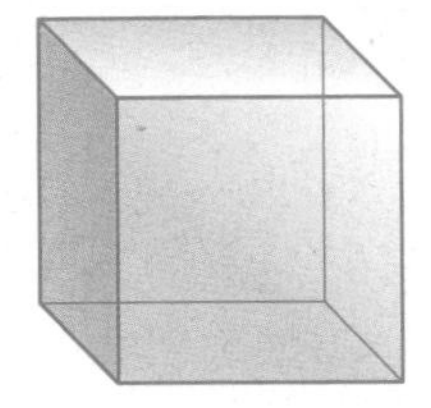

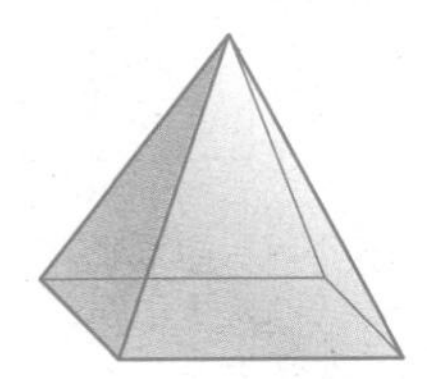

2 1 의 사각뿔 모양의 용기에 물을 가득 채워 사각기둥 모양의 용기에 부어 봅시다. 몇 번을 부으면 사각기둥 모양의 용기에 물이 가득 찬다고 할 수 있을까요? 그 이유 또한 생각해 보자.

195쪽, 197쪽 [부록 4]의 전개도를 이용하세요.

3 그림 ㈎는 사각뿔의 전개도입니다. 이 사각뿔의 밑면은 한 변의 길이가 6 cm인 정사각형이고 높이도 6 cm입니다. 전개도를 이용하여 그림 ㈏와 같은 사각뿔을 한 친구가 2개씩 만들어 총 8개를 만들어 보자.

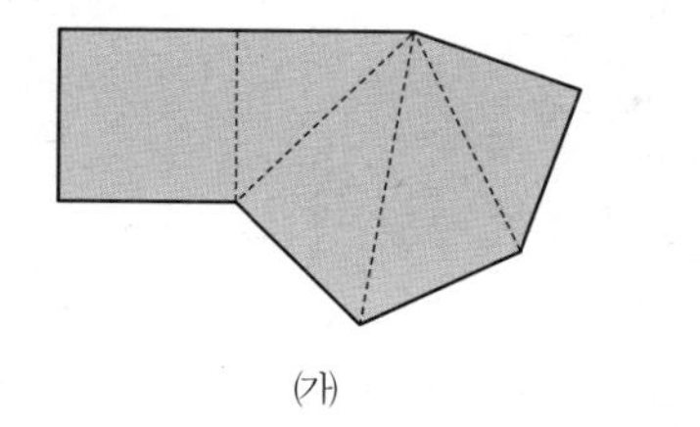
㈎

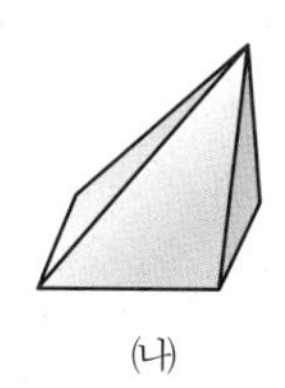
㈏

(1) ㈏와 같은 모양의 사각뿔을 몇 개 붙이면 정육면체를 만들 수 있을지 구하고, 그 이유를 설명해 보자.

(2) 사각뿔 하나의 부피를 구하고, 구한 방법을 설명해 보자.

4 각뿔의 부피를 구하는 방법을 생각해 보고, 모둠에서 정리해 보자.

/ 3 / 구의 겉넓이와 부피

개념과 원리 탐구하기 9

▌준비물 : 구 모양에 가까운 오렌지, 도화지, 연필, 과일칼, 쟁반 또는 접시

다음 실험을 통해 구 모양으로 생긴 오렌지의 겉넓이를 구해 봅시다.

① 오렌지의 단면과 크기가 같은 원을 여러 개 그립니다.
② 오렌지 한 개의 껍질을 잘게 잘라서 그려 놓은 원을 빈틈 없이 겹치지 않게 채웁니다.

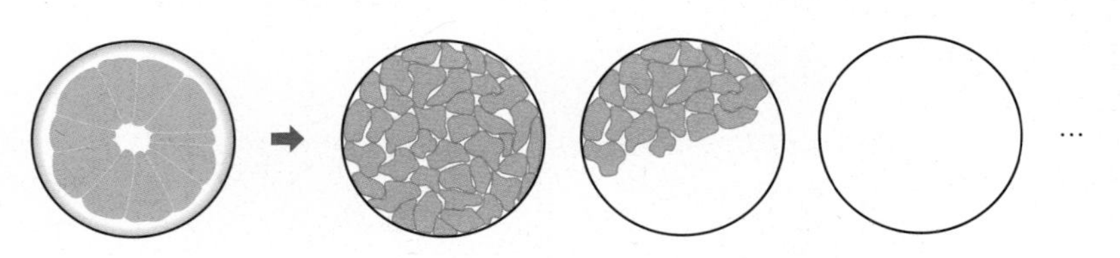

1 오렌지의 껍질로 몇 개의 원을 채울 수 있을까요?

2 **1**을 이용하여 구의 겉넓이를 구하는 방법을 생각하고, 그것을 문자를 사용하여 식으로 나타내 보자.

개념과 원리 탐구하기 10

▌준비물 : 원뿔 모양의 그릇 2개, 반구 모양의 그릇 2개, 원기둥 모양의 그릇 1개, 이 안에 부을 수 있는 콩
(단, 이 그릇들의 밑면인 원의 반지름의 길이는 모두 같고 원기둥의 높이는 원의 지름의 길이와 같습니다.)

1 다음 (1)~(3) 중 콩이 가장 많이 들어있는 것을 추측해 보자.

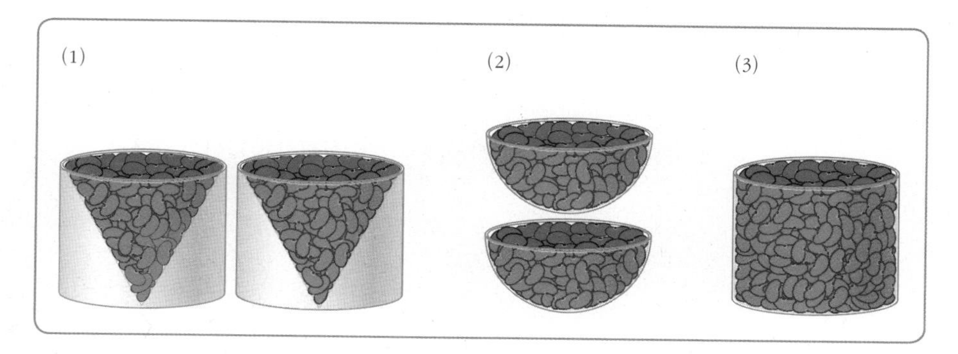

2 각각의 그릇과 콩을 가지고 여러 가지 활동을 통해 원뿔과 원기둥, 구의 부피 사이의 관계를 추측해 보자.

3 원뿔과 구의 부피를 구할 수 있는 방법을 생각하고, 그것을 문자를 사용하여 식으로 나타내어 보자.

원뿔의 부피	구의 부피

탐구 되돌아보기

1 **종이컵이 원기둥이 아니라 원뿔대인 이유는 위에서 아래로 공간이 없이 겹치게 쌓을 수 있어 공간 활용에 좋기 때문이라고 합니다.**

(1) 오른쪽 그림과 같은 종이컵의 겉넓이를 구하기 위해 필요한 요소를 적어 보자.

(2) (1)에서 찾은 요소들을 이용하여 종이컵의 겉넓이를 구하고 구한 과정을 설명해 보자.

2 **오른쪽 그림은 어떤 삼각뿔의 전개도입니다.**

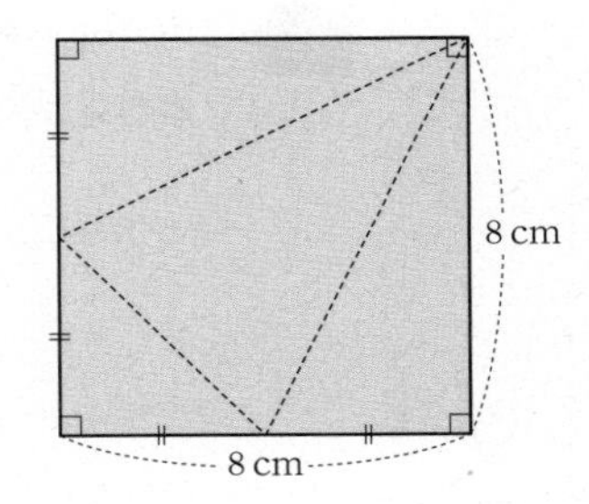

(1) 색종이에 그림과 같이 전개도를 옮겨 그리고, 접어서 삼각뿔을 만들어 보자.

(2) 이 삼각뿔의 겉넓이를 구해 보자.

(3) 이 삼각뿔의 부피를 구하고 구한 과정을 설명해 보자.

3 원기둥, 원뿔, 구의 부피를 비교하고자 합니다.

(1) 원뿔의 부피와 원기둥의 부피를 비교하기 위해서 같아야 하는 조건이 무엇일까요? 그림에 표시하고 부피의 비를 구해 보자.

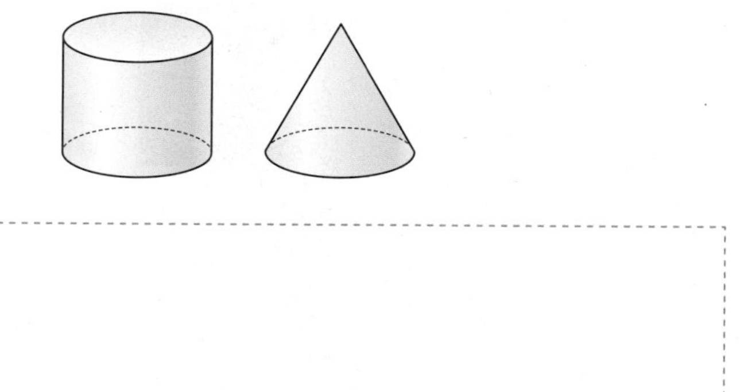

(2) 원기둥의 부피와 구의 부피를 비교하기 위해서 같아야 하는 조건이 무엇일까요? 그림에 표시하고 부피의 비를 구해 보자. (단, r은 구의 반지름의 길이입니다.)

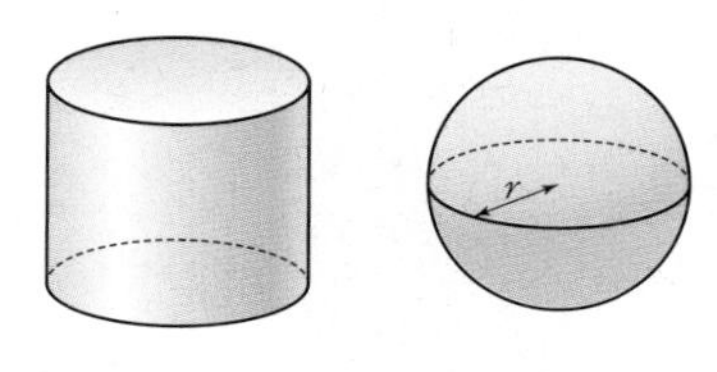

(3) 다음 글을 읽고 빈칸에 알맞은 비를 구해 보자.

고대 그리스의 수학자 아르키메데스(Archimedes, B.C. 287~212)는 지렛대, 도르래, 투석기 등 우리 생활 또는 전쟁에 필요한 도구들을 많이 발명했습니다.
그는 특히 원과 구에 대한 성질을 연구하는 것을 좋아했다고 합니다.
아르키메데스는 원기둥에 꼭 맞게 들어가는 구와 원뿔에 대하여 원뿔, 구, 원기둥의 부피의 비가 ☐ 임을 알아내고,
"이처럼 아름다운 것은 없다."
고 말했다고 합니다.

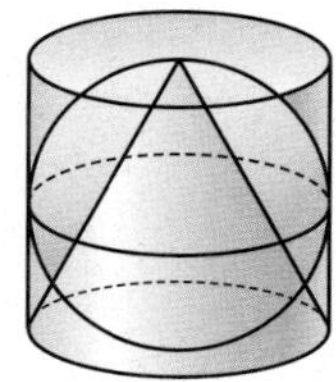

4 선희는 비닐봉지에 들어있는 밀크캐러멜을 샀습니다. 한 봉지에 들어있는 밀크캐러멜은 36개입니다. 밀크캐러멜의 개수에 꼭 맞게 다음과 같은 직육면체 모양의 상자에 넣어 선물하려고 합니다. (단, 밀크캐러멜 낱개는 한 모서리의 길이가 1 cm인 정육면체 모양입니다.)

(1) 조건에 맞는 다양한 크기의 직육면체 모양의 상자를 그려 보자.

(2) (1)에서 그린 상자 중 겉넓이가 최소인 상자는 어떤 것인지 구하고, 그 모양의 특징에 대해 추측해 보자.

5 다음 그림은 정육면체 안에 4개의 대각선을 그은 것입니다. 4개의 대각선이 만나는 한 점을 중심으로 정육면체를 쪼개면 6개의 사각뿔이 만들어집니다. 이 사실을 이용하여 밑넓이와 높이가 같은 각기둥과 각뿔의 부피 사이의 관계를 탐구하고, 설명해 보자.

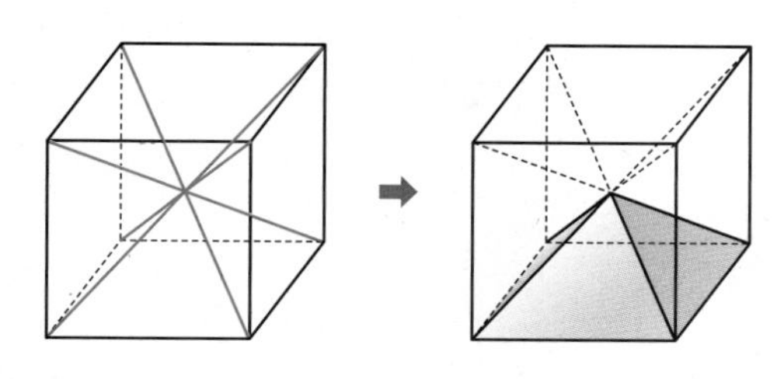

6 다음 그림과 같이 크기가 똑같은 두 직육면체 모양의 그릇에 물이 들어 있습니다. 물의 양을 구하려면 어느 길이를 알아야 하는지 말해 보고 물의 양을 각각 구해 보자.

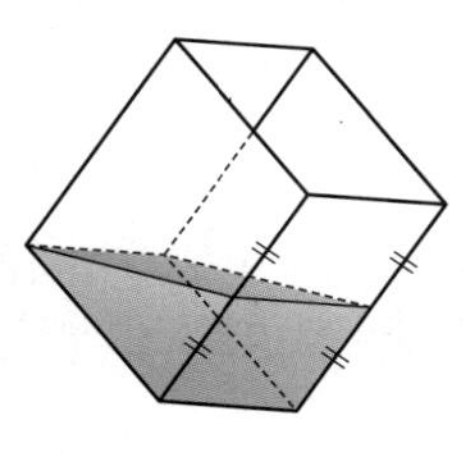

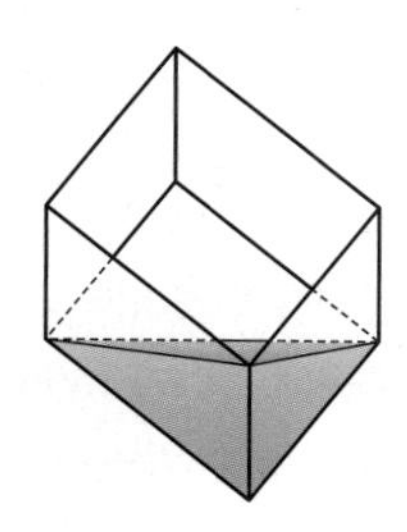

7 야구공은 아직도 기계화 하지 않고 사람이 직접 만든다고 합니다. 공 하나를 꿰매는 데 숙련자도 20분에서 30분 정도가 걸리며 일본에서 기계화를 시도했다가 실패한 사례도 있습니다.

(1) 다음 중 오른쪽 그림과 같은 동그란 야구공의 겉을 빈틈 없이 감쌀 수 있는 것을 고르고 그 이유를 써보자.

① ② ③ ④

(2) 야구공의 겉면은 위의 그림과 같이 똑같이 생긴 두 조각을 이어 붙여서 꿰맵니다. 야구공의 지름의 길이가 7 cm일 때, 한 조각의 넓이를 구해 보자.

8 반지름의 길이가 3 cm인 구 모양의 초콜릿을 녹여서 반지름의 길이가 1 cm인 반구 모양의 초콜릿을 모두 몇 개나 만들 수 있는지 구해 보자.

내가 만드는 수학 이야기

9 다음 사진은 이누에트족의 이글루와 아메리카 인디언의 티피라는 집입니다. 왜 이런 모양으로 집을 지었을까요? 나만의 건물을 디자인하고 다음 용어 중 몇 개를 포함하여 설명해 보자.

용어

다면체, 각뿔대, 정다면체, 원뿔대, 회전체, 회전축

제 목

개념과 원리 연결하기

1 다면체에는 왜 삼면체는 없는지 생각해 보자.

나의 첫 생각

다른 친구들의 생각

정리된 나의 생각

2 정다면체의 개념을 정리해 보자.

(1) 이 단원에서 알게 된 정다면체의 뜻, 성질, 법칙 등을 모두 정리해 보자.

(2) 정다면체와 연결된 개념을 복습해 보자. 그리고 제시된 개념과 정다면체 사이의 연결성을 찾아 모둠에서 함께 정리해 보자.

정다면체와 연결된 개념	각 개념의 뜻과 정다면체의 연결성
• 정다각형 • 합동 • 꼭짓점, 모서리, 면 • 다면체 • 직육면체와 정육면체 • 각기둥과 각뿔	

수학 학습원리 완성하기

상진이는 109쪽 1 탐구하기 1 4 을 해결하기 위한 자기 사고 과정을 다음과 같은 방법으로 설명했습니다.

내가 선택한 문제

4 입체도형의 특징을 설명하기 위해서는 무엇을 관찰해야 하는지 써보자.

상진이의 깨달음

우리는 다면체를 이름 짓고 분류하는 활동을 통해 여러 가지 입체도형을 분류하는 기준을 세웠습니다. 또한 그 기준에 따라 다면체가 가지는 공통적인 특성을 발견했습니다. 다면체는 모두 각 면이 삼각형, 사각형 등과 같은 평면도형으로 구성되어 있으며, 평면도형의 모양과 면의 개수가 다면체의 이름을 결정하는 중요 요소라는 것을 알았습니다. 그리고 분류한 다면체들의 꼭짓점, 모서리, 면의 개수마다 나름의 규칙성이 있으며, 겨냥도나 전개도를 통해 이들을 확인할 수 있었습니다.

수학 학습원리

학습원리 5. 여러 가지 수학 개념을 연결하기

1 상진이의 설명에서 다른 수학 학습원리를 발견할 수 있는지 찾아보자.

2 상진이가 한 것처럼 이 단원의 다른 탐구 과제를 선택하여 해결하는 사고 과정을 설명해 보고 사용한 수학 학습원리를 찾아보자.

내가 선택한 탐구 과제

나의 깨달음

수학 학습원리

수학 학습원리

1. 끈기 있는 태도와 자신감 기르기
2. 관찰하는 습관을 통해 규칙성 찾아 표현하기
3. 수학적 추론을 통해 자신의 생각 설명하기
4. 수학적 의사소통 능력 기르기
5. 여러 가지 수학 개념 연결하기

STAGE 11

세상을 한눈에 알아보자

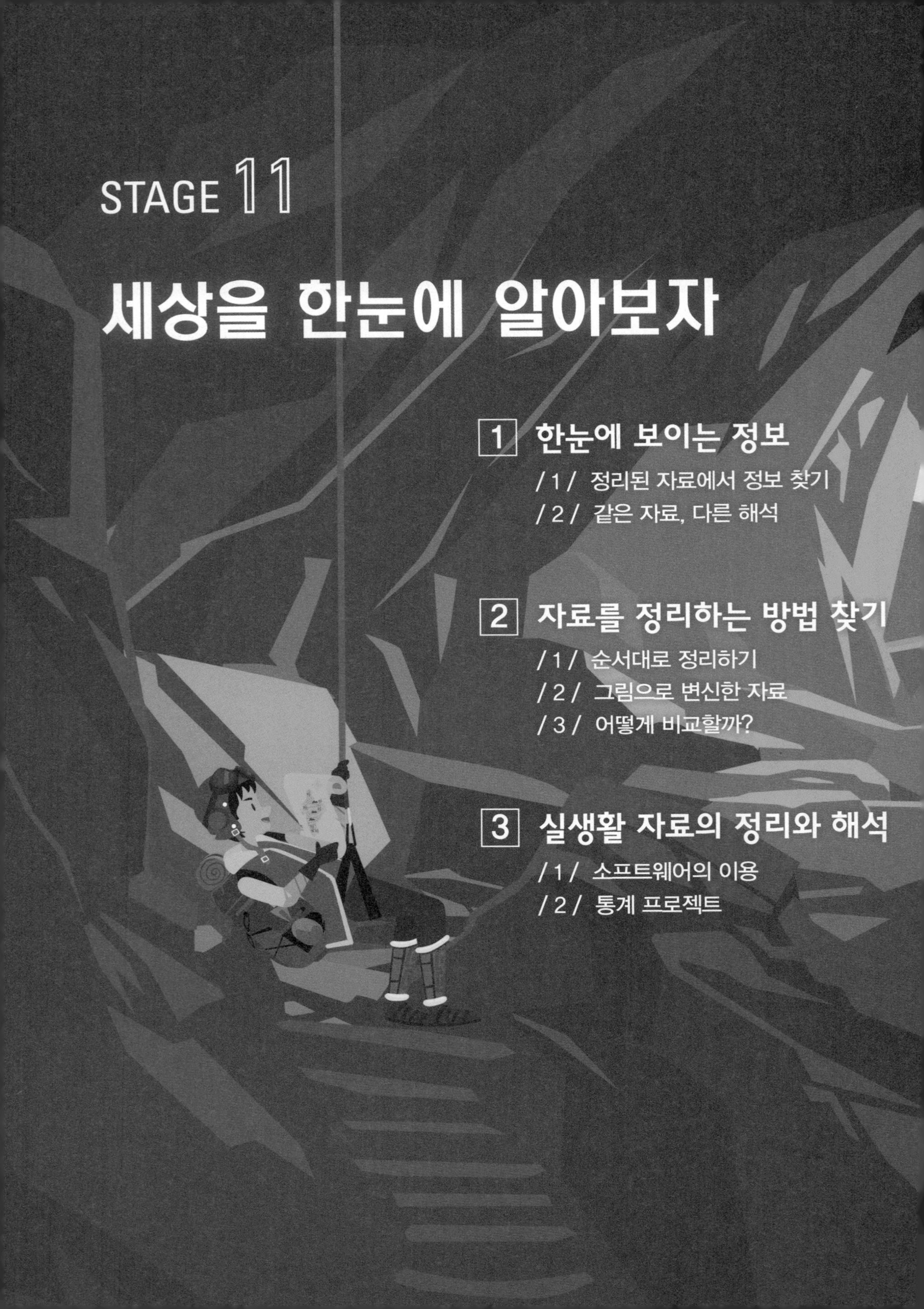

1 한눈에 보이는 정보

/ 1 / 정리된 자료에서 정보 찾기

/ 2 / 같은 자료, 다른 해석

2 자료를 정리하는 방법 찾기

/ 1 / 순서대로 정리하기

/ 2 / 그림으로 변신한 자료

/ 3 / 어떻게 비교할까?

3 실생활 자료의 정리와 해석

/ 1 / 소프트웨어의 이용

/ 2 / 통계 프로젝트

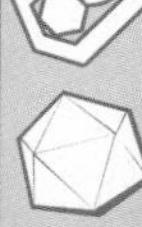

지도
소비용
모든 직업

그레이 줄라드와 페름 브리스는 판테이온 교단 마법책의 힘이 고대 샴발라인들이 오랜 세월 축적한 세상의 정수임을 이해했다. 또한 이 힘이 모든 사람들이 누려야 할 인류의 보배라는 것에 동의하고 이곳의 지도와 함께 샴발라인들의 역사와 마법책의 비밀을 체계적으로 정리해 책으로 엮어낼 것임을 그 자리에서 맹세했다.

1 한눈에 보이는 정보

정보가 아무리 많더라도 그 많은 정보를 잘 정리하고 활용할 줄 모른다면 잘못된 선택을 할 수 있고 중요한 정보를 그냥 흘려 보내게 됩니다. 다양한 정보를 가지고 있는 여러 자료를 한눈에 알아보기 쉽게 정리하면 정보를 놓치는 실수를 줄일 수 있을 뿐만 아니라 정리한 자료에서 찾은 규칙으로 미래를 예측하는 실마리를 얻을 수도 있습니다. 또 같은 자료를 가지고도 표현하는 방법에 따라 전달하고자 하는 내용이 크게 달라질 수 있습니다. 자료를 분석하고 해석하는 방법에 대한 고민을 시작해 볼까요?

/1/ 정리된 자료에서 정보 찾기

개념과 원리 탐구하기 1

2017년 2월 교육부는 초·중·고 학생의 신체발달 상황, 건강생활 실천 정도, 주요 질환을 알아보기 위해 2016학년도 학생 건강검사 표본분석 결과를 발표했습니다. 다음 표와 그래프들은 그 결과의 일부입니다.

1 키와 몸무게에 대한 다음 자료를 보고 알 수 있는 사실을 말해 보자.

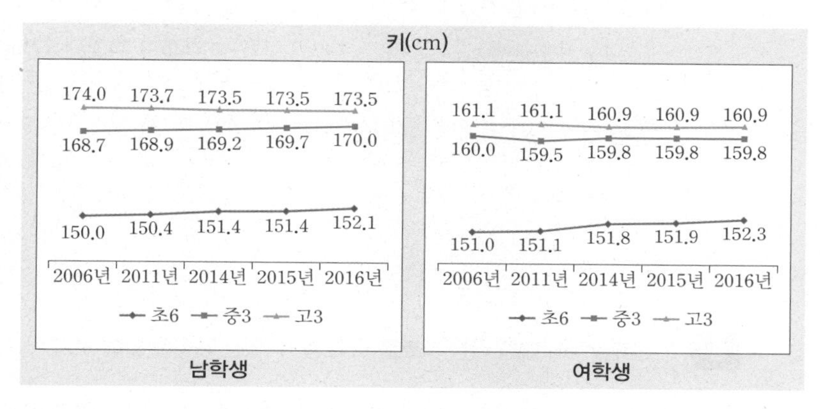

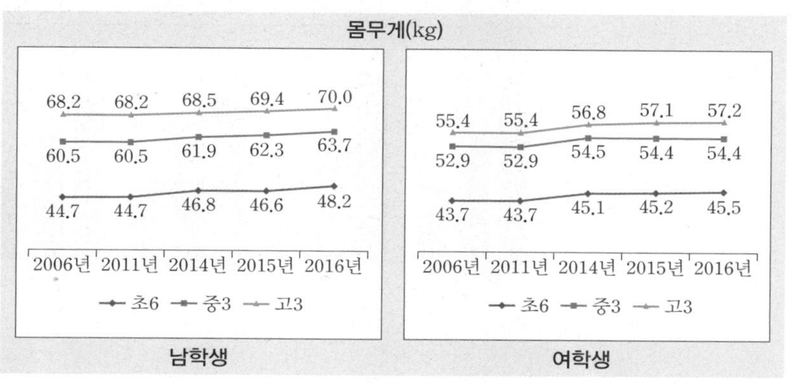

2 식습관에 대한 다음 자료를 보고 알 수 있는 사실을 말해 보자.

지표	초등학생(%)			중학생(%)			고등학생(%)		
	남자	여자	계	남자	여자	계	남자	여자	계
주1회 이상 라면 섭취율	77.32	71.55	74.52	89.60	83.37	86.62	84.88	75.67	80.48
주1회 이상 음료수 섭취율	79.58	74.54	77.14	88.78	82.55	85.79	91.69	85.25	88.61
주1회 이상 패스트푸드 섭취율	67.07	62.07	64.64	77.64	74.38	76.08	80.64	74.97	77.93
우유 · 유제품 매일 섭취율	51.65	45.01	48.43	35.29	25.85	30.77	22.82	17.06	20.07
과일 매일 섭취율	35.99	39.88	37.87	29.66	34.37	31.92	18.30	23.81	20.93
야채 매일 섭취율	29.55	31.98	30.73	27.42	28.68	28.03	22.66	22.58	22.62
아침 식사 결식률	3.86	4.49	4.17	11.07	14.26	12.60	15.70	18.01	16.81

3 신체활동에 대한 다음 자료를 보고 알 수 있는 사실을 말해 보자.

주 3일 이상 격렬한 신체활동* 실천율(%)

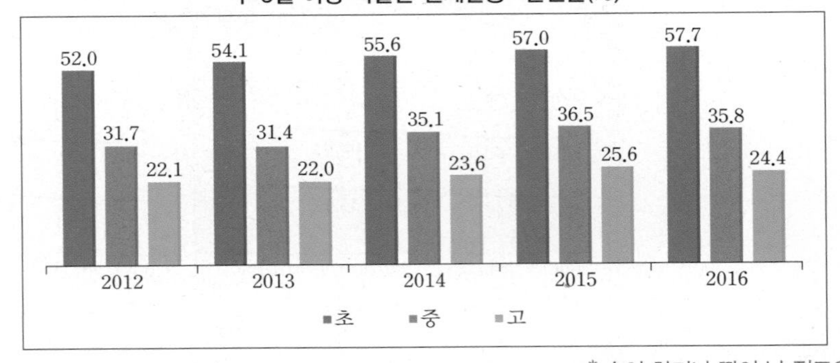

* 숨이 차거나 땀이 날 정도의 운동

개념과 원리 탐구하기 2

다음은 2016학년도 학생 건강검사 표본분석 결과와 관련된 인터넷 기사의 일부입니다.

청소년, 체격 커졌지만 식습관 불량……영양제 효과는?

2017.6.23. KNS뉴스통신

국내 청소년들의 식습관이 불량한 것으로 확인됐다.

최근 교육부가 밝힌 '2016년도 학생 건강검사 결과'에 따르면, 일주일에 1회 이상 햄버거나 피자 등을 먹는 비율은 중학생이 76.1 %, 고등학생이 77.9 %로 2015년보다 1.2~1.7 % 높아졌다. 일주일에 한 번 이상 라면을 먹는 비율도 중학생이 86.6 %, 고등학생이 80.5 %로 2015년보다 1.2~2.9 % 상승했다. 반면 채소를 꾸준히 먹는 청소년은 상당히 적었다. 채소를 매일 섭취하는 비율은 중학생은 28 %, 고등학생은 22.6 %에 불과했으며, 이마저도 2015년에 비해 1.4 % 가량 줄어들었다.
청소년기의 균형 잡힌 영양 섭취는 매우 중요하다. 골고루 잘 먹어야 성장 발달이 원활히 이루어지는 것은 물론, 성인이 되어서도 각종 질병에 쉽게 걸리지 않는다. 특히 비타민과 미네랄은 건강을 위해 필수적인 …….

[출처] http://www.kns.tv/news/articleView.html?idxno=321968

1 **이 기사의 제목과 내용이 적절한지 생각해 보고, 수정하고 싶은 부분을 모둠에서 함께 수정하여 발표해 보자.**

제목

/ 2 / 같은 자료, 다른 해석

개념과 원리 탐구하기 3

세계 인구 시계 사이트(http://www.census.gov)를 이용하면 실시간으로 전 세계 인구를 알 수 있습니다. 오른쪽 그림은 2017년 2월 12일 14시의 전 세계 인구를 나타낸 것입니다.

1 다음 연도별 세계 인구표를 보고 아래 문장의 옳고 그름을 판단해 보자. 그리고 그렇게 생각한 이유를 말해 보자.

연 도	1000	1750	1800	1925	1960	1974	1987	1999	2010
세계 인구(억 명)	4	8	10	20	30	40	50	60	70

세계 인구는 1800년 이후부터 일정하게 10억 명씩 증가하고 있다. (○, ×)

2 위의 자료를 근거로 세계 인구가 앞으로 어떻게 변할지 예측할 수 있나요? 모둠에서 생각을 모아 보자.

3 세계 인구가 약 80억 명이 되는 때는 언제쯤일까요? 그렇게 생각한 이유를 말해 보자.

개념과 원리 탐구하기 4

다음 두 그래프는 2007년부터 2016년까지의 우리나라 중학생들의 흡연율을 나타낸 것입니다.

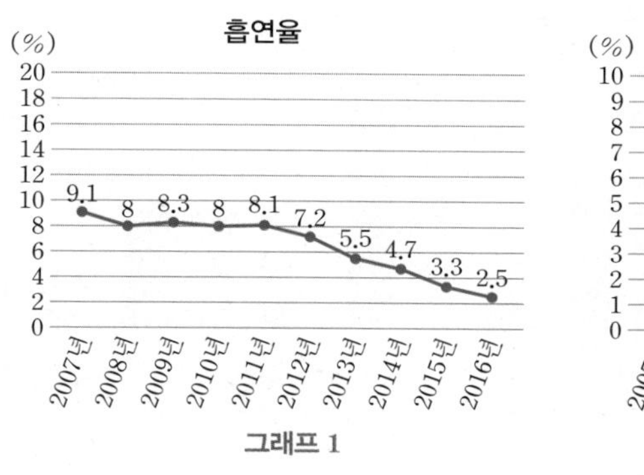

그래프 1

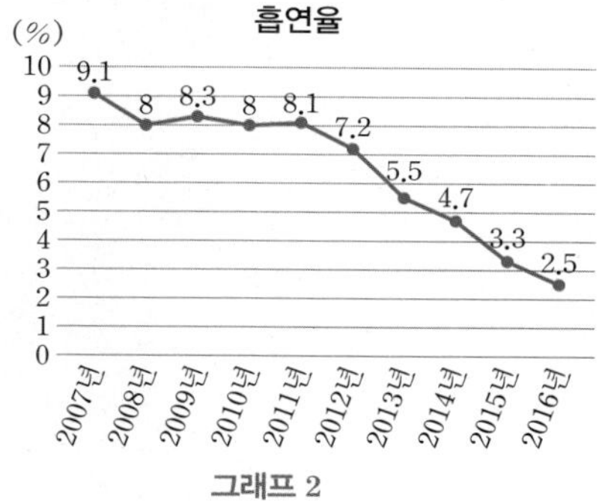

그래프 2

1 두 그래프의 차이점을 적어 보자.

모둠의 의견

탐구 되돌아보기

1 다음은 청소년과 관련된 조사 내용을 다양한 방법으로 나타낸 것입니다. 각각 어떤 방법으로 조사 결과를 나타낸 것인지 설명해 보자.

(1)

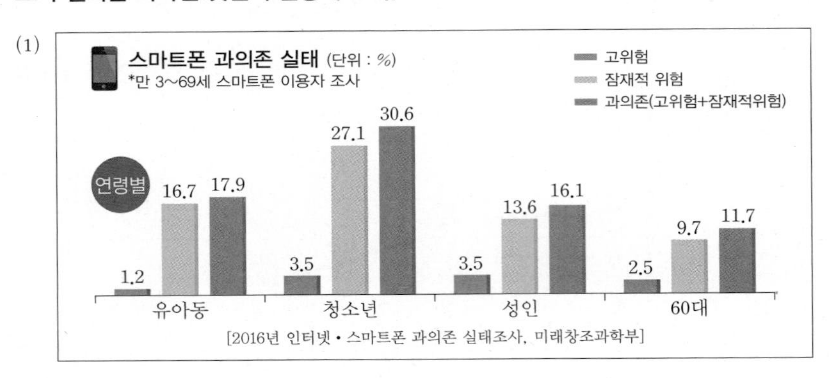

(2)

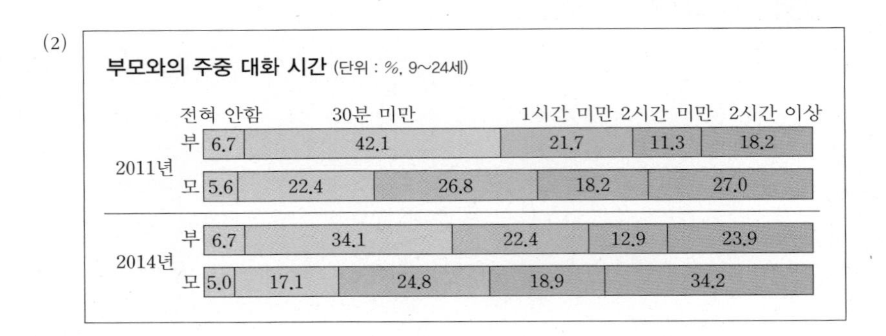

(3)

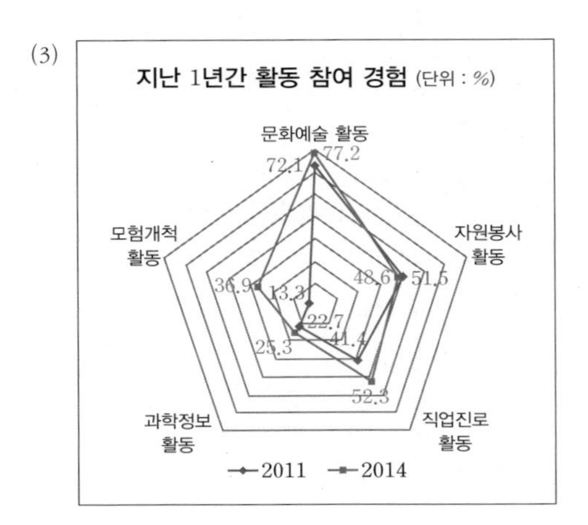

(4)

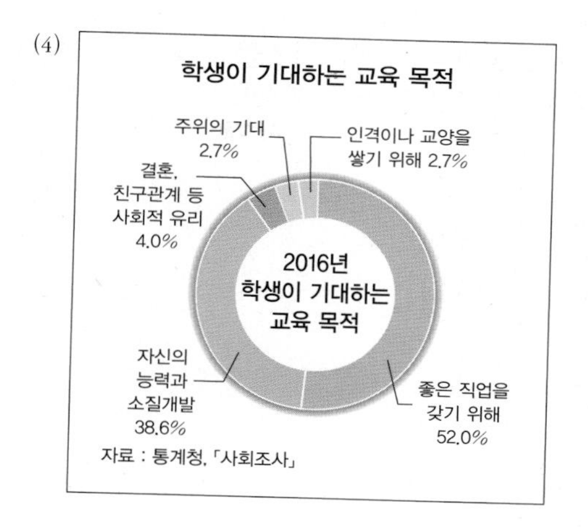
학생이 기대하는 교육 목적
주위의 기대 2.7%
인격이나 교양을 쌓기 위해 2.7%
결혼, 친구관계 등 사회적 유리 4.0%
2016년 학생이 기대하는 교육 목적
자신의 능력과 소질개발 38.6%
좋은 직업을 갖기 위해 52.0%
자료 : 통계청, 「사회조사」

(5)

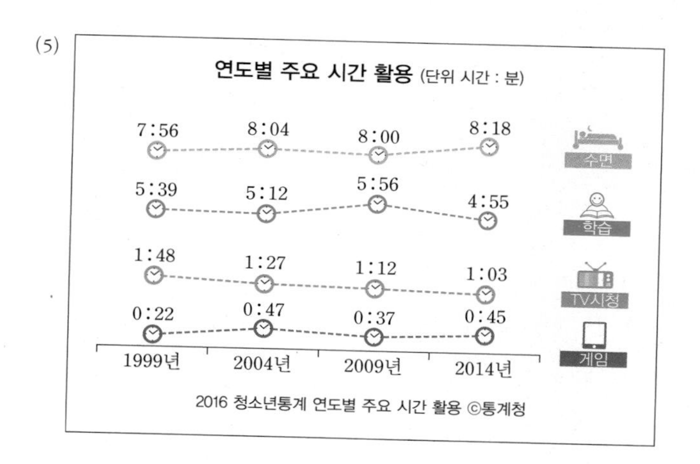
연도별 주요 시간 활용 (단위 시간 : 분)
7:56
8:04
8:00
8:18
수면
5:39
5:12
5:56
4:55
학습
1:48
1:27
1:12
1:03
TV시청
0:22
0:47
0:37
0:45
게임
1999년
2004년
2009년
2014년
2016 청소년통계 연도별 주요 시간 활용 ©통계청

2 〉 1 〉의 다섯 가지 조사 내용 중 하나를 선택하여 신문기사를 작성해야 한다면 어떤 내용의 기사를 쓸 수 있을지 생각해 보자. 그리고 그 기사와 어울리는 기사 제목을 정해 보자.

선택한 조사 내용의 번호	
작성할 기사의 내용	
기사의 내용과 어울리는 제목	

2 자료를 정리하는 방법 찾기

일상 생활에서 여러분이 알고 싶은 자료를 수집하여 특징을 쉽게 알아볼 수 있도록 정리하는 방법은 무엇이 있을까요?
우리는 각종 정보의 홍수 시대에 살고 있다고 할 만큼 일상 생활에서 많은 정보를 접하고 있으며 생활 속에서 다루어야 할 자료의 양은 방대합니다. 이러한 자료들을 효율적으로 정리하는 방법에 대해 고민해 봅시다. 그리고 이 단원을 통해서 자료의 특징을 알아보기 쉽게 정리하는 여러 가지 방법을 구체적으로 탐구해 보세요.

/1/ 순서대로 정리하기

개념과 원리 탐구하기 1

1 다음 표는 부산 동래역의 지하철 상행선과 하행선 운행 시간표의 일부입니다.

상행(다대포해수욕장행)	시간	하행(노포행)
□ 전체 □ 다대포해수욕장 □ 신평	종착	노포
24 41 54	5	51
06 18 29 39 48 56	6	04 17 29 42 54
04 10 16 22 27 31 35 39 43 47 51 55 59	7	07 19 28 37 46 52 58
03 07 11 15 19 23 27 31 35 39 43 47 51 56	8	03 08 13 18 22 27 31 35 40 44 49 53 58
00 04 10 16 22 28 34 40 46 52 58	9	02 07 11 16 20 25 30 35 40 46 52 58
04 10 16 23 29 36 42 49 55	10	04 10 16 22 28 34 40 46 52 58
02 08 15 21 28 34 41 47 54	11	04 10 16 22 28 35 41 48 54
00 06 13 19 26 32 39 45 52 58	12	01 07 14 20 27 33 40 46 53 59

(1) 지하철을 이용해서 등교를 하는 민지가 동래역에 도착한 시각은 7시 48분입니다. 민지가 처음으로 오는 노포행 열차를 타기 위해서는 몇 분을 기다려야 하는지 답해 보자.

(2) 위의 표를 통해 알 수 있는 것을 1가지 이상 써보자.

(3) 위의 표는 지하철 운행 시간을 어떻게 정리한 것인지 모둠에서 생각을 모아 보자.

개념과 원리 탐구하기 2

1 지윤이네 학교 스포츠클럽에는 배드민턴부와 씨름부가 있습니다. 다음은 이 두 클럽 소속 학생들 24명의 몸무게를 조사하여 나타낸 표입니다.

	몸무게											(단위 : kg)
배드민턴부	61	80	58	56	47	57	53	60	71	53	75	56
씨름부	83	55	65	89	76	43	71	89	78	88	73	64

(1) 지윤이는 배드민턴부 학생 12명의 몸무게를 아래와 같이 정리하였습니다. 지윤이가 자료를 정리한 방법에 대해 설명하고 같은 방법으로 씨름부 학생 12명의 몸무게를 정리해 보자.

배드민턴부

십의 자리	일의 자리
4	7
5	3 3 6 6 7 8
6	0 1
7	1 5
8	0

씨름부

십의 자리	일의 자리
4	
5	
6	
7	
8	

(1)의 표처럼 자료의 값을 큰 자리의 수와 작은 자리의 수로 구분하여 세로줄의 왼쪽에는 큰 자리의 수를, 세로줄의 오른쪽에는 각각의 큰 자리의 수에 해당하는 작은 자리의 수를 기록하여 나타낸 그림을 **줄기와 잎 그림**이라고 합니다. 이때 세로줄의 왼쪽에 있는 수를 줄기, 오른쪽에 있는 수를 잎이라고 합니다.

(2) 이번에는 다음과 같이 하나의 줄기를 사용하여 두 클럽 학생들의 몸무게를 나타내는 줄기와 잎 그림을 그리는 중입니다. 잎 부분을 완성해 보자.

잎(배드민턴부)	줄기	잎(씨름부)
	4	
	5	
	6	
	7	
	8	

(3) (2)에서 정리된 그림을 보고 알 수 있는 사실을 1가지 이상 써보고 모둠에서 의견을 모아 보자.

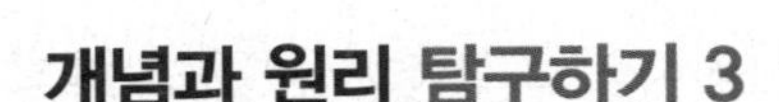

개념과 원리 탐구하기 3

[표 1]은 2017년 7월에 우리나라를 방문한 외국인의 수가 5,000명 이상 35,000명 미만인 나라를 기록한 것입니다.

[표 1] 우리나라를 방문한 외국인의 수(국적별) (단위 : 명)

국적	방문객 수	국적	방문객 수	국적	방문객 수	국적	방문객 수
필리핀	32,000	몽골	8,000	호주	12,000	캐나다	15,000
말레이시아	13,000	베트남	32,000	인도	10,000	인도네시아	16,000
태국	25,000	우즈베키스탄	7,000	러시아	23,000	싱가포르	11,000
영국	11,000	프랑스	9,000	독일	9,000	미얀마	5,000

참고 : 통계청 외래객입국 국적별 누계(나라별 방문객의 수는 백의 자리에서 반올림한 값임)

(1) 이 자료를 [표 2]에 정리해 보자.

[표 2]

외국인 방문객 수(명)	나라 수(개국)	
5,000이상 ~ 10,000미만	正	5
10,000 ~ 15,000		
15,000 ~ 20,000		
20,000 ~ 25,000		
25,000 ~ 30,000		
30,000 ~ 35,000		
합 계		

(2) [표 1]과 [표 2]에서 발견할 수 있는 것을 1가지 이상 써보고, 모둠에서 의견을 모아 보자.

(3) 2017년 7월에 방문객 수가 가장 많은 나라 1위는 281,000명으로 중국이고, 2위는 170,000명으로 일본이며, 3위는 85,000명으로 대만입니다. 이 세 나라가 [표 1]에 들어갔을 때 [표 2]를 어떻게 수정해야 하는지 설명해 보자.

[표 2]와 같이 자료를 일정한 간격의 구간으로 나누어 각각의 구간에 속하는 자료의 개수를 나타낸 표를 **도수분포표**라고 합니다. 도수분포표와 관련된 용어와 그 의미는 다음과 같습니다.

- **변량** : **탐구하기** 1의 학생들의 몸무게나 **탐구하기** 3의 외국인 방문객 수와 같이 자료를 수량으로 나타낸 것
- **계급** : 변량을 일정한 간격으로 나눈 구간
- **계급의 크기** : 구간의 너비
- **계급의 도수** : 각 계급에 속하는 자료의 수

2 **다음은 2016년 9월 12일부터 9월 14일까지 경주 지역에서 일어난 총 100건에 대한 지진의 강도(규모)를 나타낸 기상청(http://www.kma.go.kr) 자료입니다.**

발생일	강도 (단위 : 규모)
9.12. (52건)	5.1 2.4 2.2 3.1 2.2 2.1 2.4 2.4 2.5 2.6 2.7 2.7 3.1 2.3 2.5 5.8 3.6 3.4 3.0 3.0 3.0 2.5 2.4 2.5 2.3 2.7 2.4 2.2 2.9 2.6 2.0 2.1 2.5 2.0 2.2 2.1 2.8 2.3 2.6 2.2 2.1 2.1 2.1 2.4 2.5 2.0 2.2 2.4 2.1 3.0 3.1 2.2
9.13. (41건)	2.2 2.0 2.0 2.5 2.1 3.1 2.2 2.0 2.2 2.0 2.3 2.2 2.5 2.1 2.2 2.0 2.1 2.1 2.1 2.0 2.0 2.3 2.1 2.4 3.2 2.3 2.3 2.3 2.0 2.2 2.0 2.2 2.0 2.3 2.1 2.4 2.1 3.0 2.1 2.5 2.0
9.14. (7건)	2.5 2.0 2.1 2.1 2.3 3.0 2.1

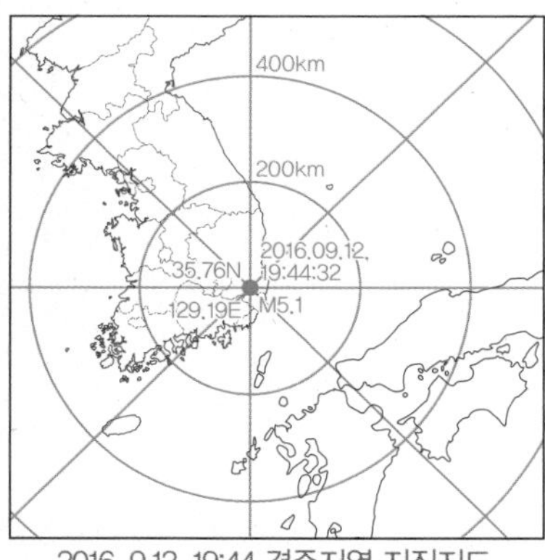

2016. 9.12. 19:44 경주지역 지진지도

(1) 주어진 자료를 모둠에서 도수분포표로 정리해 보자.

(2) 정리한 표를 도수분포표와 관련된 용어를 사용하여 발표해 보자.

/ 2 / 그림으로 변신한 자료

개념과 원리 탐구하기 4

1 오른쪽 표는 민주네 학급의 학생들의 수학 점수를 조사하여 나타낸 도수분포표입니다. 민주는 이 도수분포표를 이용하여 아래와 같은 그래프를 그리는 중입니다.

수학 점수(점)	도수(명)
60이상 ~ 70미만	2
70 ~ 80	5
80 ~ 90	7
90 ~ 100	3
합 계	17

(1) 이런 방법으로 그래프를 완성해 보자.

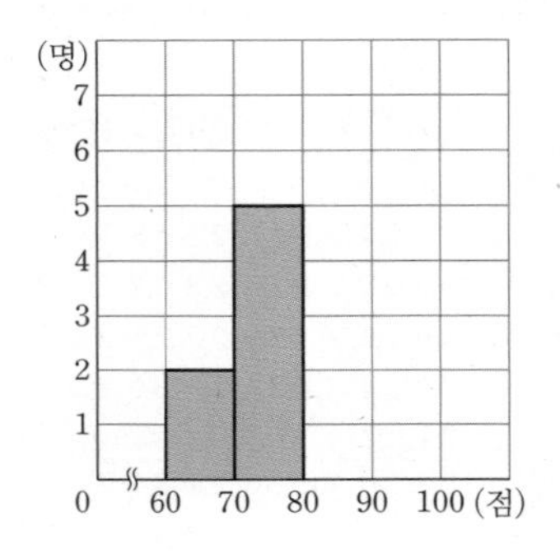

(2) 그래프를 통해 알 수 있는 것을 각자 1가지 이상 써보고, 모둠에서 의견을 모아 보자.

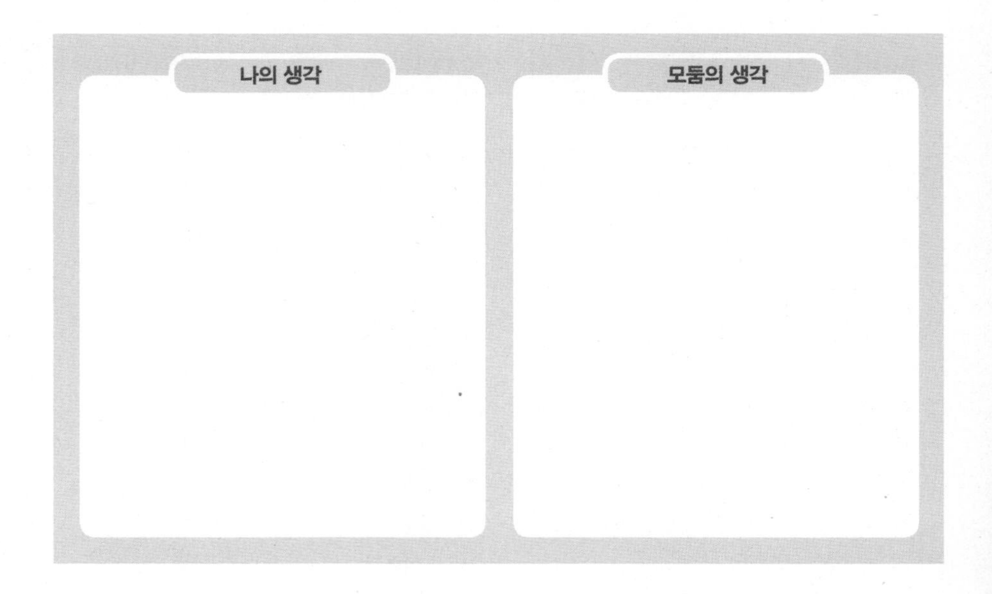

2 다음은 어느 학급의 학생들의 키를 조사하여 나타낸 도수분포표입니다.

(1) 이 도수분포표를 민주와 같은 방법으로 그래프로 나타내 보자.

키(cm)	도수(명)
145이상 ~ 150미만	3
150 ~ 155	6
155 ~ 160	9
160 ~ 165	17
165 ~ 170	3
170 ~ 175	2
합 계	40

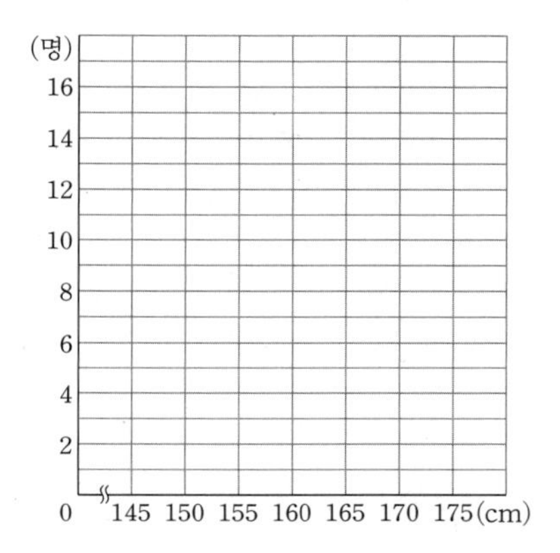

(2) 도수분포표와 그래프에서 알 수 있는 것을 1가지 이상씩 써보고, 모둠에서 의견을 모아 보자.

1 과 **2** 에서 그린 그래프를 **히스토그램**이라고 합니다.

3 **히스토그램은 도수분포표의 각 계급의 크기를 가로로 하고 도수를 세로로 하는 직사각형들로 이루어져 있습니다. 다음 그림은 어느 학급의 100 m 달리기 기록을 히스토그램으로 그린 것입니다. 이 그래프를 통해 알 수 있는 사실을 앞에서 배운 용어 '변량', '계급', '계급의 크기', '계급의 도수'를 사용하여 설명해 보고, 모둠에서 의견을 모아 보자.**

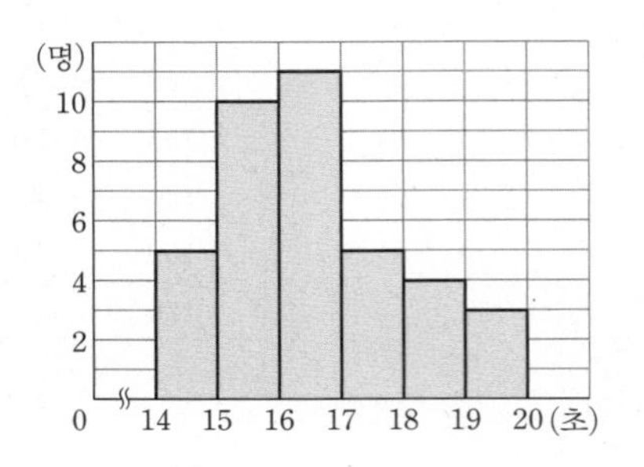

개념과 원리 탐구하기 5

히스토그램에서 각 직사각형의 윗변의 중점을 차례로 선분으로 연결하여 그린 다각형 모양의 그래프를 **도수분포다각형**이라고 합니다. 도수분포다각형을 그리는 방법은 다음과 같습니다.

① 히스토그램의 각 직사각형의 윗변의 가운데에 점을 찍습니다.
② 히스토그램에서 양 끝에 도수가 0인 계급이 하나씩 더 있는 것으로 생각하여 그 가운데에도 점을 찍습니다.
③ 점들을 차례로 선분으로 연결합니다.

1 **오른쪽 도수분포표는 소연이네 반 학생들의 일일 평균 컴퓨터 사용 시간을 조사하여 나타낸 것입니다. 소연이는 남학생과 여학생의 컴퓨터 사용 시간을 비교하기 위해 도수분포다각형을 그리는 중입니다.**

컴퓨터 사용 시간(분)	남학생(명)	여학생(명)
30이상 ~ 50미만	3	6
50 ~ 70	7	8
70 ~ 90	6	5
90 ~ 110	4	1
합계	20	20

(1) 다음 그림은 소연이가 그린 남학생에 대한 도수분포다각형입니다. 여학생에 대한 도수분포다각형을 그려 보자.

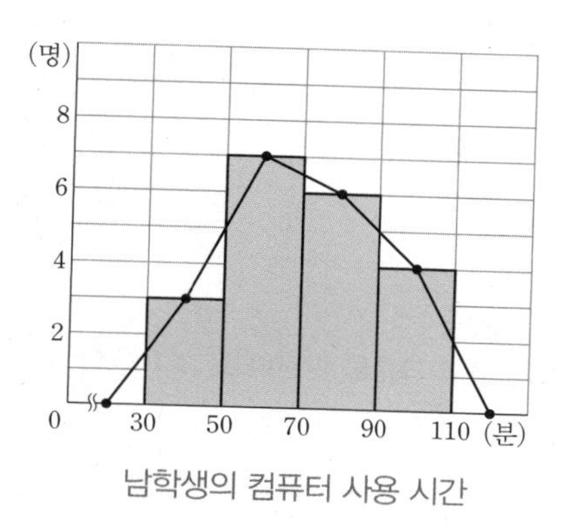

남학생의 컴퓨터 사용 시간

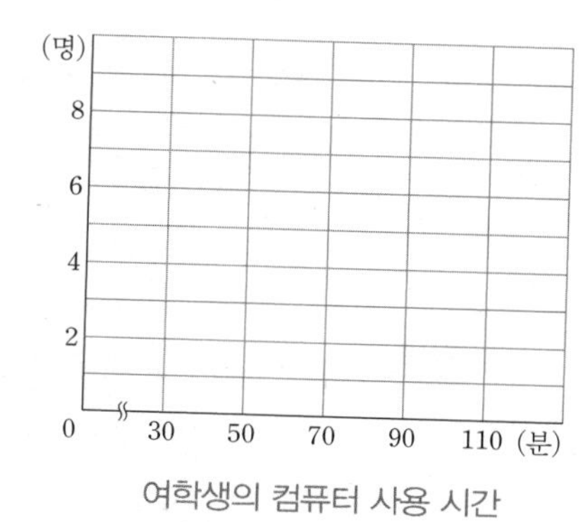

여학생의 컴퓨터 사용 시간

(2) 남학생과 여학생에 대한 도수분포다각형을 서로 다른 색의 펜을 사용하여 하나의 모눈종이에 그려 보고, 남학생과 여학생의 컴퓨터 사용 시간을 서로 비교하여 설명해 보자.

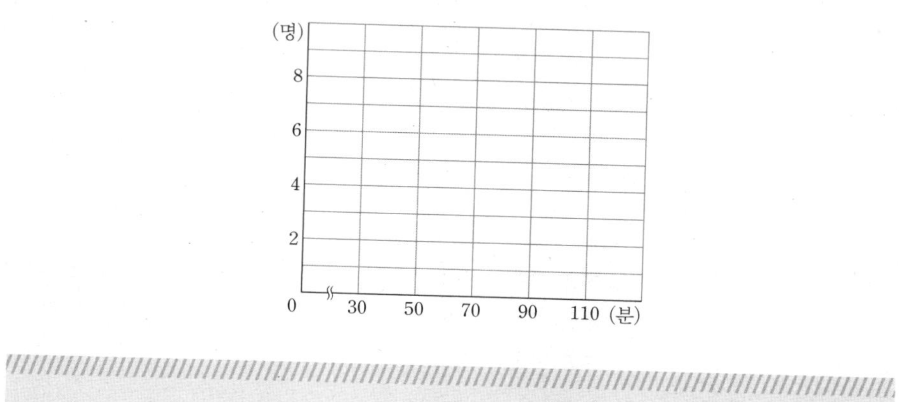

/ 3 / 어떻게 비교할까?

개념과 원리 탐구하기 6

다음 표는 어느 축구단의 주전 선수들의 승부차기 기록표입니다.

선수	명보	지성	영표	홍민	성용	청용	범근	두리	기현	주영
성공	10	9	12	16	18	13	7	16	10	14
실패	6	11	12	16	12	9	5	12	15	12
합계	16	20	24	32	30	22	12	28	25	26

1 **위의 표를 보고 다음 문장들의 옳고 그름을 판단하고, 그 이유를 적어 보자.**

(1) 승부차기 기록이 가장 좋은 선수는 성용입니다.

판단	이유

(2) 승부차기에서 가장 많은 실수를 하는 선수는 홍민입니다.

판단	이유

2 **축구 결승전에 진출한 위의 축구단은 연장전 끝에 동점으로 시합을 마치고 5번의 승부차기를 기다리는 중입니다. 승부차기 선수 5명을 선정하는 가장 좋은 방법을 서로 이야기해서 찾아보고 선수 5명을 정해 보자.**

개념과 원리 탐구하기 7

다음 표는 A, B 중학교 1학년 1반 학생들의 수학 점수를 조사하여 나타낸 것입니다.

수학 점수 (점)	A중학교 1학년 1반		B중학교 1학년 1반	
	도수 (명)	상대도수	도수 (명)	상대도수
50이상 ~ 60미만	3	$\frac{3}{30}=0.1$	1	$\frac{1}{20}=0.05$
60 ~ 70	3	$\frac{3}{30}=0.1$	4	
70 ~ 80	12		7	$\frac{7}{20}=0.35$
80 ~ 90	9	$\frac{9}{30}=0.3$	6	
90 ~ 100	3		2	
합 계	30		20	

상대도수는 도수분포표에서 도수의 총합에 대한 각 계급의 도수의 비율을 말합니다.

1 **다음을 함께 탐구해 보자.**

(1) 두 학급의 상대도수를 구하려고 합니다. 위의 표를 완성해 보자.

(2) 위의 표를 통해 알 수 있는 사실들을 1가지 이상 써 보고, 모둠에서 의견을 모아 보자.

(3) 50점 이상 60점 미만을 받은 학생의 수는 A중학교가 B중학교보다 몇 배가 많은지 생각해 보고 의견을 말해 보자.

2 **도수분포표와 마찬가지로 상대도수의 분포표를 그래프로 나타내면 상대도수의 분포 상태를 쉽게 알아볼 수 있습니다. 상대도수의 분포를 그래프로 나타낼 때는 가로축에 계급을, 세로축에 상대도수를 나타내고, 히스토그램이나 도수분포다각형과 같은 방법으로 그립니다.**

(1) 아래의 모눈종이에 A, B 중학교 1학년 1반 학생들의 수학 점수에 대한 상대도수의 분포표를 도수분포다각형 모양으로 나타내어 보자. 각 학급의 그래프를 다른 색으로 구분되도록 그려 보자.

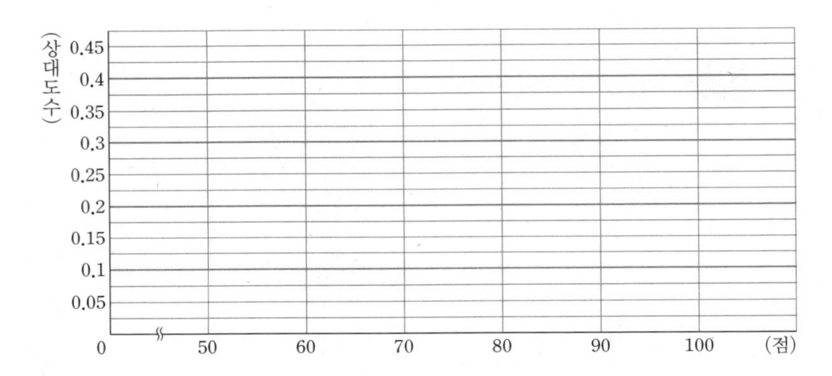

(2) (1)에서 그린 상대도수의 분포를 나타낸 그래프를 통해 알 수 있는 사실은 무엇인지 말해 보자.

개념과 원리 탐구하기 8

다음은 어느 중학교의 1학년 A반과 1학년 전체 학생들의 일주일 동안의 용돈에 대한 상대도수분포표입니다.

용돈 (원)	상대도수	
	1학년 A반	1학년 전체
0이상 ~ 3,000미만	0.44	0.30
3,000 ~ 6,000	0.28	0.05
6,000 ~ 9,000	0.08	0.18
9,000 ~ 12,000	0.12	0.25
12,000 ~ 15,000	0	0.17
15,000 ~ 18,000	0.08	0.05
합 계	1	1

1 위의 상대도수의 분포를 그래프로 나타내 보자. 이때 두 그래프를 다른 색으로 구분되도록 그려 보자.

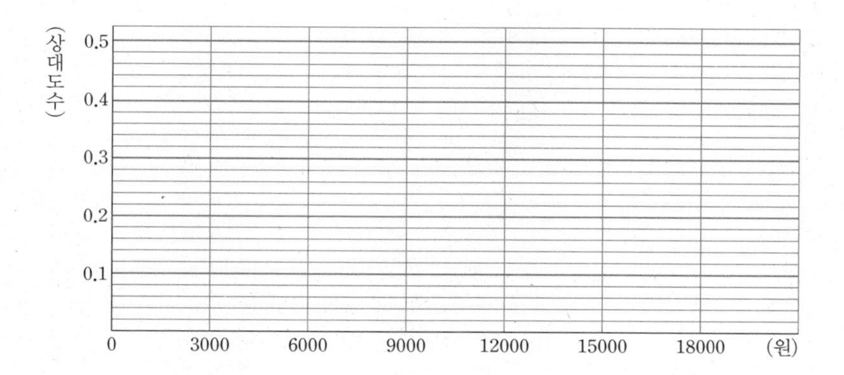

2 일주일에 용돈을 2,500원 받고 있는 A반의 한 학생이 위의 표와 그래프를 보고 엄마에게 용돈을 올려 달라는 제안을 하려고 합니다. 엄마를 설득할 수 있는 방법을 생각하여 용돈을 얼마로 올려 달라고 제안하는 것이 타당할지 설명해 보자.

3 실생활 자료의 정리와 해석

통계 자료를 처리하는 소프트웨어를 사용하면 단순하고 시간이 오래 걸리는 계산 과정을 줄일 수 있고, 소프트웨어의 프로그램을 다루는 과정을 통해 논리적인 절차에 대한 이해력을 키울 수 있습니다. '통그라미'나 '이지통계'를 이용하여 평소 궁금했던 내용이나 조사하고 싶은 주제를 정하여 통계 프로젝트를 완성해 보세요.

/1/ 소프트웨어의 이용

개념과 원리 탐구하기 1

통계 자료를 처리하는 소프트웨어에는 여러 가지가 있습니다. 여기에서는 통계교육원에서 제공하는 '통그라미'와 EBS에서 제공하는 '이지통계'를 간단히 소개하겠습니다.

- **통그라미(http://tong.kostat.go.kr)**

* 통그라미 홈페이지 첫 화면

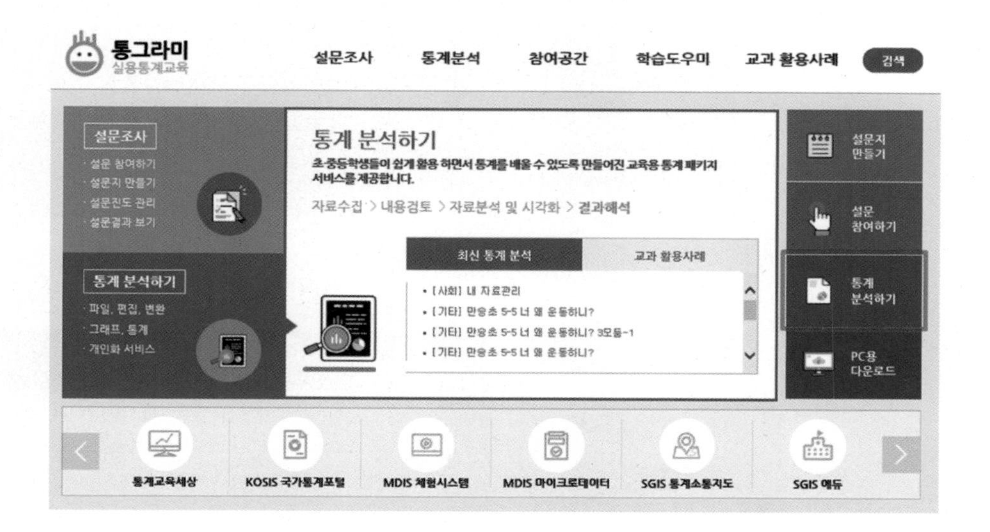

* 통그라미 실행 화면

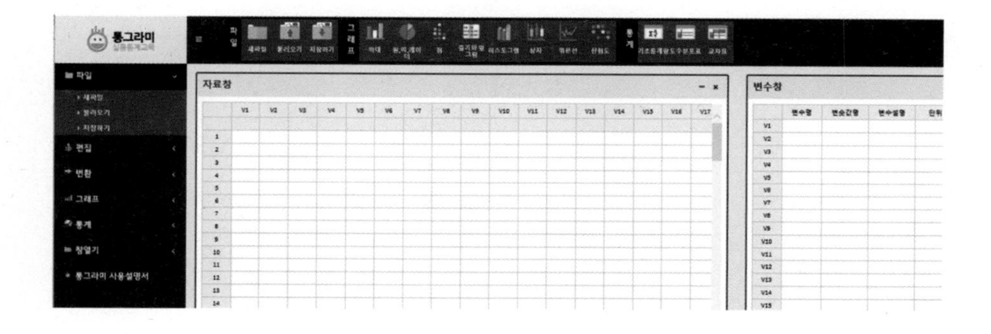

■ **이지통계(http://ebsmath.co.kr/easyTong)**

* 이지통계 홈페이지 첫 화면

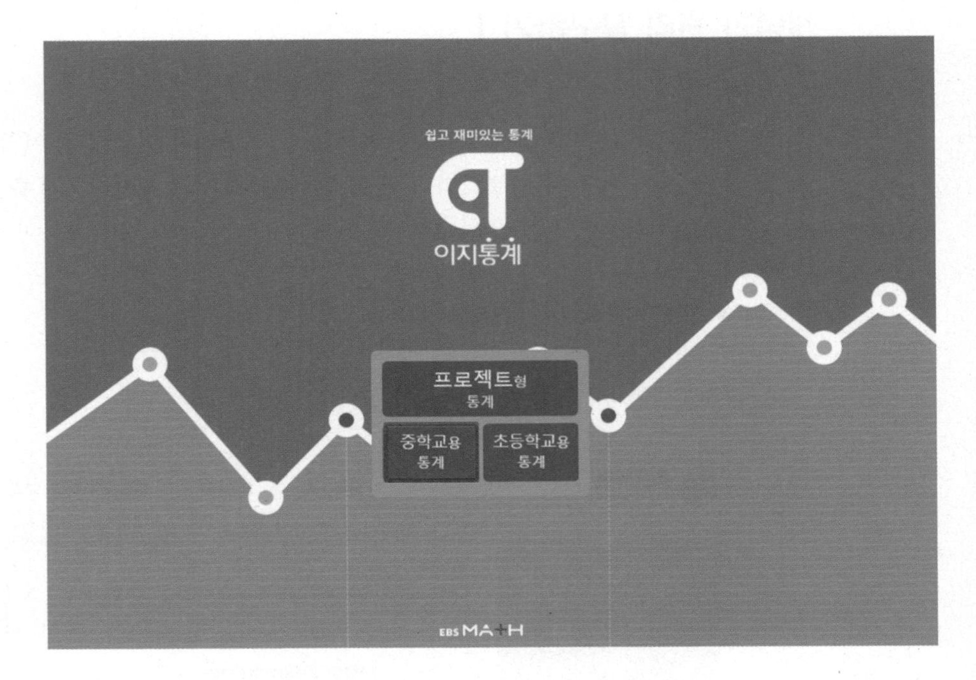

* 이지통계 실행 화면

이지통계 중학교용 | 자료 입력 | 입력도구 | 통계값 | 설정

자료 입력
줄기와 잎 그림
도수분포표
통계 그래프
처음부터 다시하기

No.	자료		
1			
2			
3			
4			
5			
6			
7			
8			
9			
10			
11			
12			

■ **소프트웨어 사용법**

소프트웨어를 이용하여 실생활과 관련된 자료를 수집하여 표나 그래프로 정리하고 해석하는 방법을 알아봅시다.

1 주제 선정 - 실생활과 관련된 주제 선정

주제 예시 : 우리나라 지역별 미세먼지 농도

2 자료의 수집과 입력

(1) 다음 자료는 2017년 3월 우리나라 지역 82곳의 미세먼지 농도를 조사하여 나타낸 것입니다. (단위 : $\mu g/m^3$)

53	53	72	63	67	73
45	61	55	53	63	66
49	61	75	59	72	75
52	53	61	61	66	61
47	65	64	75	74	64
51	58	70	57	65	48
42	60	62	65	70	77
54	57	33	49	35	50
50	50	41	63	35	39
38	56	41	53	56	43
66	46	41	47	56	37
62	49	52	50	56	31
46	33	46	47	54	
68	39	35	41	54	

(2) 이지통계를 이용하여 **자료 입력**을 선택한 후 **설정**을 클릭하여 수집한 자료를 입력합니다.

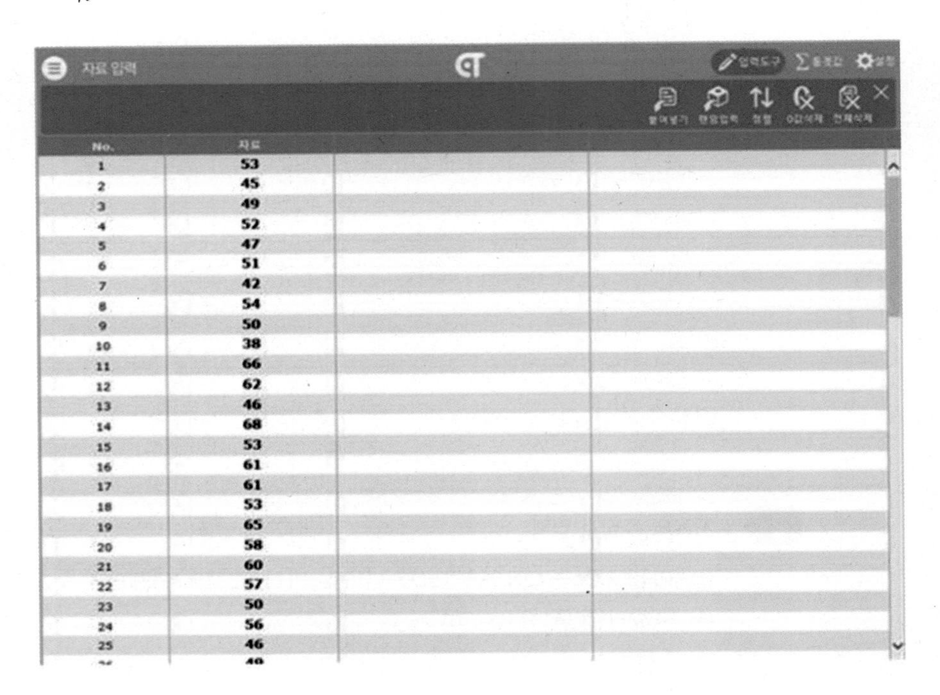

No.	자료
1	53
2	45
3	49
4	52
5	47
6	51
7	42
8	54
9	50
10	38
11	66
12	62
13	46
14	68
15	53
16	61
17	61
18	53
19	65
20	58
21	60
22	57
23	50
24	56
25	46

3 자료의 정리

(1) 줄기와 잎 그림

① **줄기와 잎 그림** 을 선택합니다.

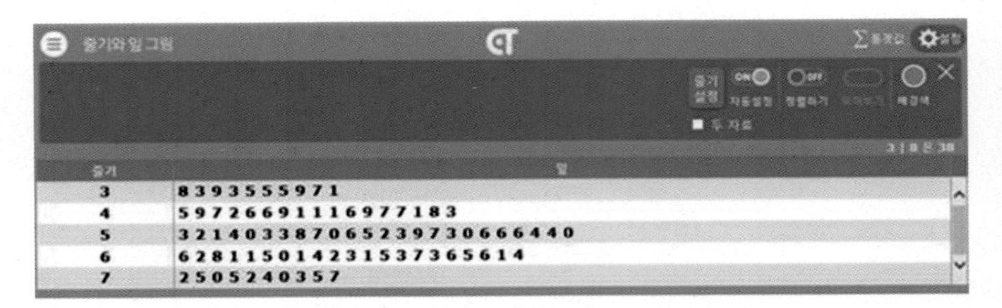

줄기	잎
3	8 3 9 3 5 5 5 9 7 1
4	5 9 7 2 6 6 9 1 1 1 6 9 7 7 1 8 3
5	3 2 1 4 0 3 3 8 7 0 6 5 2 3 9 7 3 0 6 6 6 4 4 0
6	6 2 8 1 1 5 0 1 4 2 3 1 5 3 7 3 6 5 6 1 4
7	2 5 0 5 2 4 0 3 5 7

② **설정**에서 [정렬하기]를 [ON]으로 하면 크기 순서로 정렬된 줄기와 잎 그림을 볼 수 있습니다.

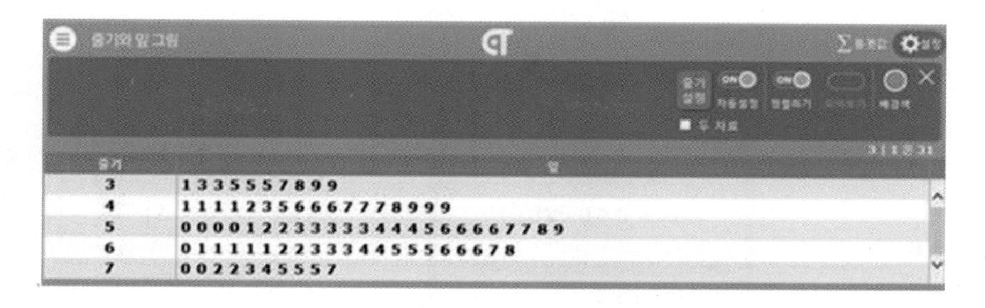

③ 설정 에서 [줄기 설정]을 선택하면 줄기의 자릿수를 조절할 수 있습니다.

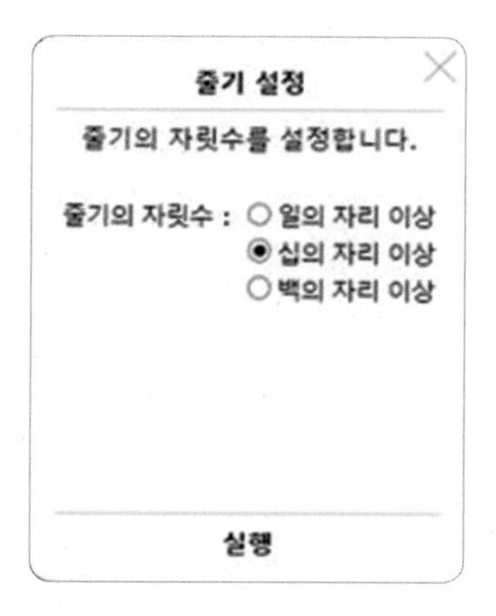

(2) 도수분포표

① 도수분포표 를 선택합니다.

② 설정 에서 [계급 설정]을 선택하면 계급의 크기와 계급의 개수를 조절할 수 있습니다. 아래는 계급의 시작값을 30, 계급의 크기를 5, 계급의 개수를 10으로 정한 도수분포표입니다.

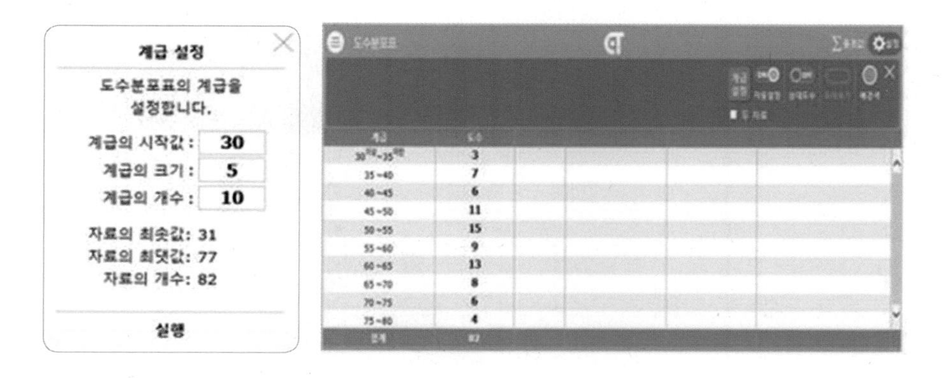

(3) 히스토그램

① 통계 그래프 에서 히스토그램을 선택합니다.

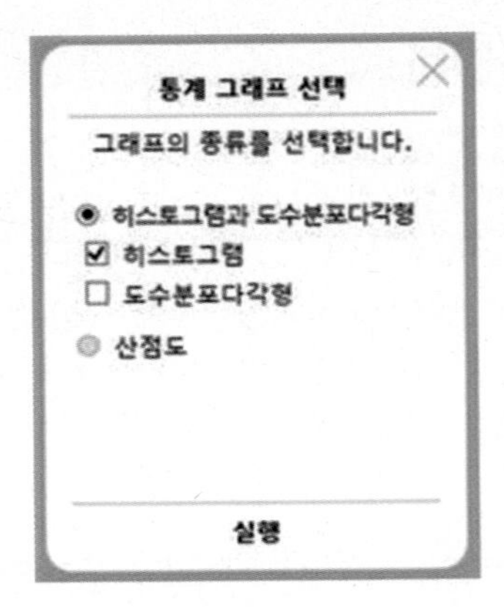

② 그래프 편집을 클릭하여 각각의 축에 알맞은 단위를 입력합니다.

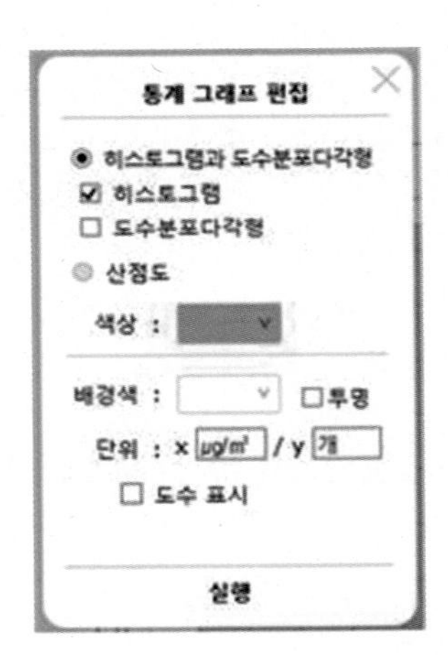

③ 다음과 같은 히스토그램을 볼 수 있습니다.

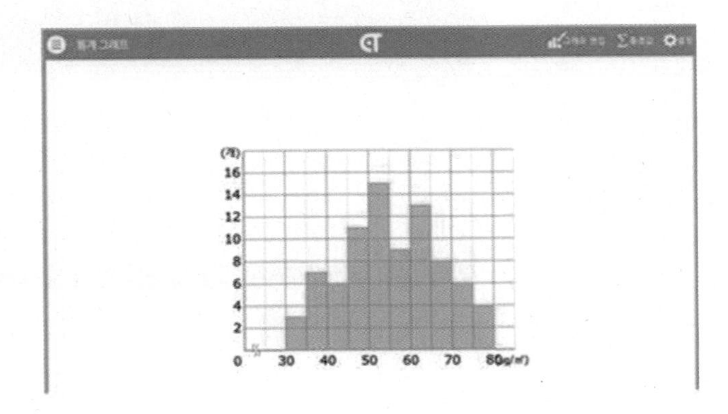

(4) 도수분포다각형

① 그래프 편집을 클릭하여 도수분포다각형을 선택합니다.

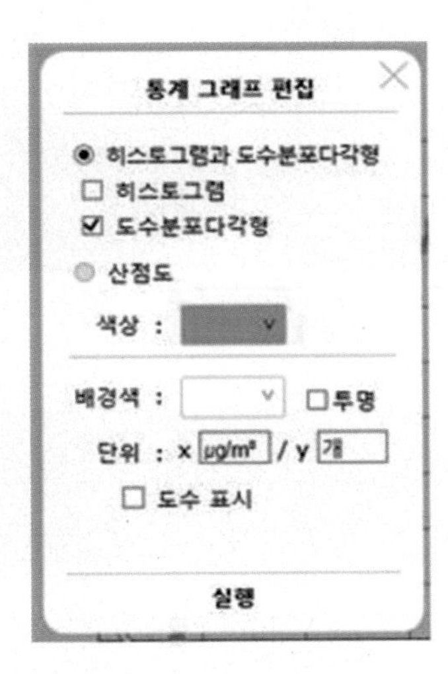

② 도수분포다각형을 볼 수 있습니다.

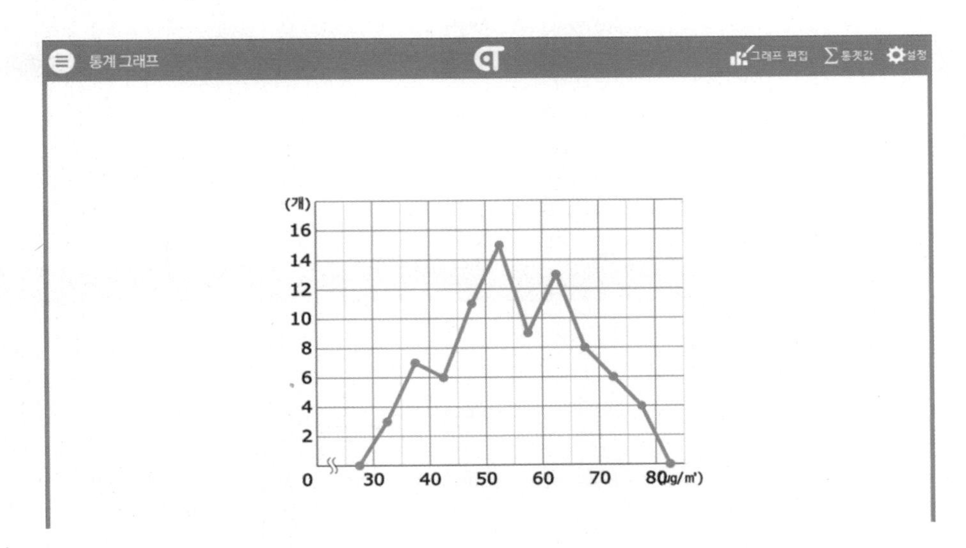

(5) 상대도수의 분포표

① 도수분포표 를 선택합니다.

② 설정 에서 [상대도수]를 [ON]으로 합니다.

③ 아래와 같은 상대도수의 분포표를 볼 수 있습니다.

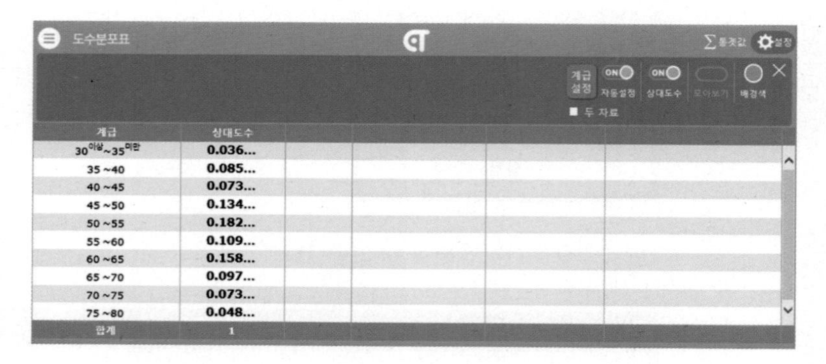

계급	상대도수
30이상~35미만	0.036...
35~40	0.085...
40~45	0.073...
45~50	0.134...
50~55	0.182...
55~60	0.109...
60~65	0.158...
65~70	0.097...
70~75	0.073...
75~80	0.048...
합계	1

(6) 상대도수의 도수분포다각형 모양의 그래프

① 통계 그래프 에서 도수분포다각형을 선택하면 상대도수의 도수분포다각형 모양의 그래프를 볼 수 있습니다.

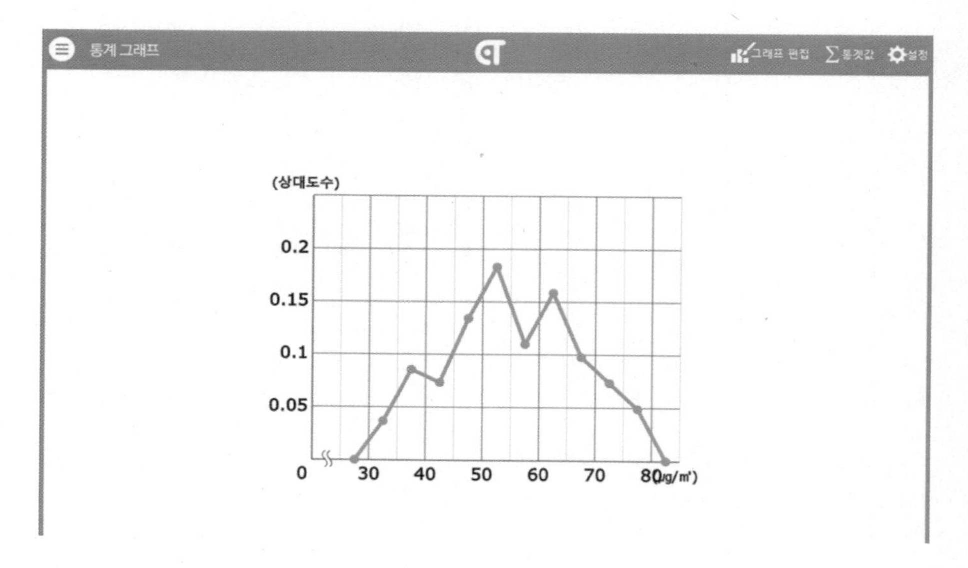

(7) 히스토그램과 도수분포다각형

① 히스토그램과 도수분포다각형을 모두 클릭하면 두 그래프를 동시에 볼 수 있습니다.

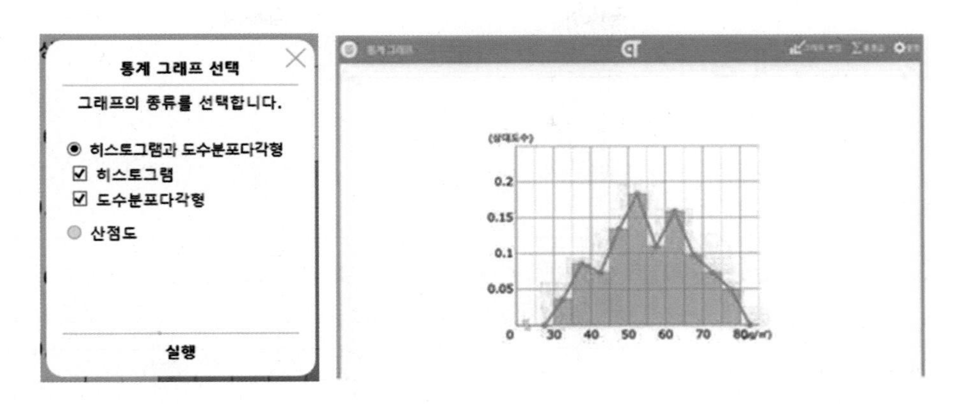

우리나라 전국 82개 지역은 미세먼지 농도가 50$\mu g/\mathrm{m}^3$ ~ 55$\mu g/\mathrm{m}^3$ 미만인 곳이 가장 많으며 30$\mu g/\mathrm{m}^3$~35$\mu g/\mathrm{m}^3$ 미만인 지역이 가장 적습니다. 환경부는 미세먼지 농도를 6단계로 나누었고, 0~30$\mu g/\mathrm{m}^3$인 단계가 '좋음', 31$\mu g/\mathrm{m}^3$ ~ 80$\mu g/\mathrm{m}^3$인 단계가 '보통' 단계입니다. 2017년 3월의 우리나라 지역의 미세먼지 농도가 '좋음' 지역이 매우 적고 보통인 지역이 대부분입니다.

/ 2 / 통계 프로젝트

주제 정하기

평소 궁금했던 내용이나 조사하고 싶은 주제를 정합니다.

- 확실하게 정의할 수 있어 관련 자료를 쉽게 모을 수 있으면 좋습니다.
- 쉽게 내용을 이해할 수 있고 명백한 결론을 내릴 수 있는 것으로 정합니다.

1 각자 평소에 궁금했던 조사 주제를 정하고, 그 주제를 선정한 이유를 적어 보자.

2 모둠에서 각자 정한 주제를 아래 항목으로 평가하여 가장 적절한 주제를 정해 보자.

흥미로운 주제인가?	
관련 자료를 수집할 수 있는가?	
창의적인 주제인가?	

3 모둠에서 결정한 주제를 구체화하여 보자.

계획하기

조사 대상, 자료 수집 방법, 모둠원의 역할을 정합니다.

- 모둠원 모두가 참여하여 보고서를 만들어야 합니다. 모두의 참여를 위해 미리 역할 분담을 잘 해야 하며, 각자의 역할이 무엇인지 보고서에 기록합니다.
- 보고서, 신문, 포스터, 동영상 등의 제작 방법과 일정 등을 계획합니다.

1 **조사 대상, 자료 수집 방법, 조사 기간을 정하고 각자의 역할을 나누어 보자.**

조사 대상	
자료 수집 방법	
조사 기간	
역할 분담	

이름	담당 역할

2 **보고서, 신문, 포스터, 동영상 등 무엇을 제작할 것인지 정하고, 구체적인 활동 계획을 세워 보자.**

자료 수집하기

주제에 따라 자료를 수집하는 적절한 방법을 선택합니다.

- 설문, 실험을 통해 직접 자료를 수집하거나 통계청이나 공공기관 등에서 제공하는 자료를 이용할 수 있습니다.

  예 우리 반 학생들의 한 달 용돈은 얼마인가? ⇨ 설문조사
  우리 동네의 미세먼지 농도는 어떠한가? ⇨ 인터넷/ 문헌 이용 (기상청 누리집 등)

1 적절한 자료를 수집하기 위해 고려해야 할 점은 무엇인지 모둠에서 함께 생각해 보자.

2 모둠 별로 주제에 맞는 설문 문항을 작성해 보자.

(1) 그 문항이 적절한지 아래 고려 사항을 참고하여 토론해 보자.

- 설문을 통해 주장하고 싶은 내용은 무엇인가?
- 이 문항은 꼭 필요한 질문인가?
- 한 번에 두 가지를 묻고 있지는 않은가?
- 보기를 제시하는 것이 좋을까? 제시하지 않는 것이 좋을까?
- 보기를 제시한다면 몇 개로 하는 것이 좋을까?
- 질문은 어떤 순서로 배치할까?
- 지나치게 구체적인 것을 묻고 있지는 않은가?

(2) 어떤 방법으로 설문할 것인지도 논의해 보자.

설문	
설문지 작성 후 복사	
역할 분담	
설문 기간 정하기	

자료 정리하기

조사한 자료 그 자체로는 특정한 정보를 파악하기 어려우므로 주제를 설명하기 위한 방향을 가지고 자료를 그 특성에 맞게 정리할 필요가 있습니다.

- 평균 등의 수를 이용하는 방법
- 표를 이용한 방법: 빈도표, 도수분포표 등
- 그림을 이용한 방법: 막대그래프, 원그래프(띠그래프), 점그래프, 꺾은선그래프, 히스토그램, 줄기와 잎그림 등
- 통계프로그램(이지통계, 통그라미) 등을 통해 목적에 맞는 적절한 방법으로 자료를 정리합니다.

1 **설문조사, 인터넷이나 문헌 조사 이후 수집한 자료를 목적에 맞게 효과적으로 분석하기 위해 문항 별로 어떤 방법으로 정리할 것인지 모둠별로 계획을 세우고, 역할을 분담해 보자.**

자료 해석하기

수집된 자료를 정리한 것을 토대로 해석하여 주제를 설명하는 통계자료로서의 활용도를 높입니다.

발표 자료 만들기

보고서 양식이 있기는 하지만 반드시 이 양식을 따를 필요는 없습니다. 보고서, 통계 신문, 통계 포스터 등 여러 가지로 나타낼 수 있습니다.

개념과 원리 연결하기

1 상대도수의 분포를 나타내는 그래프는 히스토그램과 그 모양이 별로 다르지 않습니다. 그러므로 상대도수의 분포를 별도로 공부할 필요가 없다는 주장에 동의하는지 자기 생각을 말해 보자.

다른 친구들의 생각

정리된 나의 생각

2 히스토그램의 개념을 정리해 보자.

(1) 이 단원에서 알게 된 히스토그램의 뜻, 성질, 법칙 등을 모두 정리해 보자.

(2) 히스토그램과 연결된 개념을 복습해 보자. 그리고 제시된 개념과 히스토그램 사이의 연결성을 찾아 모둠에서 함께 정리해 보자.

히스토그램과 연결된 개념	각 개념의 뜻과 히스토그램의 연결성
• 막대그래프 • 분류하기 • 표와 그래프	

수학 학습원리 완성하기

성준이는 169쪽 2 탐구하기 8 2 에 있는 문제들을 해결하기 위한 자기 사고 과정을 다음과 같은 방법으로 설명했습니다.

내가 선택한 문제

일주일에 용돈을 2,500원 받고 있는 A반의 한 학생이 위의 표와 그래프를 보고 엄마에게 용돈을 올려 달라는 제안을 하려고 합니다. 엄마를 설득할 수 있는 방법을 생각하여 용돈을 얼마로 올려 달라고 제안하는 것이 타당할지 설명해 보자.

성준이의 깨달음

올려달라고 제안할 용돈의 액수를 정하기 위해 용돈에 대한 상대도수분포표와 도수분포다각형 모양의 그래프를 열심히 살펴보았습니다. 그런데 각각의 계급의 도수에만 치중해서 살피다보니 용돈을 올려달라고 주장하는 이유를 적을 때에도 도수와 관련된 근거만 적었습니다. 1학년 A반과 1학년 전체 모두 2500원이 속한 계급의 도수가 가장 많긴 하지만, 두 번째로 도수가 많은 계급이 A반에서는 3000원 이상 6000원 미만, 전체에서는 9000원 이상 12000원 미만이었기 때문에 두 계급의 중간이라고 생각되는 7500원을 받아야 한다고 생각했습니다.
하지만 똑같이 7500원을 받아야 한다고 주장한 다른 친구의 근거는 달랐습니다. 그 친구는 1학년 전체의 65%이상이 6000원 이상을 받기 때문에 6000원이 속한 계급의 중간에 해당하는 값을 선택했다고 했습니다. 물론 제가 생각한 근거도 틀린 것은 아니지만 그 친구의 근거가 더 설득력 있게 들렸습니다.
이 문제를 해결하면서 자료를 정리하는 것뿐만 아니라 이미 정리된 표와 그래프를 잘 해석하고 필요한 정보를 잘 찾아내는 것도 매우 중요함을 느끼게 되었습니다.

수학 학습원리

학습원리 3. 수학적 추론을 통해 자신의 생각 설명하기

1 성준이의 설명에서 다른 수학 학습원리를 발견할 수 있는지 찾아보자.

2 성준이가 한 것처럼 이 단원의 다른 탐구 과제를 선택하여 해결하는 사고 과정을 설명하고 사용한 수학 학습원리를 찾아보자.

내가 선택한 탐구 과제

나의 깨달음

수학 학습원리

수학 학습원리

1. 끈기 있는 태도와 자신감 기르기
2. 관찰하는 습관을 통해 규칙성 찾아 표현하기
3. 수학적 추론을 통해 자신의 생각 설명하기
4. 수학적 의사소통 능력 기르기
5. 여러 가지 수학 개념 연결하기

〈사진 자료 출처〉

국토지리정보원 16쪽, 17쪽

기상청(http://kma.go.kr) 161쪽

미국인구조사국(www.census.gov) 152쪽

셔터스톡 13쪽, 15쪽, 27쪽, 37쪽, 81쪽, 98쪽, 111쪽, 114쪽

〈참고 자료〉

이상해, 《궁궐·유교건축》, 솔, 2004.

위키백과, 원주율

홍갑주, 《아르키메데스가 들려주는 무게중심 그리고 회전체 이야기》, 자음과 모음, 2008.

교육부, 2016년도 학교 건강검사 표본 분석 결과, 2017.

교육부, 학교 건강검사 표본 분석 결과, 2016.

경기뉴스통신, 청소년, 체격 커졌지만 식습관 불량… 영양제 효과는?, 2017. 6. 23.

국가통계포털, 청소년 흡연율

연합뉴스, 방학 맞은 청소년, 스마트폰 사용도 스마트하게, 2017. 8. 1.

국민일보, 청소년 수면시간 14분 늘었다… 식사·간식은 10년 전보다 17분, 2016. 5. 2.

정책브리핑, 청소년의 행복감 3년새 5%p 증가, 부모와 대화시간이 많은 청소년이 더 행복해!, 2015. 1. 27.

통계청, 2017년 청소년 통계, 2017.

데일리안, 청소년, TV 시청 대신 모바일... 주5일제 수업에 '평균수면' ↑, 2016. 5. 2.

황종철, 《아헨발이 들려주는 통계이야기》, 자음과 모음, 2009.

통그라미(http://tong.kostat.go.kr)

이지통계(http://www.ebsmath.co.kr)

〈부록 1〉 원주율의 근삿값 _ 탐구하기 1 ▶99쪽

3.1415926535 8979323846 2643383279 5028841971 6939937510 5820974944
5923078164 0628620899 8628034825 3421170679 8214808651 3282306647
0938446095 5058223172 5359408128 4811174502 8410270193 8521105559
6446229489 5493038196 4428810975 6659334461 2847564823 3786783165
2712019091 4564856692 3460348610 4543266482 1339360726 0249141273
7245870066 0631558817 4881520920 9628292540 9171536436 7892590360
0113305305 4882046652 1384146951 9415116094 3305727036 5759591953
0921861173 8193261179 3105118548 0744623799 6274956735 1885752724
8912279381 8301194912 9833673362 4406566430 8602139494 6395224737
1907021798 6094370277 0539217176 2931767523 8467481846 7669405132
0005681271 4526356082 7785771342 7577896091 7363717872 1468440901
2249534301 4654958537 1050792279 6892589235 4201995611 2129021960
8640344181 5981362977 4771309960 5187072113 4999999837 2978049951
0597317328 1609631859 5024459455 3469083026 4252230825 3344685035
2619311881 7101000313 7838752886 5875332083 8142061717 7669147303
5982534904 2875546873 1159562863 8823537875 9375195778 1857780532
1712268066 1300192787 6611195909 2164201989 3809525720 1065485863
2788659361 5338182796 8230301952 0353018529 6899577362 2599413891
2497217752 8347913151 5574857242 4541506959 5082953311 6861727855
8890750983 8175463746 4939319255 0604009277 0167113900 9848824012
8583616035 6370766010 4710181942 9555961989 4676783744 9448255379
7747268471 0404753464 6208046684 2590694912 9331367702 8989152104
7521620569 6602405803 8150193511 2533824300 3558764024 7496473263
9141992726 0426992279 6782354781 6360093417 2164121992 4586315030
2861829745 5570674983 8505494588 5869269956 9092721079 7509302955
3211653449 8720275596 0236480665 4991198818 3479775356 6369807426
5425278625 5181841757 4672890977 7727938000 8164706001 6145249192
1732172147 7235014144 1973568548 1613611573 5255213347 5741849468
4385233239 0739414333 4547762416 8625189835 6948556209 9219222184
2725502542 5688767179 0494601653 4668049886 2723279178 6085784383
8279679766 8145410095 3883786360 9506800642 2512520511 7392984896
0841284886 2694560424 1965285022 2106611863 0674427862 2039194945
0471237137 8696095636 4371917287 4677646575 7396241389 0865832645
9958133904 7802759009 9465764078 9512694683 9835259570 9825822620
5224894077 2671947826 8482601476 9909026401 3639443745 5305068203
4962524517 4939965143 1429809190 6592509372 2169646151 5709858387
4105978859 5977297549 8930161753 9284681382 6868386894 2774155991

8559252459 5395943104 9972524680 8459872736 4469584865 3836736222
6260991246 0805124388 4390451244 1365497627 8079771569 1435997700
1296160894 4169486855 5848406353 4220722258 2848864815 8456028506
0168427394 5226746767 8895252138 5225499546 6672782398 6456596116
3548862305 7745649803 5593634568 1743241125 1507606947 9451096596
0940252288 7971089314 5669136867 2287489405 6010150330 8617928680
9208747609 1782493858 9009714909 6759852613 6554978189 3129784821
6829989487 2265880485 7564014270 4775551323 7964145152 3746234364
5428584447 9526586782 1051141354 7357395231 1342716610 2135969536
2314429524 8493718711 0145765403 5902799344 0374200731 0578539062
1983874478 0847848968 3321445713 8687519435 0643021845 3191048481
0053706146 8067491927 8191197939 9520614196 6342875444 0643745123
7181921799 9839101591 9561814675 1426912397 4894090718 6494231961
5679452080 9514655022 5231603881 9301420937 6213785595 6638937787
0830390697 9207734672 2182562599 6615014215 0306803844 7734549202
6054146659 2520149744 2850732518 6660021324 3408819071 0486331734
6496514539 0579626856 1005508106 6587969981 6357473638 4052571459
1028970641 4011097120 6280439039 7595156771 5770042033 7869936007
2305587631 7635942187 3125147120 5329281918 2618612586 7321579198
4148488291 6447060957 5270695722 0917567116 7229109816 9091528017
3506712748 5832228718 3520935396 5725121083 5791513698 8209144421
0067510334 6711031412 6711136990 8658516398 3150197016 5151168517
1437657618 3515565088 4909989859 9823873455 2833163550 7647918535
8932261854 8963213293 3089857064 2046752590 7091548141 6549859461
6371802709 8199430992 4488957571 2828905923 2332609729 9712084433
5732654893 8239119325 9746366730 5836041428 1388303203 8249037589
8524374417 0291327656 1809377344 4030707469 2112019130 2033038019
7621101100 4492932151 6084244485 9637669838 9522868478 3123552658
2131449576 8572624334 4189303968 6426243410 7732269780 2807318915
4411010446 8232527162 0105265227 2111660396 6655730925 4711055785
3763466820 6531098965 2691862056 4769312570 5863566201 8558100729
3606598764 8611791045 3348850346 1136576867 5324944166 8039626579
7877185560 8455296541 2665408530 6143444318 5867697514 5661406800
7002378776 5913440171 2749470420 5622305389 9456131407 1127000407
8547332699 3908145466 4645880797 2708266830 6343285878 5698305235
8089330657 5740679545 7163775254 2021149557 6158140025 0126228594
1302164715 5097925923 0990796547 3761255176 5675135751 7829666454

〈부록 2〉 원기둥의 전개도 _ 탐구하기 2 ▶124쪽

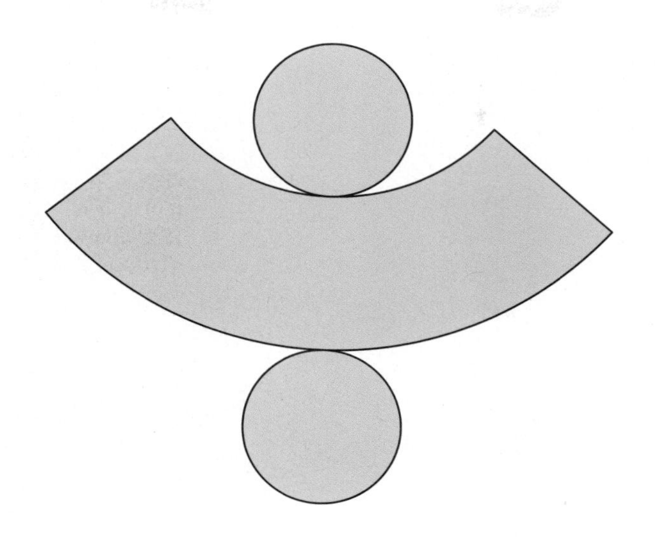

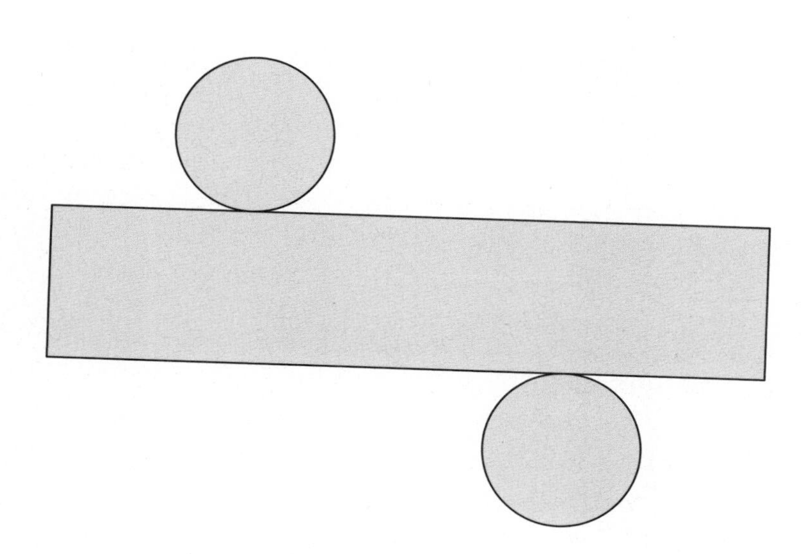

〈부록 3〉 원뿔의 전개도 _ 탐구하기 3 ▶125쪽

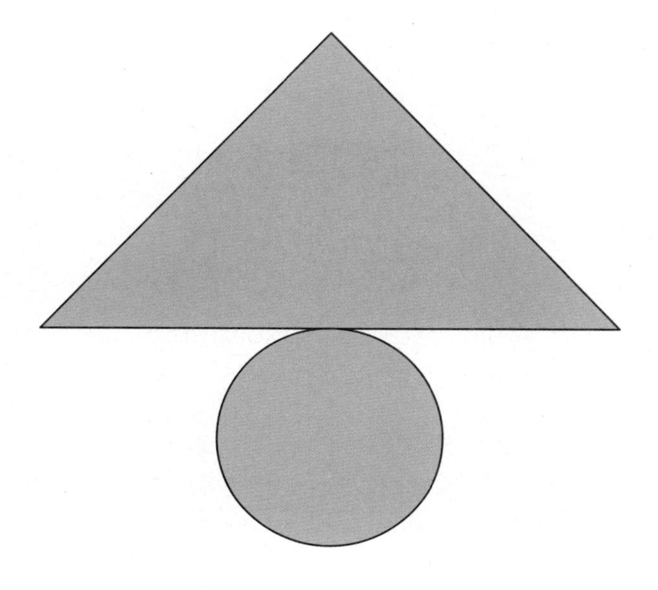

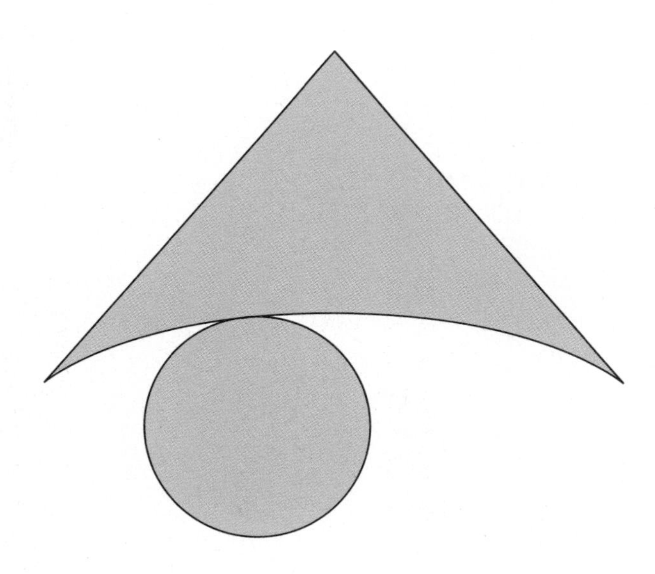

〈부록 4〉 사각뿔의 전개도 _ 탐구하기 8 ▶133쪽

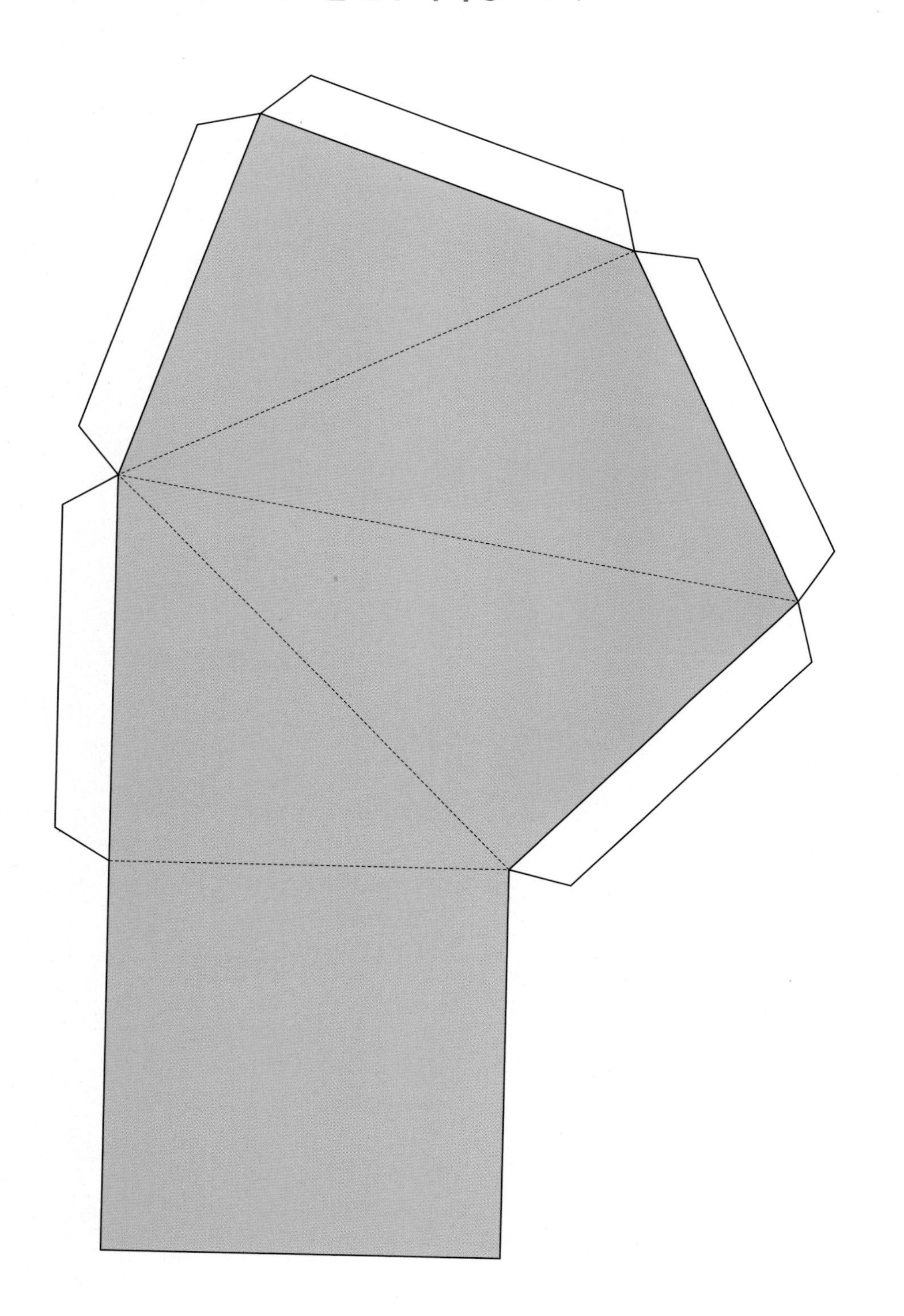

〈부록 4〉 사각뿔의 전개도 _ 탐구하기 8 ▶133쪽

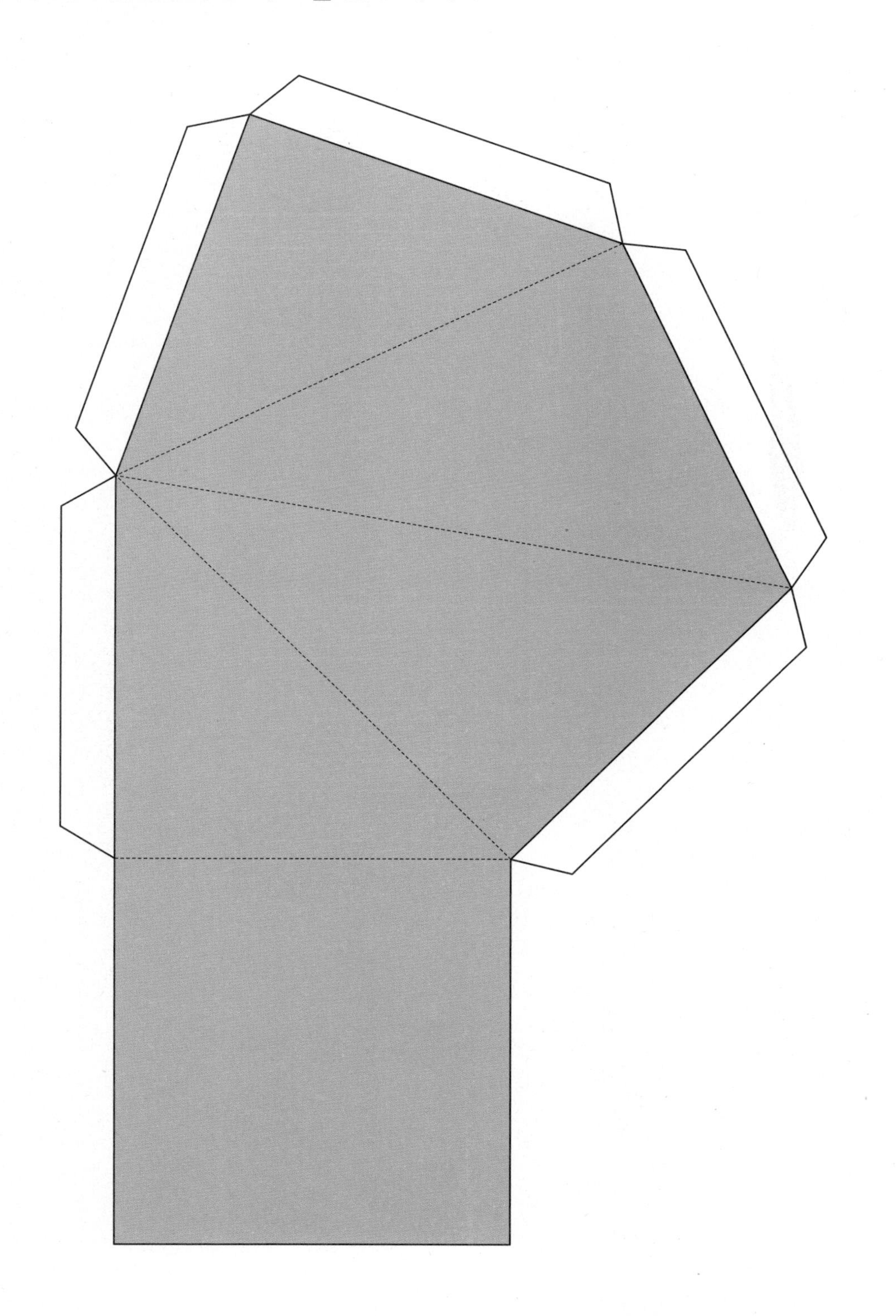

집필 기획

최수일 (사교육걱정없는세상 수학사교육포럼)

이경은 (사교육걱정없는세상 수학사교육포럼)

고여진 (사교육걱정없는세상 수학사교육포럼)

집필자

국중석 (충남 꿈의학교)

국지영 (경기 금파중학교)

권혁천 (서울 상암중학교)

김계화 (충북 한국폴리텍 다솜고등학교)

김도훈 (인천 인하대학교 사범대학 부속중학교)

김미영 (충남 대천중학교)

김보현 (서울 동성중학교)

김성수 (경기 덕양중학교)

김수철 (대구가톨릭대학교)

김영순 (경기 동림자유학교)

김은남 (좋은교사 수업코칭연구소)

김주원 (경남 태봉고등학교)

김형신 (서울 오디세이학교)

류창우 (전남 순천여자고등학교)

박대원 (세종 성남고등학교)

박문환 (서울 서울대학교 사범대학 부설중학교)

박선영 (대구 호산고등학교)

서미나 (대구 경서중학교)

송현숙 (인천 백석중학교)

안창호 (인천 진산과학고등학교)

오정 (강원 사북중학교)

유영의 (인천 선학중학교)

이경은 (서울 서울대학교 사범대학 부설중학교)

이선영 (경기 경기북과학고등학교)

이선재 (경기 정왕중학교)

이정아 (경기 풍덕고등학교)

정선영 (경남 고성여자중학교)

조균제 (충남 꿈의학교)

조미영 (인천 관교중학교)

조숙영 (서울 시흥중학교)

조혜정 (경기 덕양중학교)

최소희 (서울 영남중학교)

최아람 (대전 은어송중학교)

한준희 (경기 유신고등학교)

황선희 (서울 혜원여자중학교)

실험학교 교사

곽미향 (경기 장호원중학교)
권순남 (경기 설봉중학교)
권혁천 (서울 상암중학교)
김미영 (충남 한내여자중학교)
김은주 (강원 북원여자중학교)
김재호 (경기 성문밖학교)
김진형 (경기 푸른숲발도르프학교)
김희경 (경기 효양중학교)
박찬숙 (경기 설봉중학교)
서미나 (대구 경서중학교)
오정 (강원 사북중학교)
유영의 (인천 논현중학교)
이경은 (서울 서울대학교 사범대학 부설중학교)
정세연 (서울 월촌중학교)
정혜영 (서울 한울중학교)
조혜정 (경기 덕양중학교)
최민기 (경기 소명중고등학교)

자문위원

강은주 (총신대학교 유아교육과 교수)
강주용 (마산사교육걱정없는세상 대표)
김상욱 (부산대학교 물리교육과 교수)
김운삼 (강동대학교 유아교육과 부교수)
김주환 (안동대학교 국어교육과 교수)
남호영 (서울 인헌고등학교 수학교사)
민경찬 (연세대학교 수학과 명예교수)
박재원 (아름다운배움 행복한공부연구소 소장)
송영준 (서울 누원고등학교 수학교사)
윤태호 (서울 오디세이학교 교사)
이규봉 (배재대학교 전산수학과 교수)
임병욱 (경기 가람중학교 과학교사)
조도연 (평택교육지원청 교육장)
한상근 (카이스트 수리과학과 교수)
황인각 (전남대학교 물리학과 교수)

내용 문의 사교육걱정없는세상 수학사교육포럼 / 전화 02-797-4044

* 네이버에서 **대안 수학 교과서 《수학의 발견》** 카페를 검색해 보세요.

수학의 발견
생각이 터지는 수학 교과서